上海市BIM技术年度优秀成果

2018-2020

上海市绿色建筑协会
上海建筑信息模型技术应用推广中心 编著

中国建筑工业出版社

图书在版编目（CIP）数据

上海市BIM技术年度优秀成果：2018–2020 / 上海市绿色建筑协会，上海建筑信息模型技术应用推广中心编著—北京：中国建筑工业出版社，2021.10
ISBN 978-7-112-26505-3

Ⅰ. ①上… Ⅱ. ①上… ②上… Ⅲ. ①建筑设计–计算机辅助设计–应用软件–研究成果–上海–2018–2020 Ⅳ. ①TU201.4

中国版本图书馆CIP数据核字（2021）第174908号

本书收录了工艺复杂的医疗及文化体育类建筑、高精度要求的保障性住房、轨道交通等多种类型的BIM技术应用项目共16个。内容典型且广泛，无论是在BIM全生命周期应用还是在多阶段应用上都独具亮点、各有千秋，在一定程度上展示了上海在BIM技术应用领域的实践与成效。书中入选部分优秀工程项目，通过深入分析BIM应用效益、应用价值，力求展现在BIM技术应用方面的多维度、多层次的思考。对于全国其他省市BIM技术的应用与发展，也将起到借鉴作用。本书适用于从事BIM技术相关行业的工程研究人员使用。

责任编辑：吴　绫　唐　旭　贺　伟
文字编辑：李东禧
责任校对：王　烨

上海市BIM技术年度优秀成果2018–2020

上海市绿色建筑协会
上海建筑信息模型技术应用推广中心　编著

*

中国建筑工业出版社出版、发行（北京海淀三里河路9号）
各地新华书店、建筑书店经销
北京锋尚制版有限公司制版
天津图文方嘉印刷有限公司印刷

*

开本：787毫米×1092毫米　1/16　印张：14　字数：343千字
2021年10月第一版　2021年10月第一次印刷
定价：**158.00**元
ISBN 978-7-112-26505-3
（38068）

《上海市BIM技术年度优秀成果2018-2020》
编委会

编著单位

上海市绿色建筑协会
上海建筑信息模型技术应用推广中心

参编单位

上海东方医院
上海科技馆
上海中国画院
上海市胸科医院
上海市第十人民医院
上海市第六人民医院
上海久事体育资产经营有限公司
上海世博会博物馆
上海宝悦房地产开发有限公司
上海市堤防（泵闸）设施管理处
上海轨道交通十七号线发展有限公司
上海城投公路投资（集团）有限公司
上海城投水务工程项目管理有限公司
上海交通大学医学院附属瑞金医院
上海市政工程设计研究总院（集团）有限公司
农工商房地产集团汇慈（上海）置业有限公司

编写组成员

张　俊　潘嘉凝　王万平　沈吟吟　郑宇鹏　张丹萌　张晶晶　余芳强　刘中民
陈家远　余士杰　陈　菁　赵　泳　蔡维明　孙烨柯　朱永松　郦敏浩　殷伟峰
产　晟　许　琦　王　群　陈晓波　张　珂　夏　锋　恽燕春　朱定国　孟　柯
衣　娟　刘艳滨　许铮铭　刘发辉　李思博　王　承　杨　琳　石　磊　戴愉人
苏　雯　徐汇达

前　言

当今世界正在经历百年未有之大变局，随着科技的不断发展演进，各行各业的数字化改革创新将成为产业转型升级的关键。建筑业不再局限于传统的纸笔设计，顺应数字时代转型发展已为大势所趋。为深入贯彻落实国家和本市的创新发展战略，装配式、BIM、智能建造等新型工业化建造方式纷纷纳入各省市建筑领域的“十四五”规划中，旨在提升建筑业信息化的发展能力，优化发展环境，加快推动信息技术与建筑工程管理发展的深度融合。

数字化转型作为上海“十四五”经济社会发展主攻方向之一，将以新技术广泛应用为重点，大力提升城市创新能级。随着大数据、人工智能、云计算、5G网络技术和区块链技术的飞速发展，BIM技术的发展也进入革命性的新阶段。BIM技术具有显著的溢出效应，将进一步带动其他建筑技术的进步，持续推动建筑业的转型升级，成为推进供给侧结构性改革的新动能、建筑业高质量发展的新引擎。伴随着数字技术和智慧城市的迅猛发展，上海市BIM技术进入全面应用阶段，全市规模以上的各类新建工程中，已普遍采用BIM技术，政策标准体系和市场环境已初步建立，企业和人员的应用能力得到较大提升，经济和社会效益逐步显现，基本实现了前一轮BIM技术推广应用的各项目标任务。

在全面推广BIM技术的几年时间里，全市不断涌现高水平、全过程、全要素集成应用的优质项目。其中，由上海市绿色建筑协会、上海建筑信息模型技术应用推广中心举办的上海市BIM技术应用创新大赛，吸引了全市多家单位百余个项目竞相角逐。此外，上海市BIM技术应用试点项目也出现了很多优秀典范案例。为了更好地展现各企业BIM技术应用的成果，弘扬BIM技术创新精神，总结成功经验，形成可复制可推广的BIM技术应用创新成果，促进BIM技术在全国范围内的学习交流，现编制《上海市BIM技术年度优秀成果2018-2020》，入选部分优秀工程项目，通过深入分析BIM应用效益、应用价值，力求展现在BIM技术应用方面的多维度、多层次的思考。这些项目覆盖了工艺复杂的医疗及文化体育类建筑、高精度要求的保障性住房、轨道交通等多种类型，典型且广泛，无论是在BIM全生命周期应用还是在多阶段应用上都独具亮点、各有千秋，在一定程度上展示了上海在BIM技术应用领域的实践与成效。另外，本书注重优秀BIM项目在实践中所形成的可复制、可推广的经验，通过分享工程项目参与者的经验与思考，希望能将这些成果与业内同行共勉，营造“百家争鸣，百花齐放”的局面，全面推进上海建筑行业交流，共享机遇共同发展。

当前BIM应用的大环境已经在向全面推进及多方融合发展阶段迈进。相信随着未来BIM与装配式建筑、互联网等进一步融合，通过服务于建设工程集成化管理、科学决策与提质增效，将共同助力建筑业健康发展。我们对于BIM的发展充满信心，随着BIM技术在国内建筑领域应用的不断深入，相信随着观念的改变、市场的需求变化，BIM技术将会拥有更广阔的发展前景，也必将会发挥更大的作用。

最后，对参与本书编制的各参编单位表示衷心感谢！由于水平有限，本书难免存在不足之处，敬请广大读者批评指正。

目 录

上篇
房建类

全生命周期应用

多阶段应用

下篇

市政类

全生命周期应用

多阶段应用

上篇

房建类

全生命周期应用* —— 上海天文馆（上海科技馆分馆）项目
上海世博会博物馆新建工程
上海市第十人民医院新建急诊综合楼项目
上海市胸科医院科教综合楼项目
上海交通大学医学院附属瑞金医院肿瘤（质子）中心项目

多阶段应用** —— 上海市东方医院改扩建工程
上海程十发美术馆新建工程
2021年FIFA世俱杯上海体育场应急改造工程
浦东新区大团镇17-01地块征收安置房项目
上海市第六人民医院科研综合楼全过程项目
上海市青浦区赵巷镇新城一站大型社区63A-03A地块项目

* 全生命周期应用：即指项目在设计、施工、运维阶段全部应用BIM技术。
** 多阶段应用：即指项目在设计、施工、运维阶段其中一个或两个阶段应用BIM技术。

上海天文馆（上海科技馆分馆）项目

关键词　全生命周期应用、业主牵头、文化建筑、BIM 模型出图

一、项目概况

1.1 工程概况

项目名称	上海天文馆（上海科技馆分馆）项目
项目地点	浦东新区临港新城临港大道与环湖北三路口
建设规模	总用地面积 58602m^2
总投资额	4.4256 亿元
BIM 费用	593 万元
投资性质	政府投资
建设单位	上海科技馆
设计单位	华建集团上海建筑设计研究院有限公司
施工单位	上海建工七建集团有限公司
施工监理单位	上海建科工程咨询有限公司
财务监理单位	上海上咨工程造价咨询有限公司
咨询单位	上海市建设工程监理咨询有限公司

1.2 项目特点难点

（1）项目建筑造型复杂。外形以球体、椭圆体及曲面为主，建筑内夹层多，中庭多，空间多有穿插，通过常规二维平立剖的方式很难表达清晰。球体与不同曲面，其交界面更为复杂，曲面的分割、定位、节点处理以及数量统计等工作仅仅依靠传统技术难以实现。

（2）天文馆内部空间不规则。尤其在天文馆展示空间此类夹层多、中庭空间多等复杂的地方，机电管线的排布需能准确反映建筑、结构和机电各专业布置的空间关系，且不影响展示空间的视觉效果，同时为设备检修、更换预留足够的空间。

（3）项目需满足多方要求。在展示空间上项目既要做到整齐美观，符合展示信息及内容的陈列，又要考虑人在空间中的视觉感受与行为体验；同时配合展示功能的各项信息，组织设备管线布置，展品也需要在三维建筑空间中进行逼真的模拟演示，体现展品与建筑空间的融合程度和观感效果，使天文馆建成后达到最佳展示效果。

（4）项目设计阶段参与单位众多，单位之间的工作协调难度大。BIM 技术在国内的应用还不够成熟，各个单位都有自己习惯的工作模式，这对协同工作的推进产生一定的阻力。

二、BIM实施规划与管理

2.1 BIM实施目标

（1）实现可视化设计和功能、性能模拟分析，减少设计错误，优化方案，提高建筑性能。

（2）利用专业之间的协同，开展施工方案模拟、进度模拟和资源管理，避免工程频繁变更。

（3）实现设施、空间和应急等运营管理，降低成本，提高运维水平。

（4）建立 BIM 协同平台，提升流程管控与协调，为项目提供全生命周期的决策参考。

2.2 BIM的实施模式、组织架构与管控措施

本项目采用全生命周期 BIM 应用模式，涵盖项目策划、设计、施工及运维各个阶段，要求项目所有参建方全员参与，包括：业主方、BIM 咨询顾问、设计、项目管理、施工总包、财务监理、工程监理及各施工分包单位，见图 1。实施管理流程如图 2 所示，采用以建设单位为 BIM 实施主导，BIM 咨询顾问单位负责全生命周期 BIM 应用与管理的实施模式，设计、施工总包、财务监理、施工监理纳入 BIM 咨询顾问团队进行管理，各施工分包方纳入施工总包单位进行管理。充分利用 BIM 咨询顾问单位的 BIM 应用技术及管理咨询服务优势，建立以 BIM 咨询顾问单位为 BIM 实施和信息管理核心的组织架构，做到指令唯一，职责明确，保证项目的顺利开展。

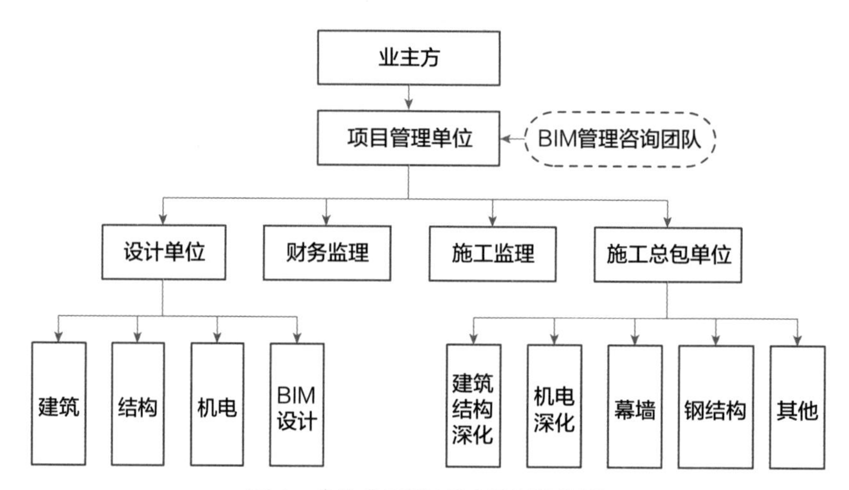

图 1　全生命周期 BIM 组织架构图

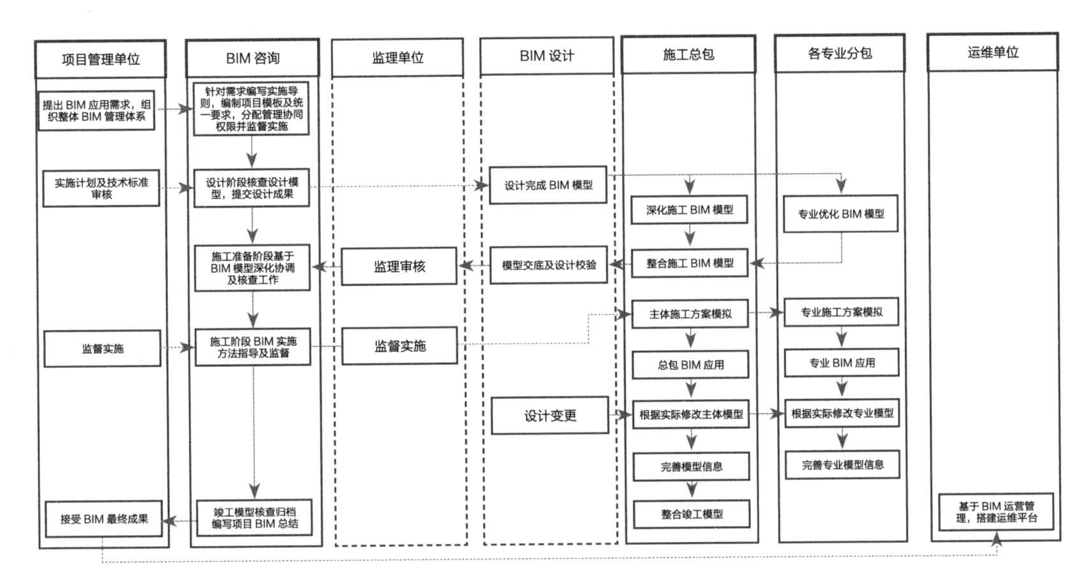

图 2　BIM 实施管理流程图

三、BIM技术应用与特色

3.1　BIM应用项

本项目 BIM 技术应用项如表 1 所示。

项目BIM技术应用项　　表1

序号	应用阶段		应用项
1	设计阶段	方案设计	建筑功能分析
2			设计方案比选及可行性论证
3		初步设计	建筑环境、性能模拟分析
4			生成面积明细表统计
5		施工图设计	冲突检查及设计优化
6			管线综合及净高优化
7			参观人流模拟分析
8			三维辅助出图
9			虚拟仿真漫游
10			BIM 工程量统计

续表

序号	应用阶段		应用项
11	施工阶段	施工准备	场地布置模拟
12			特殊构件预制加工
13		施工实施	施工方案模拟
14			虚拟进度模拟
15			现场一致性核查
16			安全配置模型
17	运维阶段	运维	运维管理方案策划
18			基于 BIM 的 IBMS 可视化系统

3.2 BIM应用特色

（1）项目全生命周期 BIM 应用价值及特色

天文馆项目外观造型奇特，各单体建筑都以异型曲面设计为主，传统的二维设计图纸方式很难完美表达设计意图，局部区域空间狭窄、机电管线排布密集，加之上海天文馆作为市重大工程，需要起到带头示范作用，在建设过程中必须采用最先进的信息化管理手段；因此 BIM 技术的引入也就成为项目建设的必然选择。在项目策划阶段，全生命周期 BIM 应用的方案得到了上海科技馆领导以及临港管委会政府的高度重视以及大力支持，拨款专项经费用于 BIM 技术的开展。本项目为全生命周期 BIM 应用，涵盖设计、施工、运维所有阶段，针对项目特点及 BIM 应用需求制定了项目 BIM 应用方案，具体如下：

1）设计阶段 BIM 先行：BIM 设计。

2）施工阶段虚拟建造：基于 BIM 的深化设计和施工。

3）运维阶段智能化：基于 BIM 的运维管理信息系统。

4）全生命周期 BIM 管理：一个模型、一个标准、一个平台、统一管理。

（2）“四个一”的 BIM 管理理念

BIM 技术的高效应用离不开高质量的 BIM 管理，上海天文馆作为上海市重大工程地标性建筑，其影响力及重要性不言而喻，它具有特殊的设计、建设及布展需求。本项目进行了全面的 BIM 策划工作，从而保证 BIM 技术在项目建设全生命周期得到应用落实。为建设“世界一流、智能化”的上海天文馆，项目将 BIM 技术与项目管理深度结合，提出了“四个一”的 BIM 管理理念，即“一个模型、一个标准、一个平台、统一管理”。

1）一个模型

模型质量的管控及不同阶段模型的迭代传递是本项目“一个模型”管理理念的主要体现。在设计阶段建立起一套完整的 BIM 成果审核机制及管理体系，发现设计问题并通过 Navisworks 模型视点与二维图纸相结合的方式形成设计问题核查报告；在施工阶段对模型进行拆分深化和质量审核，优化深化设计。通过从设计、施工到运维阶段基于一个模型的传承、深化和应用，保证BIM数据的一致性、准确性和完整性，避免重复建模。

2）一个标准

基于一个标准的BIM管理理念，在项目实施前制定了BIM实施策划及适用于各阶段、不断深化、统一的BIM实施细则等一系列管理文件，规范了各参与方BIM工作的应用深度、技术标准及内容成果。

3）一个平台

为了实现项目参建各方的高效协同工作，项目从建设之初就搭建了基于Autodesk Vault开发的BIM协同平台，实现基于数据管理的BIM协同实施，各参与方共享工程数据信息。项目分别在两个异地机房中搭建了两个数据服务器，进行双备份，确保信息数据的安全，为运营维护阶段提供信息支撑及数据保障。

4）统一管理

项目制定了BIM管理流程，并将BIM技术要求写入参建各方的招标要求中，真正做到全员参与BIM，通过制定双周工作计划、进行一系列宣传培训、编制BIM周月刊管理文件、召开各类技术专题汇报会议等手段对项目BIM工作进行统一管控，各参与方在统一的管理和协调下，各司其职开展各项BIM工作。通过对项目质量、进度、成本进行BIM管理，保障BIM价值。

（3）钢结构专业BIM专项应用

钢结构为本项目施工阶段的重点及最大难点，传统的二维深化设计及施工方式很难保证质量及进度，因此BIM技术的应用将发挥重要作用。在本项目中钢结构专业工程重难点及解决方案如下：

1）项目中钢结构构件多，精度要求高。本项目钢结构构件数目繁多，对拼装精度控制、安装精度控制以及安装过程监测精度要求高，特别是结构的地面拼装、安装精度。如何将空间三维结构安装到设计的空间位置，其控制过程极为复杂。

BIM解决方案：

① 以设计院及BIM顾问提供的施工图纸、计算线模拟及Revit模型为定位依据，确定各杆件的截面类型、几何参数，结合安装方案、制作工艺等要点在Tekla软件中建立钢结构整体模型，进行相应的校核和检查。

② 在整体Tekla模型建立后，结合工厂制作条件、运输条件，考虑现场拼装、安装方案及土建条件，确定各构件重量、尺寸等，合理划分构件制作单元，并在Tekla中对各杆件的连接节点、构造、加工和安装工艺细节进行处理，对每个节点进行装配深化，根据相关设计准则对构件及节点进行编号。保证尺寸准确，严格控制精度。

③ 以Tekla模型为主的BIM数据模型快速生成各种加工详图及下料清单，在异型板材自动套料、数控切割以及自动化焊接等加工工序中也可以发挥作用。本项目中，部分生产工序可通过Tekla数据传递至数控机床进行自动化加工，例如型钢的钻孔、切割，异型板材的套料等，提高生产效率，降低错误率。

2）项目钢结构现场吊装、拼装难度大。本工程钢结构体量大，采用分段预拼装，整体组装的方式。屋面梁、大悬挑区域屋面桁架、大悬挑区域弧形桁架、倒转穹顶网壳、球幕影院钢结构等，皆为大跨度、大悬挑异型结构。结构复杂，数量庞大，现场吊装、拼装难度大。

BIM 解决方案：

① 利用 BIM-4D 模拟与场景布置模型相结合，对吊装方案进行合理优化，对吊装过程中可能出现的动态碰撞、吊装顺序、安全质量等问题，进行优化，提前发现潜在问题，确保工程正常进行，并保障工程质量。

② 对于大体量钢结构构件，采用场内预拼装的方式。安装时利用 Tekla 模型及 BIM-4D 模拟技术，对吊装过程进行模拟，并在吊装过程中进行实时测量，以确保精度控制。

3）项目与其他专业配合工作量大。鉴于本项目复杂且独特的结构形式，与各专业间的整合、协调工作显得尤为重要，特别是各专业涉及的冲突及碰撞问题。

BIM 解决方案：

① 由于钢结构工作过程中，需要涉及的专业比较多，如土建、机电、幕墙等。因此在深化设计的过程中，应与各专业进行密切配合，协调冲突，尽可能减少碰撞问题的出现。

② 在施工阶段，将现场的情况及时反映在模型当中，利用 BIM 三维模型，检查各阶段中与各专业间可能存在的碰撞点，并与各专业及时沟通协调，进行碰撞预调试，以减少返工情况。

4）钢结构各施工区域重难点解决方案

分别建立各单体区域钢结构 BIM 模型，并对施工重点、难点区域的施工工序，制作 4D 进度模拟辅助方案如表 2 所示。

钢结构各施工区域重难点解决方案表　　表2

序号	项目名称	重点难点内容	解决措施	
1	大悬挑	大悬挑管桁架为双层双向桁架体系，跨距大，钢管规格种类多，重量大，加工精度要求质量高；构件数量多，吊装难度大，现场定位困难，安装精确度及把控度低	（1）钢结构在工厂预拼装完成后进行分段发运，各组合段发到现场可进行吊装安装，减少现场高空焊接工作量。 （2）拼装预起拱，构件在厂内预拼装时提供综合挠度值，优化连接节点，确保现场构件安装完，经卸载后满足设计要求。 （3）对钢结构桁架重量进行统计分析，采用合理的吊装机械；同时吊装前配备经验算合格的临时支撑作为桁架空中的连接支架；相邻部分组合桁架吊装就位后中间采用嵌入段高空散装的方式进行安装	

续表

序号	项目名称	重点难点内容	解决措施	
2	倒穹顶	倒转穹顶壳体铝合金型钢网壳平面半径达42m，杆件长度小，数量多，定位困难。壳体底部旋转步道为扭曲型桁架连接于混凝土三角架钢牛腿上，安装定位难度大	（1）旋转步道安装：旋转步道安装前根据现场塔机性能参数进行分段，其分段重量不超过吊机起重能力，在现场拼接点设立临时支撑，安装时加强监测监控以达到设计要求。 （2）倒穹顶铝合金多网壳的安装：现场安装采用满堂脚手架平台进行高空散拼，环环相拼，确保每环的精度。 （3）总体精度控制：通过球心定位控制，辅之以全站仪架设支撑体系，对安装过程进行监测监控	 
3	球幕影院	球体通过6个钢牛腿与H型钢混凝土环梁连接，球体吨位大，赤道区三组环向杆件管径大，现场作业定位精度高，施工周长	（1）球体加工制作时采取工厂进行预拼装，合格的以单元组合件发到现场，下半部分钢结构单层网壳结构安装现场采用满堂脚手架平台进行高空散拼，环环相拼，确保每环的精度；上半部分采用逐环内挑法进行施工安装，环环相扣，逐环安装。 （2）防变形措施：吊装时采用辅助吊架对关键部位进行加固，对拼接点设置支撑以防径向变形，使球体最终安装结果符合设计要求。 （3）加强监测监控，使球体安装满足设计要求	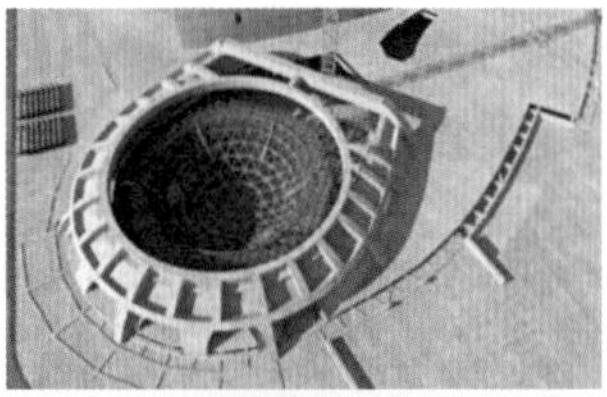 
4	卸载	大悬挑支撑架卸载后钢结构位移控制	在卸载前对支撑架卸载过程进行计算机仿真模拟计算，卸载过程中，必须严格控制循环卸载时的每一级高程控制精度，设置测量控制点，在卸载全过程进行监测，实行信息化施工管理，以保证最终完工时结构状态与设计状态相符	

5）厂内制作及拼装阶段 BIM 应用

① 利用 BIM 模型数据，进行原材料采购备料。根据 Tekla 模型及 BIM 数据模型生成的图纸、料表等信息，实现工程量清单、材料清单、零部件分类汇总，统计各阶段制作需要的用钢量，作为采购备料的依据。

② BIM 数据对接数控加工自动化。以 Tekla 模型为主的 BIM 数据模型除了能快速生成各种加工详图及下料清单外，在异型板材自动套料、数控切割以及自动化焊接等加工工序中也可以发挥作用。本项目中，部分生产工序可通过 Tekla 数据传递至数控机床进行自动化加工，例如型钢的钻孔、切割，异型板材的套料等，提高生产效率，降低错误率。

③ 指导构件生产，控制加工精度。以 Tekla 模型信息为依据，对放样、下料、切割、组装、校正等工艺进行确定，制定生产工艺流程。并利用 BIM 可视化优势，对生产流程、工艺方法进行比选优化，确保构件加工精度，保证产品质量。

④ 控制构件拼接精度。由于部分构件需在工厂内进行预拼装及预起拱，且空间位置关系复杂，因此拼装的精度控制要求严格。利用 BIM 模型的空间定位关系，可以辅助放样，并在拼装过程中进行实时监测，同时与 BIM 模型中的位置进行对比，确保整体精度。

6）运输及现场安装阶段 BIM 应用

① BIM+ 二维码实现构件的信息追踪及管理。基于 Tekla 深化设计模型，将各构件的信息进行汇总整理，存储于二维码中，作为构件的唯一识别标识。并在构件的运输、进场、安装等工序上不断完善信息数据，实现构件的信息随时调取、追踪及管理。

② 优化施工场地布置，合理安排构件进场顺序及堆放位置。钢结构工程量较大，结合整体 BIM 场地布置模型，合理规划钢构件的进出场路线及堆放位置，优化进出场次序，并对进出场的相关验收资料、证明等及时输入 BIM 管理平台，实现物料管理工作的标准化、程序化、规范化。

③ 通过 BIM 可视化模拟，优选施工方案。传统施工方案不能进行直观比较、验算和优化，无法预测施工中可能出现的突发情况。通过 BIM 技术，将施工方案的全过程映射到虚拟环境中，通过对此虚拟环境的操作来实现对施工全过程的观察、跟踪、控制和引导，最终达到验证、调整、优选施工方案的目的。通过钢结构工程的 4D 施工模拟，对各工序的工期进行优化，保证施工进度。

④ 虚拟预安装，复杂施工工艺模拟。针对该项目钢结构工程施工的复杂性，起重设备布置是工程施工过程中的重点，很多设备均要穿过楼层及屋盖，由此将造成部分杆件无法安装，直至大型设备拆除，才能形成完整的空间结构，给钢结构整体安装带来了较大影响。运用 BIM 的可视化技术，利用 Navisworks 平台进行吊装过程模拟，提前发现并解决吊装动态碰撞、吊装顺序不合理等问题。针对钢结构安装复杂区域，包括大悬挑区域、球幕影院、倒穹顶、钢结构与幕墙及剪力墙搭接节点等部位进行可视化施工模拟，在虚拟环境中进行预拼装测试，提前预见可能出现的问题并及时做出调整，减少返工造成的经济损失。

⑤ 辅助施工过程，控制安装精度。对于该项目大悬挑、球幕影院、倒穹顶等空间布置复杂区

域，在图纸中结构布置的表达主要靠节点三维坐标表，这样的图纸对现场安装的指导作用有限。借助BIM技术，将BIM数据模型导出CAD格式的三维模型，包含了杆件、节点等所有构件的坐标信息，方便现场拼装定位，提高安装精度，降低技术人员使用BIM模型的门槛。

（4）幕墙专业BIM专项应用

本建筑外立面全部由幕墙组成，且都为异型曲面造型，因此幕墙深化设计及施工的质量直接影响项目的建筑外观及密封防水，事关重大。BIM技术将运用于幕墙专业的建模，为后续运用模型进行深化设计及施工技术交底打下基础。本项目中幕墙工程难点分析及BIM解决方案如下：

1）施工测量放线、定位难度较大。本项目幕墙造型复杂，测量放线均为空间点且精度要求高；每一个点位不准确都会影响到附近大量点位的确认，使施工的龙骨无法精确地安装，进而导致面板无法达到既定的设计效果。

幕墙专业BIM方案：

① 结合BIM数据及专业施工测量仪器，对各个系统幕墙的定位点线、标高、进出，进行空间三维定位，并做好固定标记。

② 通过参数化BIM技术，在同一个定位模型中进行龙骨及面板的下料设计。

③ 通过BIM技术预先模拟放线方案，确保方案可行。

④ 现场开始放线前，通过BIM系统对所有的技术人员进行详细的技术交底。

2）各幕墙立面系统多样性、不规则性。各系统材料规格和数量极其庞大：氧化铝板分为双曲面（球幕系统）、不规则折线（主体墙面），还有三角形且角度不规则的幕墙（倒穹顶采光顶）。多角度的面板施工是幕墙行业中最难把控的分项工程。

幕墙专业BIM方案：

① 在统一的BIM模型中进行所有材料的下料及配合验证。在BIM模型中划分区域，区别管理各部分材料。

② 龙骨布置、龙骨加工、面板加工、安装均在BIM技术控制下完成，对加工设计尺寸控制到0.1mm、安装精确控制到1mm。避免材料误差造成的施工延误。

③ 正式安装之前结合BIM系统对材料进行二次检测，把材料对误差的影响降到最低。

3）直立锁边交接系统多、防水要求高。各区域墙体材料交接防水难度大：直立锁边和墙面铝板构成的体系材料种类比较多。且由于外层阳极氧化板均为开放式设计，导致防水需由直立锁边的功能层来达成，但外层的阳极氧化板的支座均需穿过功能层。有些幕墙系统为单层，有些为双层或多层，配合交接及防水难度大。

幕墙专业BIM方案：

① 通过BIM技术，对玻璃幕墙、屋面幕墙、倒穹顶幕墙、造型铝板幕墙等墙体之间的交接方案做防水验证。

② 通过运用BIM技术、参数化系统交接区域的设计方案，可以快速提供交接区域的设计及下料方案，并保证性能。

③ 在支架、龙骨和面板施工的过程中，以 BIM 为指导，每一层都精确定位施工，将施工误差降到最低。

4）各幕墙系统的定制化程度高。各幕墙系统的受力及连接方案多：项目中使用了十余种幕墙系统，各系统的受力、连接、面板方案较多。需要采用不同的设计、下料、制造、施工安装方案。

幕墙专业 BIM 方案：

① 通过对三维软件的二次开发，在 BIM 模型上定制开发不同的应用功能，满足各系统的设计、下料、制造、施工安装方案。

② 通过对接在 BIM 模型上定制的应用，提供参数化的设计方案，实现快速的 BIM 模型建模变更。缩短设计变更周期，确保工期。

③ 在 BIM 系统中，分系统、分方案实时做施工模拟，确保施工方案的可行性，提高施工设计、加工设计的可靠性。

（5）运营阶段 BIM 应用

1）运营模型

在项目 BIM 竣工模型的基础上建立运营模型，同时根据项目运营需求进行机电设备的信息录入，并结合项目弱电智能化 IBMS 系统进行构件编码及数据转化，能够对接弱电智能化 IBMS 可视化系统平台实现可视化运营。

2）IBMS 可视化运营系统

将项目 BIM 运营模型接入，关联模型中的构件、管线及机电设备，并且对接项目各个子系统的接口数据，将项目上视频监控、暖通空调、入侵报警、门禁系统、停车场系统、能耗系统等各个系统的数据集成到智能建筑管理系统，并将系统数据统一展示到大屏，通过智能建筑管理系统将各个子系统做联动配置，实现与 BIM 三维模型的联动，做到可视化运营，见图 3，从而加强整个项目设备设施的监视和管控。

图 3　IBMS 可视化运营平台

四、BIM应用成效

4.1 BIM技术实施效益

（1）经济效益

上海天文馆项目建安阶段通过 BIM 技术的应用共计节省费用 1729.5 万元，其中通过 BIM 技术优化工期创造经济效益 782.6 万元，见表 3；通过 BIM 技术优化施工技术方案创造经济效益 310.9 万元，见表4；通过BIM技术优化设计图纸创造经济效益636万元，见表5；详细经济效益数据见表3。

通过BIM技术优化工期经济效益　　表3

建设阶段	优化内容	优化工期	经济效益	主要经济指标
桩基围护工程	通过 BIM-4D 模拟优化施工组织方案、场地布置、工期及施工人员机械数量，通过建立 BIM 桩基模型精确桩基位置，提升试桩、施工质量	20 天（其中工程桩施工工程减少 11 天，基坑围护及降水工程减少 9 天）	86 万元	（1）人员管理费：11000 元 / 天 （2）施工机械（工程钻机、泥浆泵、排浆泵、挖机、搅拌桩机、汽车泵、吊车等）：10000 元 / 天 （3）开办费（生活水电、临建房屋、集装箱、设备折旧等）：10000 元 / 天 （4）周转材料（钢筋、工程桩、搅拌桩用水泥、H 型钢等）：9000 元 / 天 （5）规费及税金：2000 元 / 天 （6）资金利息：1000 元 / 天
地下结构施工	通过建立全专业 BIM 及基坑模型，优化设计减少碰撞，并进行土方平衡，通过 BIM-4D 模拟优化施工组织方案、场地布置、工期及施工人员机械数量	24 天	103.2 万元	
地上结构施工	通过建立 BIM 深化模型，优化深化设计，减少碰撞，进行管线综合控制净高，通过 4D 进度模拟优化施工组织方案、场地布置、工期及施工人员机械数量	43 天（其中上部混凝土结构施工工期减少 9 天，机电安装工程减少工期34天）	184.9 万元	
钢结构、幕墙工程	通过建立 BIM 专项模型进行专项深化设计，并帮助进行施工定位，通过制作专项 4D 进度模拟动画优化施工组织、吊装方案，提升施工质量减少施工工期	76 天（其中钢结构施工工期减少 43 天，幕墙工程减少33天）	326.8 万元	
结构、装饰工程	通过建立 BIM 室内精装模型优化深化设计，对内外 GRG 墙体、吊顶、内装饰等进行精准定位切割，提升施工质量减少返工	19 天	81.7 万元	
共计节省费用：782.6 万元				

通过BIM技术优化施工方案经济效益 表4

工程名称	优化内容	经济效益	主要经济指标
土方平衡测算	通过建立Civil地形模型，结合Civil3D/Revit模型计算土方开挖及回填量进行土方平衡，节省土方外运费用：30564m^3×65元/m^3=198.7万元	198.7万元	（1）土方外运费用：65元/m^3 （2）模板工程单价：50元/m^2 （3）阳极氧化铝板墙面：2900元/m^2 （4）直立锁边屋面：775元/m^2 （5）屋面及步道混凝土贴砖：850元/m^2 （6）钢结构H型钢：1100元/t
壳体工程模板优化	通过BIM模型对球幕区域壳体洞口模板进行尺寸定位分割，对规则部分设计三种不同分割方案，最后选取下层侧边为（919mm×1830mm）的方案，不规则区域选取中间梯形两边矩形的排列方式，最大化提高模板重复率，四个面共节省：452m^2×50元/m^2×4=9.4万元	9.4万元	
幕墙外扩设计方案优化	通过整合深化设计模型及对大悬挑及屋面步道区域点位复核后发现部分区域钢结构与幕墙表面间距不足450mm，无法满足安装需求，通过调整BIM模型设计出三套优化方案，最后选取幕墙外扩300mm，微量调整钢结构间距，从而保证450mm安装间距的方案，相对于原设计外扩幕墙400mm的方案减少造价17万元，并且不影响内外部功能的使用	17万元	
钢结构安装方案优化	通过建立BIM钢结构模型进行深化设计、生产加工，制作钢结构BIM安装施工模拟动画分别对大悬挑、球幕、倒穹顶及屋面区域进行施工技术交底，优化方案，共节省用钢量将近20%，球幕、屋面、大悬挑、地下室部分劲性钢结构区域用钢量分别为：650t、900t、1500t、350t，倒穹顶区域约500t，共计节省造价费用：（650+900+1500+350+500）t×1100元/t×20%=85.8万元	85.8万元	
共计节省费用：310.9万元			

通过BIM技术优化设计图纸经济效益 表5

BIM分析工作	发现问题数量	经济效益	主要经济指标
设计阶段复核解决设计问题	438	262.8万元	平均每一个碰撞点增加设计变更费用6000元测算
施工阶段建筑结构问题	210	126万元	
施工阶段地上管线综合问题	112	67.2万元	
施工阶段地下管线综合问题	231	138.6万元	
钢结构/幕墙问题	69	41.4万元	
共计节省费用：636万元			

（2）社会效益

上海天文馆项目在施工阶段建立了安全配置模型，并预先做好了安全风险防控；每月更新现场三维进度；模拟检查项目现场进度；将现场质量验收表单接入至 BIM 模型中，形成质量验收模型，并于每周进行现场一致性核查比对；做到三维可视化安全、质量、进度交底，杜绝施工隐患。另外，上海天文馆项目全生命周期 BIM 应用模式及“四个一”的 BIM 管理理念实施颇具成效，主要体现在：

1）设计变更与同类项目相比减少 12%。

2）决策效率与同类项目相比提升 14%。

3）由 BIM 团队汇总提出的施工阶段问题清单占 60%。

4）由 BIM 技术发现和解决的设计变更占 70%。

5）重大技术难点，BIM 团队参与率达到 100%。

6）专业深化设计（机电、钢结构、幕墙），BIM 使用率达到 100%。

这些管理成效得到了建设方和参建各方的一致认可，并已推广至其他项目中。本项目 BIM 参建单位众多，包括咨询顾问、设计、施工、财务监理、施工监理及各专业分包 BIM 团队，经过将近五年的锤炼培养了一批年轻的 BIM 应用和管理复合型人才，包括：项目经理 4 名、技术人员约 30 名。

（3）其他成果

本项目 BIM 技术实际应用成果总计 40 个应用点，成果中包括 BIM 应用报告 36 个，管理标准文件 14 项，各阶段各专业模型 190 个，4D、5D 模拟 20 个，施工重点难点模拟 13 个，组织召开 BIM 会议形成会议纪要 86 份，管理平台报审流程 19 次，BIM 应用研究成果核心期刊发表论文 8 篇，完成报告 4 篇，召开专家评审会 3 次，完成基于 BIM 的弱电 IBMS 可视化平台 1 个，超额完成既定应用点目标成果。

4.2 BIM技术应用推广与思考

（1）BIM 技术应用存在问题与改进措施

1）问题 1：专项、深化设计的深度不同，建模标准未统一，模型整合协调性差。所谓符合运营需求的 BIM 模型应是以主设计阶段的 BIM 模型为基础，再进一步叠加专项设计阶段、深化设计阶段等模型后的全过程模型，而在工程项目中，主设计阶段和专项设计、深化设计阶段的设计深度与范围完全不同，这样容易导致各阶段模型的最终整合协调性较差，各部位呈现深度和形式参差不齐。

改进措施：BIM 顾问单位在制定各阶段的建模标准中，将统筹规划并考虑主设计阶段、专项设计和深化设计间的建模深度的一致性和呈现形式的统一性，提升模型整合的协调性。

2）问题 2：紧凑的建设工期与设计变更 BIM 建模所需时间相对立。利用 BIM 技术快速呈现设计变更后的模型变更效果，能快速提供变更工程量，为业主的变更决策提供依据，这是众多业主愿意使用 BIM 技术的原因之一，也是 BIM 技术想要起到的关键作用之一。然而紧凑的建设工期对 BIM 效用影响巨大，由于 BIM 设计建模需要一定的时间，并且现场的变更通常时间非常紧迫，待设计方案模型建成时，现场也早已完成了变更工作，因此 BIM 价值不能充分体现。

改进措施：BIM 顾问单位将综合考虑建设工期与 BIM 建模时间的矛盾，权衡进度目标与 BIM 价值间的平衡点，策划并明确进行 BIM 建模和设计变更类别，使 BIM 价值最大化。

（2）可复制可推广的经验总结

1）基于 BIM 的项目管理策划。为把 BIM 技术的运用与工程建设深度融合，实现精细化管理和高效协同，建安部与项管部协同 BIM 顾问单位在进场后就立即从目标、组织、制度、流程、管理方法等各方面对天文馆项目进行了全面梳理，先后制定了《上海天文馆 BIM 实施大纲》《基于 BIM 的项目管理规划》《上海天文馆 BIM 实施细则》《BIM 工作总体进度计划》《Vault 协同工作方案》《北京中国尊 BIM 技术应用调研考察报告》等一系列体系文件。

2）基于 BIM 的信息管理。按照 Vault 协同平台的采购，平台搭建与部署，开展内部测试、调试以及操作、流程培训，对正式上线进入试运行阶段的数据进行协同平台的搭建部署，之后对施工总包和工程监理再次开展了宣传与培训。并将整个项目建设过程周期中各个单位的工程资料录入平台中，使整个建设周期都可以通过线上设计变更流程进行变更管理。

3）基于 BIM 的设计管理。制定了一套完整的 BIM 成果质量管理体系、审核机制与措施。在设计阶段，完成了 5 次 BIM 设计成果的审核，梳理、汇总了 3 次模型问题核查清单，共发现了 147 处土建重要问题、131 处机电重要问题，极大程度上完善了施工前期的设计图纸质量。在施工准备阶段，建安部与项管部组织施工总包和工程监理对设计模型进行复核，先后汇总整合了三版模型复核意见，并协调 BIM 设计团队解答与完善，进一步保障了模型质量以及与图纸的一致性。

4）沟通管理。在沟通管理方面，有现场协同管理、双周协调沟通会以及工程建设周例会三种形式，且已围绕 BIM 工作，组织开展了 10 次 BIM 协调沟通例会、4 次 BIM 专题会，以及模型交底与会审会、BIM 成果汇报会、施工阶段 BIM 启动大会等多种沟通方式。

4.3 BIM技术应用展望

展望将来，希望可以打造公共场馆类项目全生命周期 BIM 应用实施的案例典范，同时也为实现“多馆合一、智慧场馆”的宏伟目标提供信息数据基础。在积极推广 BIM 技术应用的同时，为今后大型公共展馆类建设项目在 BIM 应用与管理的实施上提供参考和借鉴。

上海世博会博物馆新建工程

关键词　全生命周期应用、业主牵头、文化类、BIM 总承包、云结构正向设计

一、项目概况

1.1 工程概况

项目名称	上海世博会博物馆新建工程
项目地点	蒙自路 818 号
建设规模	46550m^2
总投资额	107996 万元
BIM 费用	700 万元
投资性质	政府投资
建设单位	上海世博会博物馆
设计单位	华建集团华东建筑设计研究总院
施工单位	上海建工四建集团有限公司
咨询单位	上海建科工程咨询有限公司

1.2 项目特点难点

上海世博会博物馆项目是上海首个市财政拨付专项资金进行 BIM 试点项目，同时也是和国际展览局合作的国际性博物馆。其特点难点主要体现在以下几个方面：

（1）项目管理难度大。本项目坐落于中心城区，施工时间和场地都受限制，且各参与单位达到 30 多家，业主、施工、设计均不在同一场所办公，项目管理和协调成本较高。

（2）技术难度大。本项目中的欢庆之云建筑造型独特，为空间三维扭曲网壳结构，杆件和节点数量多、形式多样，造成设计深化难度大；同时杆件为箱型，截面切割变化无统一规格，因此项目加工难度大；结构整体跨度大，单件吨位轻，杆件、节点、焊缝较多，致使项目施工难度大。

综上所述，结合本项目的实际需求，采用基于 BIM 技术的协同平台来解决项目管理中的难题，提高效率。同时利用专业 BIM 工具软件进行建模和性能化分析，提高设计和施工效率，以解决技术难题。

二、BIM实施规划与管理

2.1 BIM实施目标

本项目由业主主导，涵盖设计、施工、运维全生命周期，同时开发一套基于 BIM 技术的三维协同管理平台。设计阶段主要进行各阶段的建模，通过三维模型进行光照、风环境、热环境、火灾烟气模拟等性能化分析，以提高设计效率；通过多专业综合管线碰撞优化设计阶段的管线排布；通过三维模拟来提高业主决策效率。

施工阶段在设计模型的基础上进行钢结构、幕墙、机电等主要专业的深化工作，通过模型深化调整模型的可实施性；通过场地布置模拟快速制定施工组织方案和措施；通过施工过程 BIM 算量的动态数据为造价控制提供决策依据。

运维阶段根据业主的管理需求，开发一套基于 BIM 技术的运维管理平台。根据博物馆的特色，在空间管理、展陈管理、设备管理等方面进行运维管理。

协同管理方面，针对项目管理要求开发一套基于 BIM 技术的三维协同管理平台，能够支持 PC 端及移动端，提高项目管理效率。

2.2 BIM的实施模式、组织架构与管控措施

本项目是由业主主导，由 BIM 总包对各 BIM 应用团队进行管理的模式。同时聘请行业内的专家成立专家组，对项目里程碑阶段给予指导和质量把控。各 BIM 应用团队皆来自项目本身的设计、施工单位，有效地把传统项目管理和 BIM 技术结合在一起，真正做到 BIM 技术为项目服务。如图 1 所示，各项目团队通过三维协同平台进行协同工作，有效保证了数据的及时性和唯一性。

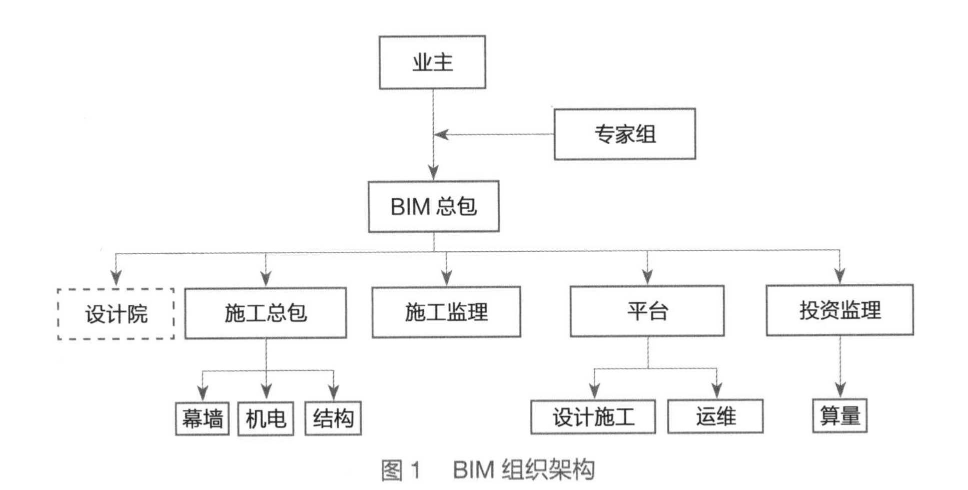

图 1　BIM 组织架构

三、BIM技术应用与特色

3.1 BIM应用项

本项目 BIM 技术应用项如表 1 所示。

项目BIM技术应用项　　表1

序号	应用阶段		应用项
1	设计阶段	方案设计	参数化找形
2			工程协同管理平台
3		初步设计	风环境模拟
4			疏散模拟
5		施工图设计	碰撞检测及三维管线综合
6			云结构正向设计
7	施工阶段	施工准备	施工场地规划
8			施工进度模拟
9		施工实施	钢结构预制
10	运维阶段	运维	运维管理方案策划
11			运维管理系统搭建

3.2 BIM应用特色

（1）设计阶段应用

在设计阶段通过构建云方案模型，对云厅的方案进行了研究和比选，确定了云厅的形态，确保结构的稳定性，为后续方案深化提供依据和指导。

方案阶段云的设计为保证思维的纯粹性，通过手绘、物理模型、拼贴、图解等自由的方式勾勒出云的方案原型，中间过程通过不同尺度、深度的模型，细化功能及流线，利用 Rhino 构建出云厅形体的大致轮廓，借助 Grasshopper 进行参数化的形体构建并进行规整化的板块处理。本工程云单体结构为复杂曲面形状的单层网格结构，跨度大，体型复杂，在建筑底部以三条云柱扭转收分，形成逐级上升的动势，在 24～26m 标高包含 840m^2 的功能用房，因此在表现云单体曲线造型的同时，确保结构的整体稳定是设计中的难点，在云的设计过程中采用参数化的方式可以有效地对云的形体进行控制，通过参数控制，最终确定的方案既保证了外观的协调性，又兼顾了实施的经济性，见图 2。

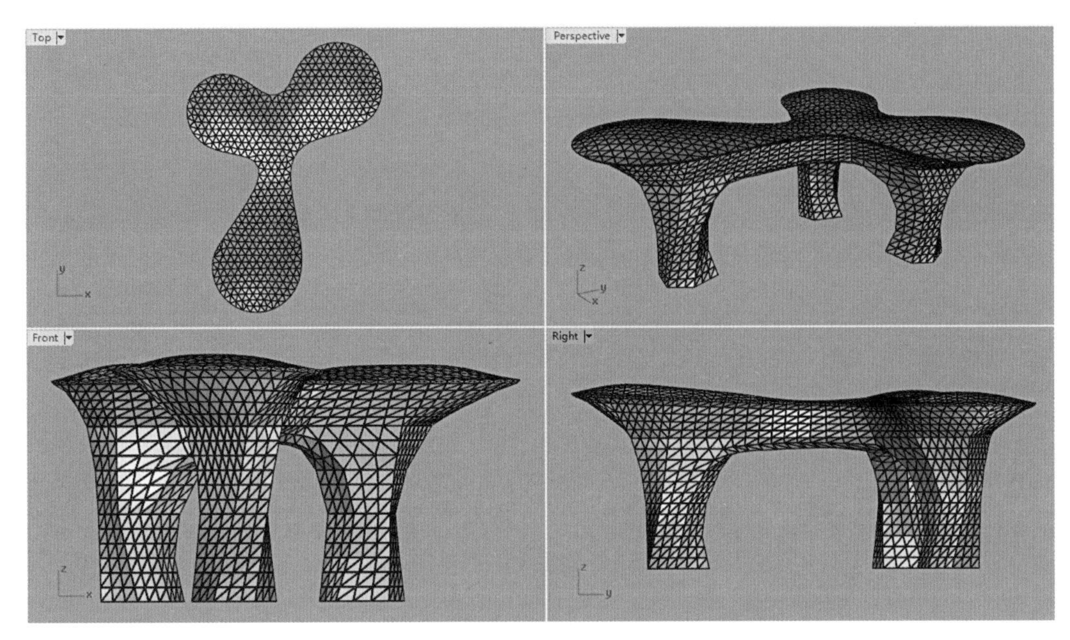

图 2　参数化云厅找形

设计阶段通过 Grasshopper 插件进行参数化设计，优化欢庆之云的幕墙板块，使得幕墙面积减少 5%。同时将幕墙板块分割进行调整后，减少了损耗。完成各专业模型后，利用各类性能化分析软件进行分析，提高设计效率，性能化分析应用见表 2。

性能化分析应用　表2

序号	分析类型	软件	成果
1	采光模拟	Autodesk Ecotect	办公、图书馆类建筑 75%以上的主要功能空间室内采光系数满足现行国家标准《建筑采光设计标准》GB/T 50033 的要求
2	风环境影响模拟	Vasari	在不同季节，室外人行区风速均小于 5m/s，满足《绿色建筑评价标准》GB/T 50378-2006 中的“一般项：5.1.7 建筑物周围人行区风速低于 5m/s，不影响室外活动的舒适性和建筑通风”的要求
3	气候分析	Autodesk Ecotect	建筑的最佳朝向、风速和温度分布等
4	热环境模拟	Fluent	室内人员活动区的温度基本维持在 22℃～26℃之间，除去送风口附近区域，其他区域的风速皆小于 0.25m/s
5	舒适度模拟	Fluent	报告厅在夏季工况下，室内人员活动区的温度基本维持在 22℃～26℃之间，室内人员活动区的风速皆小于 0.12m/s
6	火灾烟气模拟	Pathfinder	达到危险临界值分别为：温度 575s，能见度 650s，CO 浓度 > 900s，人员疏散对应的危险来临时间 ASET 为 575s
7	人员疏散模拟	Pathfinder	人员疏散时间 = 60+120+110.5 × 1.5 = 346s ＜ 575s，满足安全

（2）施工阶段应用

常规钢结构项目的深化设计一般通过输出二维深化加工图的形式，实现构件工厂加工、现场施工以及项目管理的各种需求。由于云结构的造型复杂，通过对云结构的不断深入了解和分析，常规的深化设计流程已无法满足本项目的施工需求。根据本项目立项之初确定钢结构作为BIM应用点的规划，施工钢结构 BIM 团队从本项目的实际需求出发，在已熟练常规钢结构深化设计软件的基础上，确定以BIM技术平台为基础，以设计、加工、安装技术数据为支撑，多专业软件协同工作进行深化设计，最终实现深化设计与原设计、工厂制作、现场施工的数据无缝对接，成功实现了项目精细化管理和高效施工的目标。

1）基本深化流程

钢结构专业分包在设计提供的初步设计的基础上，根据结构安全性要求和建筑功能性要求，结合设计意见和建设方意见对云结构中的各个节点、扭折杆件进行深化设计，并依次进行结构计算复核和各类建筑性能的综合测试，包括安全、美观、科学、通风、采光、环保等因素的综合考量，最终完成一个可施工的精细化模型。在此基础上，对模型数据进行后续的综合应用。

2）BIM 深化设计中的典型部位

① 云腿部分杆件截面及交汇节点优化

在初步设计阶段，云腿部分大部分杆件交汇处的相互传力是通过一个个一体成型的铸钢节点来完成，即各个杆件与铸钢节点焊接使云腿杆件网结成统一的整体。但由于焊接面和节点结构传力的需要，铸钢节点采用实心铸钢加工制作，如图 3 所示，且往往在外形上比杆件要大得多，造成了整体效果上观感较为突兀，不能很好地吻合“云”的轻盈设计意图。在这样的情况下，BIM 工程师联合结构设计师利用 Tekla 无纸化平台可视化及参数化的优点，反复在模型上计算讨论，决定通过对多杆交汇处做特殊处理来达到合理连接且结构轻盈的目的，见图 4，即通过对交汇处的杆件做一定的角度切割处理，使得杆件与杆件之间通过一到两块钢嵌板就能焊接连成整体，通过杆件自身切割折扭实现软过渡。复杂的杆件加铸钢节点的形式改成了常规框架结构形式，使结构体系更简洁，结构线条更流畅，建筑效果更佳。如表 3 所示，云腿部分杆件截面及交汇节点优化大幅地减少铸件使用，使施工工期、质量等得到更好保证，同时降低了成本。

图 3　铸钢节点

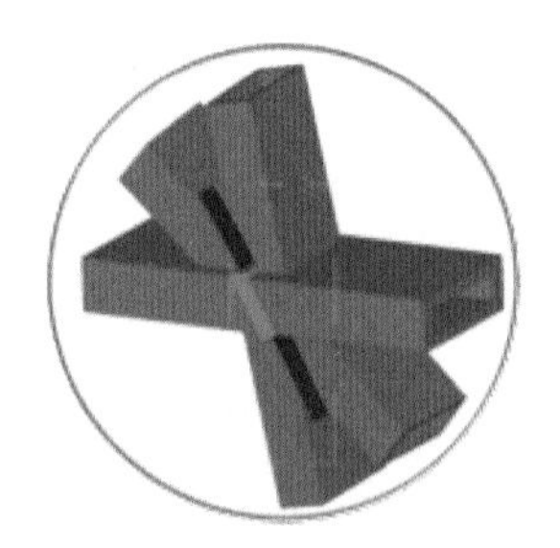

图 4　多杆交汇节点

优化前后量差表　　表3

	优化前	优化后	优化量百分比
杆件总重	1300 多 t	1200 多 t	7%
杆件	6300 多件	6000 多件	5%
铸钢件	2000 多件	240 多件	88%

② 24m 钢平台处结构的优化

在 24m 钢平台处结构形态出现突变，网格外扩的角度在此处突然增大，内部平台与网格结构无法对应，部分平台与云网格甚至完全碰撞在一起，矛盾十分突出。对于这一情况，深化设计团队，借助 BIM 模型辅助，首先调整了平台结构标高保证平台与云网格的合理有效连接，其次根据云网格实际空间位置重新调整平台构件布置，同时创新采用异型截面、铸件、锻件共用的模式，合理地解决了网格面突变等各种矛盾，见图 5。

图 5　优化后 24m 平台效果

③ 屋盖网壳系统深化

该系统为空间多杆交汇，如图 6、图 7 所示，系统节点数量众多，使该类节点的制作时间和成本控制成为钢结构加工制作的瓶颈。为解决此类问题，项目采用类似世博会“阳光谷”的多杆空间交汇节点，辅助 BIM 软件设计，通过使用“机器人”加工方式实现生产过程的标准化、智能化，大幅提高了加工效率和精确度，使该问题得以妥善解决。

3）深化成果及应用

BIM 模型在本项目钢结构的深化设计过程中充分发挥了优势，利用 BIM 平台非常高效地和设计及相关各方就结构和施工过程中存在的各种问题进行充分无障碍的沟通，对原结构进行大量的合理化调整和优化，不仅使深化设计效率提高约 30%，对项目实施的其他各项指标的优化效果也很明显，

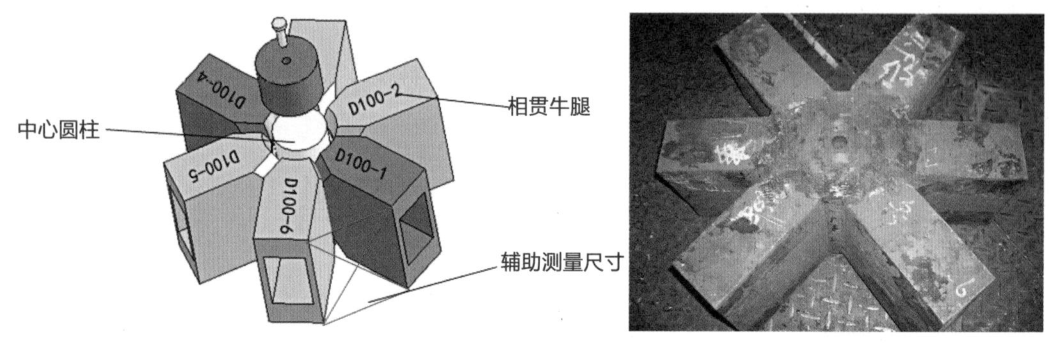

图 6　空间多杆交汇节点示意及成品

图 7　云结构内部模型

成效非常显著。基于模型的应用主要有：

① BIM 辅助钢结构构件加工及相关数据输出

常规深化设计一般通过输出二维深化图，图中标注构件、零件定位、尺寸、材料等详细信息，用于构件工厂加工、现场施工以及项目管理的各种需求。在本项目中，特别是针对云结构构件，大多为空间矩形杆件，其空间交汇关系十分复杂，杆件空间贯口、定位等信息在二维深化图中根本无法表达清楚，更无法满足加工、施工等需求。因此对于主体框架结构和云结构内部一些常规结构如平台、楼梯、电梯等主要是通过二维深化图方式输出，云结构网格构件则主要利用 BIM 模型数据优势，根据空间贯口杆件、折扭杆件、空间多杆交汇节点等不同类别，自动提取各类别构件相关制作数据信息进行加工制作，实现整个加工制作过程从技术深化到加工检验的无纸化、数字化生产，大幅提高了加工精确度和效率。钢结构用量则可直接从模型中读取必要资料并加以统计，将其表格化地呈现，并可输出以 Excel 表格的方式表示。

② BIM 辅助现场安装相关数据输出

利用 BIM 模型可直接获取每个测量点的空间三维坐标，结合云结构自身特点和施工工艺，遵循以“加工精度控制安装精度”的原则。如图 8、图 9 所示，通过在通视的位置架设全站仪进行施工测量监测，构件安装过程中针对每点坐标边矫边装，不断测量和复核控制点的坐标，确保整个云结构的

图 8　异型折扭桁架施工

图 9　屋盖网格结构施工

施工精度，以便于后续相关专业工程的施工。钢构安装过程中，由于结构为承重钢结构，结构自重变形以及平台区域大跨度结构变形相对较大，施工时必须设置合理的临时支撑体系，确保结构安装过程中的变形最小，以免安装累积变形导致网壳、平台构件无法精确定位。利用 BIM 模型输出相关数据进行临时支撑体系设置，可有效控制结构在安装过程中的变形。通过利用 BIM 技术平台，项目管理所需的各种数据可以随时获取，大到项目体量数据，小到构件、零件属性信息等。并且通过 BIM 技术平台进行施工模拟，可在虚拟空间中模拟各种实际施工工况，不仅效率高、成本低，而且可以有效地规避施工方案中可能隐藏的问题，提前做出调整和优化，避免实际施工中对项目实施造成不利影响，实现动态、集成和可视化的 4D 施工管理，达到“精细化管理”的目标。

4）运维阶段应用

根据业主实际运营要求，基于 BIM 模型定制化开发了一套运维平台，如图 10、图 11 所示。该平台具有空间管理功能即实现二维图纸与三维模型空间的联动，快速查找定位并显示空间体积、归属等属性；搬运管理功能即实现展陈物品的智能模拟搬运，自动计算最优搬运路径；设备管理功能即将模型中的设备构件、二维系统图中的设备进行统一编码，并将说明手册、厂商信息等与编码进行关

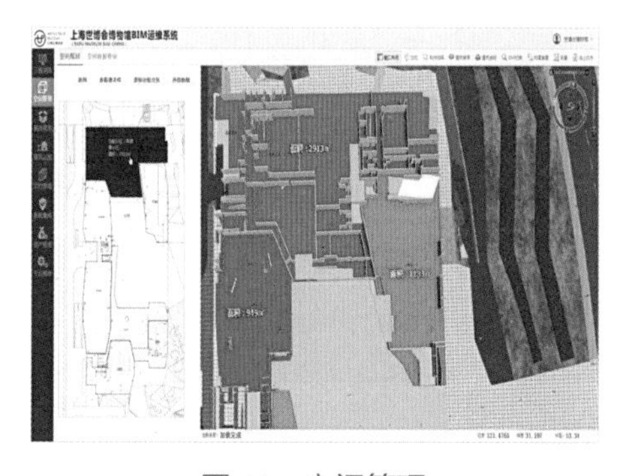

图 10　空间管理

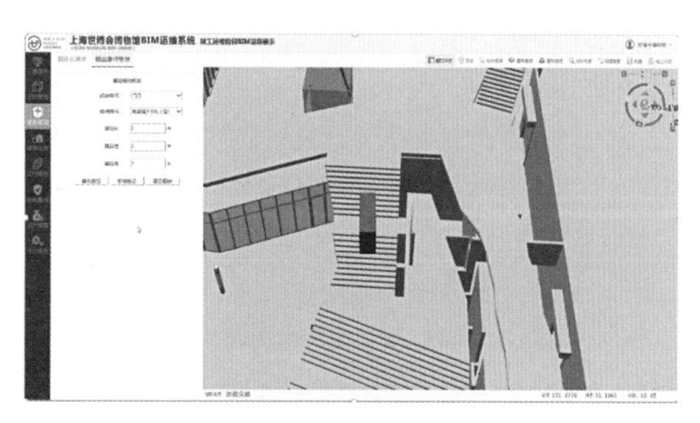

图 11　搬运管理

联，对设备进行结构化数据的管理；开放接口即提供标准开放的接口，将建筑智能化系统中的视频监控、楼宇设备控制系统、门禁等接入运维管理平台统一监管。

5）同管理平台应用

数据管理方面，对现有的图纸、模型、图片等各类文档进行管理，并支持轻量化模型、图纸等文档预览、批注等。编码体系方面，对文档进行统一编码及版本管理，保证数据的唯一性和准确性。权限及流程管理方面，不同的参与方在平台使用过程中拥有不同的权限，既满足协同工作的要求，又保证数据安全。同时将模型审核等流程通过平台进行管理，实现管理数据可追溯。移动应用方面，实现流程、数据存储及模型浏览等功能在移动端的应用，提高平台使用的便捷性。

四、BIM应用成效

4.1 BIM技术实施效益

（1）经济效益

BIM 技术在本项目中的益处显而易见，在本项目的设计应用、施工深化应用、算量应用、协同平台中都发挥了很大的作用。

设计方面 BIM 的效益主要体现在解决大量的净高问题上。通过管线综合，BIM 团队与设计人员的拍图例会，不断地沟通，减少了大量设计过程中的疏漏，解决设计错漏碰缺 700 多处，解决大量的净高问题。钢结构深化设计方面，主要针对云厅钢结构（复杂的异型曲面）进行三维深化，3000 多个不同节点深化后通过三维方式展现出来并出具二维图纸指导施工，节省钢结构吨位约 8%，一般杆件数量减少 5%，铸钢件减少 87%。算量方面，目前主要针对地下土建部分进行算量，主要包括混凝土及模板数量，通过三维模型的算量结果和实际投资监理的人工算量相比，误差大多在 5% 以内，在某种方面来说三维算量的结果具有一定的参考价值。而部分异常值例如框架柱模板面积，可能是由于劲性柱里面含有钢板，计算模板时将钢板所占面积也计算在内，属于建模技术问题，可后期进行处理，在初次建模的时候应尽量规避。

项目实际投入经费 700 万元，应用效益节省费用 1106 万元，节省相对工期 63 天。

（2）社会效益

世博会博物馆结合实际，通过数字化建造，完整保留了博物馆建筑各专业的三维空间数据。目前，协同平台中数据文档 5002 个，累计数据约 30G，在线用户 132 个，显著提高了世博会博物馆在日常运营管理中的信息化水平，提升了工作效率。运维平台完成 821 份设备图纸、模型数据校核和编码，为后续运维数据准确率提供保障。项目从 BIM 的科学理念出发，充分探索 BIM 应用最新模式，以满足今后较长时间内业务发展的需求，完成“实践、科研、创新”的目标。该项目为博物馆信息化打下了良好的数字基础，也使其智慧化进程更具有实际意义。

4.2 BIM技术应用推广与思考

（1）BIM 技术应用存在问题与改进措施

1）设计阶段

① 问题 1：关于三维出图。目前国家三维审图相关法律法规还在完善中，BIM 软件本土化不足，通过 BIM 模型导出二维图纸效率较低，导出图纸后需要进行二次深加工以满足国家施工图出图标准。

改进措施：需政府相关部门进一步研究制定三维审图相关法律法规和软件程序，鼓励相关软件公司二次开发 BIM 软件的积极性，增加相关出图所需的族库建设，使之能够满足国家出图标准，随着相关法律法规的不断完善和软硬件的发展，BIM 三维设计将取代传统的二维 CAD 设计。

② 问题 2：关于模型传递。由于项目难度大、设计周期紧、施工单位人员水平参差不齐，设计阶段的 BIM 模型在施工阶段使用率低，施工阶段往往需要进行二次的模型拆分和深化以满足施工和工程量统计的要求。

改进措施：BIM 技术的发展和推广需要一定的时间进程，BIM 技术在建设领域各环节之间的应用需要不断地总结和积累经验，随着国家和地方政府对 BIM 技术的重视和推广，越来越多的设计和施工单位已经在项目中应用了 BIM 技术，相关的 BIM 应用标准也随之出台，对于模型的构建和使用操作流程也将不断完善，希望能在不久的将来实现 BIM 模型的无缝传递，从设计、施工到运营能基于同一个 BIM 模型不断完善，发挥 BIM 技术的及时共享、传递的特点。

③ 问题 3：运维信息的规划。目前 BIM 技术在设计阶段和施工过程中应用比较普遍，运维阶段还处于初级阶段，很难在设计前期植入 BIM 运维的需求，因此项目对于运维信息的前期规划不足。

改进措施：从目前国内的 BIM 技术应用总体水平来看，大型的设计院和施工单位都已经能在各自的领域使用，但是利用 BIM 技术进行运维还实为罕见，主要是因为成果案例较少、运维软件还不够成熟，因此需要国家政策的扶持给予优惠政策，还需要加强对运维软件的开发以及对相关人才的培养。

④ 问题 4：关于数据的互操作。BIM 软件众多，各软件各具特色及强项，执行 BIM 项目时，各软件间数据交换性不足，即便通过 IFC 格式进行交换还是有数据遗失。

改进措施：需要加强对相关 BIM 应用标准进行统一，对各阶段、各参与方的工作界面、模型深度、建模标准进行系统的规划，避免数据格式不统一的问题，另外，还需要对不同软件之间格式转换进行二次开发，保证信息的无缝传递。

2）施工阶段

① 问题 1：设计阶段模型相对施工进度的滞后。本项目的初始模型由设计院提供，一般而言，图纸版本更新后模型才更新，因此难免设计模型稍稍滞后于图纸更迭。这难免会造成施工现场模型应用的诸多被动，尤其是深化工作量比较大的机电专业，通常都在追赶现场的进度，或者是对现场较为紧急的区域优先深化。

改进措施：模型滞后的实质是设计阶段的 BIM 模型工作方式，大部分还处于翻模的工作方式，与实际设计工作脱节。然而先三维设计再二维出图的模式固然值得推介，但 BIM 刚刚兴起，设计院三维设计所需的人员、设备等需要投入和更新。另外就目前阶段而言，三维设计在效率上是否优于传统的二维设计还有待验证，这也许加重了设计企业的负担，因此大部分设计单位仍处于根据二维图纸翻模阶段，从而不可避免会使模型滞后于图纸。将来随着软件的发展和完善，随着设计人员的经验和熟练度的增加，随着企业认知度和管理流程的加深和完善，相信三维设计会成为设计主趋势，再在此基础上考虑二维出图，这样，既保证了模型和图纸的同时性，也保证了模型和图纸的一致性。

② 问题 2：分包配合程度不一。施工阶段的 BIM 应用，理想的状态下应该是每个分包有相应的 BIM 人员配合总承包，并进行专业内的 BIM 规划和应用。但实际上受多种因素的制约，并不是每个专业都有 BIM 配合。这就使得 BIM 有力而不足，不能更好地指导项目施工。

改进措施：由于很多企业还未意识到 BIM 的作用和效益，因而在企业内还没有很好的 BIM 发展规划，也因此没有很好地配合到项目上。对分包的配合需要合同约束，也需要利益驱动，如果技术能为企业创造效益，分包的专业配合度自然会提高，这需要结合具体情况分析。不应等到分包商企业真正发觉 BIM 的价值，才在 BIM 应用上投入人力和财力。

③ 问题 3：深化结果的实施跟踪问题。深化的模型不能完完全全地按照深化结果去实施。这导致有一部分深化工作会成为无用功。

改进措施：该问题的解决之道在于优化分包的施工流程，目前没有利用模型进行施工的工作流程和规定，也缺少 BIM 模型作为施工依据的相关法律依据。模型只能是辅助，处于可用可不用的尴尬地位。随着国家《建筑信息模型应用统一标准》《建筑信息模型施工应用标准》等一系列标准的正式实施，BIM 会稳步向前发展，相信问题也会慢慢被解决。

3）项目 BIM 算量阶段

① 问题 1：土建模型绘制时，没有按照清单项目特征进行区分，如直行墙与弧形墙、直行梁与弧形梁。而工程量不能按清单计量规则进行列项，对于在商务部的落地存在一定的缺陷。

改进措施：模型在绘制时，考虑清单计量规则的项目特征划分，可以按照构件命名表进行划分。

② 问题 2：在进度款估算时，现场计划与模型匹配性不高，即计划的编制没有按照楼层、构件类别进行。

改进措施：使用 Project 进行编制计划时，可以从区域、楼层、构件角度进行编制。模型在绘制时，按照区域、楼层等进行绘制。

③ 问题 3：BIM 算量如何有效地推广并落地。

改进措施：通过插件将 BIM 模型轻量化导出，制定建模规范并推广，通过技术解决导出导入的正确率。导入算量软件中，进行模型算量信息的添加修改、工程量计算。在算量软件中支持完善导出 IFC 文件，然后将 IFC 文件再导入 BIM 建模软件中进行相关应用的操作。两者之间相互补充完善，为互导关系。将算量软件与 BIM 建模软件之间产生互通，不管在哪个阶段，存在商务模型还是设计模型、施工深化模型，都能相应地进行转换。期间总结相应的建模规范，统一族、替代族的绘制，那么未来 BIM 算量的落地以及替代传统的二维图纸算量将不远。在项目实施过程中，因为 BIM 模型的建立没有统一的标准，BIM 模型转换为算量模型的可用性比较低。经过许多项目的实践总结，得出以下流程，可以有效提高 BIM 模型转化为算量模型的使用率。

（a）建模前对建模规范进行统一交底；

（b）结合项目实际情况以及建模规范，建立统一的标准模板；

（c）各专业模型建立时，相关的商务人员可以参与，定期对模型进行审核，并反馈存在的问题，及时修改。

（2）可复制可推广的经验总结

建立协同管理平台：业主方的协同管理平台可以让各方都积极参与项目的全过程管理，对施工各个阶段的成果都可以无缝传输和共享，为今后的档案追溯提供了良好的保障。协同管理平台作为可推广可复制的经验，具有提高项目管理信息化水平的现实意义。

4.3 BIM技术应用展望

本项目的 BIM 应用工作随着项目结束已全部完成，根据本项目的应用经验，以及对存在问题的思考，在后续其他项目的应用上，项目方将从精益建造的思想出发，做好建筑工程的一切工作。主要从以下方面做好其他项目的 BIM 应用工作。

（1）精益建造管理：要进一步把 BIM 技术与设计、施工的管理过程相结合，打造精益建造的管理平台。要把整个项目的设计及施工过程，通过精益建造协同管理平台来实现建造过程的数字化，建造工艺的标准化，项目建设数据的精细化。实现设计、施工过程在平台基础上三维环境全过程支持。设计、施工数据与工程管理流程相结合，管理决策紧紧依靠精确数据支持，实现整个“建设过程真实可追溯，建设数据有效可共享，项目数据与实体同时建成”的管理目标。

（2）BIM 的多极化应用和决策：利用基于 BIM 技术的精益建造协同管理平台，通过专业支持团队，确立 BIM 技术应用的工作流程，将 BIM 数据的文档管理、流程管理、应用管理与工程管理中的进度、质量、投资管理、组织管理等相结合，发挥 BIM 技术在协同工作的关键作用。利用 BIM 的可视化，在项目全过程中均可以以 3D 方式进行直观、方便的沟通协调，避免 2D 所造成的沟通信息丢失或误解；利用BIM的有效信息传递和高效协同特点，可以更好地使各方明确项目需求、成本目标，减少信息“错、漏、缺、碰”，降低工期延误等，从而使各方整体成本最低化。通过 BIM 技术在项目管理中的深度应用，以及精益建造协同平台在整个项目生命周期的整体策划管理，使参与者在项目各阶段能够更准确、更高效地执行和实施，也为业主在项目生命周期内的各项决策和方向提供可靠的依据和数据支持。

（3）管理制度革新：BIM 技术在项目生命周期的应用，不但是技术上的革新，也是对新型管理制度的探索。主要体现在对管理机构、协调机制和管理工具的变化上。世博会博物馆项目通过业主单位主导，BIM 总包牵头，由设计、施工、顾问、算量和平台组成 BIM 实施团队。由顾问单位通过调研，编制项目级 BIM 应用实施方案。通过 BIM 总包下达任务，由顾问对各单位的 BIM 成果进行审核和协调，从而保证 BIM 工作的顺利开展。

在项目 BIM 实施过程中，需要结合项目实施建造过程和 BIM 工作，进行动态管理。传统工程例会中对工程问题的讨论缺乏形象性和准确性。以BIM技术与工程实际相结合，提高了问题解决效率，形象真实地表达问题的详细内容，是对新型协调机制的探索。施工现场通过移动化数据平台，对现场问题进行及时、真实的信息传递。这些提高了监理的工作效率，对施工的质量控制提供了保证措施，这也是新型管理工具的革新。

上海市第十人民医院新建急诊综合楼项目

关键词　全生命周期应用、业主驱动模式、医疗卫生、“BIM+”创新应用

一、项目概况

上海市第十人民医院新建急诊综合楼贴建于既有门诊大楼，项目集门诊、急诊、医技、ICU、手术等功能于一体，因地制宜分层设置急诊和急救区域，并通过一台急救专用电梯，打造“急救－检验－检查－ICU－手术一体化”的快速救治体系。项目的建设有助于医院改善急诊诊疗环境、提升急诊服务能级，同时也为医院急诊学科的发展以及更好地匹配上海北区医疗急救中心的功能定位奠定了坚实的硬件支撑。

1.1 工程概况

项目名称	上海市第十人民医院新建急诊综合楼项目
项目地点	上海市静安区延长中路 301 号
建设规模	$11550m^2$
总投资额	约 1.42 亿元
BIM 费用	96 万元
投资性质	政府投资
建设单位	上海市第十人民医院
设计单位	上海市卫生建筑设计研究院有限公司
施工单位	上海建工二建集团有限公司
咨询单位	上海科瑞真诚建设项目管理有限公司
运营单位	上海市第十人民医院

1.2 项目特点难点

项目因其建设选址、规模、功能以及市财力“全额、限额”投资等原因，在实施过程中面临如下五大重难点：

（1）空间功能复杂，医疗工艺要求高。项目受建筑规模、场地环境等因素的限制，地上、地下单层面积均较小，无法满足急诊、急救、检验及医技检查等功能同层布置所需的面积要求，因此将上述功能分设于地下一层及地面一层，对项目在平面的布局流程、竖向及院内的交通组织的设计上具有较大挑战。

（2）新旧建筑贴建，设计与施工难度大。项目贴建于现有门诊大楼，需综合考虑建筑功能、结构沉降及变形、施工平面布置、与周边关系协调性等一系列问题，设计与施工难度大。例如：建筑方面要考虑新旧建筑立面效果的协调性、楼层功能的协调性、人流及物流的整合、医疗工艺的重构；结构方面要考虑房屋沉降与变形的协调、地下结构施工对原有门诊的安全性影响；此外，还需考虑与周边管线的融会贯通，新旧建筑设备用房的统筹和优化等。

（3）测算基准存异，投资控制压力大。项目整体体量较小，但功能齐全，且地下室均设有医疗用房，地下地上面积占比约为 4：6，鉴于上述原因，项目实际单方造价较“十三五”市级医院规划建设项目综合造价标准（地下室为车库、地下地上面积占比为 3：7）所测算的数值高出约 70%，在市级医院规划建设项目资金由市财力“全额、限额”投入的情况下，如何实现项目功能与投资控制的有机统一，是院方项目管理工作的核心内容。

（4）周边环境复杂，安全文明施工压力大。项目位于中心城区，邻近医院门诊及住院病房楼，如何保证高峰期现场施工不对周边交通的正常运行，周边居民及院内医护、病患的正常作息造成影响，是项目文明施工重点关注的内容之一。此外，基地处于地铁 1 号楼保护范围内，南侧延长路沿线有重要市政管线，周边院区内有强弱电、上下水等管线，如何做好保护方案、落实有效措施，是项目安全施工的重要一环。

（5）确保正常运营，施工组织精细化程度要求高。项目位于医院延长路既有的主出入口处，为确保项目顺利推进的同时，实现医院正常运营，需采用“逆作法 + 三阶段翻交”的施工组织方式。因此，延长路医院进出口的位置、院内整体的交通流线将伴随项目施工的推进做阶段性调整，从而导致项目建设过程中院区、内外的交通管理变得复杂，同时也对项目施工过程中各参与方管理的精细化程度提出了很高要求。

二、BIM实施规划与管理

2.1 BIM实施目标

本项目以“BIM 全过程辅助建造”为出发点，以“BIM+”技术创新应用为关键点，以 BIM 与 PM 的深度融合为着力点，在实现项目安全、质量、进度、投资以及文明施工等建设目标的同时，打造综合医院项目建设全生命周期 BIM 应用的实施样板，助力医院优化项目全生命周期管理模式，实现成效的提升，探索行业新型发展模式。

2.2 BIM的实施模式、组织架构与管控措施

本项目采用建设单位驱动，专业 BIM 咨询单位支撑，各方参与的应用模式。在组织架构层面，建立了项目 BIM 应用领导小组和工作小组，领导小组由医院基建分管院长、基建处处长，BIM 咨询单位技术总工、项目总监以及项目经理等相关人员组成，主要负责 BIM 应用总体策划、实施框架、奖惩条款以及预期目标等内容的商定；而工作小组则由基建处副处长、项目监理、BIM 咨询单位人员、总包以及分包单位技术负责人等组成，主要负责 BIM 辅助项目建造的具体实施，并做好向领导

小组的定期工作进展汇报。

为确保项目 BIM 有效应用，一是建立了每周 BIM 专题会议及次日工程例会 BIM 专题汇报制度，做到每周工作有督促、有落实；二是在各参建方的合同内均包含了有关落实 BIM 应用的相关条款，并配有相应的奖罚措施，由此夯实了 BIM 应用的“经济”支撑；三是项目进度款的支付也把对应阶段各参建方在 BIM 应用方面的综合表现作为考核因素之一。

三、BIM技术应用与特色

3.1 BIM应用项

本项目 BIM 技术应用项如表 1 所示。

上海市第十人民医院新建急诊综合楼项目BIM全过程应用点列表　　表1

序号	应用阶段		应用项
1	设计阶段	方案设计	建筑、结构专业模型建置
2			场地分析
3			建筑性能分析
4			虚拟仿真漫游
5			设计方案比选
6			医疗工艺流程仿真及优化（一级）
7			BIM 实施规划编制
8		初步设计	初步设计 BIM 模型建置
9			面积明细表统计
10			平面空间布局分析
11			重点区域净高分析
12			建筑设备选型分析
13			建筑疏散模拟分析
14			医疗工艺流程（二级）
15			市政搬迁方案比选
16			机电管线综合碰撞检测报告
17		施工图设计	各专业模型施工图版构建
18			碰撞检测及三维管线综合
19			竖向净空分析
20			辅助施工图设计（2D 制图）
21			基于模型的施工图预算工程量
22			医疗样板间 BIM 模型构建
23			医疗工艺流程仿真（三级）
24			各阶段交通流线模拟

续表

序号	应用阶段		应用项
25	施工阶段	施工准备	施工场地规划（交通组织）
26			室外管网改建协调方案
27			施工方案模拟
28			BIM 施工招投标辅助
29			拆房 4D 模拟
30			汽车坡道与液氧站及口腔门诊位置关系分析
31			基坑围护该方案后与原有门诊楼承台关系分析
32			云平台现场管理摄像头安装及对接
33		施工实施	全过程 4D 施工模拟及进度控制
34			施工过程造价工程量
35			设备与材料管理
36			量控制（BIM 云平台）
37			安全管理（BIM 云平台）
38			二阶段翻浇视频模拟（含二阶段围桩延长路、共和新路）
39			桩基及围护 4D 施工专项模拟
40			现场各类管线点位模型建置（门诊楼东侧）
41			现场各类管线的点位模型建置及模拟（连廊区域围护施工）
42			大型医疗设备安装路径模拟
43			地下结构施工 4D 模拟
44			地上结构施工 4D 模拟，外立面效果展示
45			机电施工深化综合应用
46			医疗样板间 BIM 模型构建
47			辅助精装修施工图设计（净高区域分析）
48			基于现场与模型一致性校核
49			三阶段道路翻交模拟
50			急诊楼全过程视频制作
51			室外管网模型搭建
52			室外广场效果视频更新
53	运维阶段	运维	竣工版模型构建
54			运维管理方案策划

3.2 BIM应用特色

（1）业主支持，BIM 咨询单位支撑，各方协同支持模式

在业主的支持与协调下，各参建单位充分利用各自专业性特长，利用 BIM 技术解决项目问题，共同推进项目高质量完成。首先，业主方提出 BIM 应用需求和目标、组织基于 BIM 的论证与决策以及协调使用部门提前介入等。基于业主的要求，BIM 咨询单位贯穿项目全过程，进行 BIM 应用策划、标准和制度建立、应用协调、项目管理支撑以及成果审核和交付等，同时与其他参与方相对接。设计单位基于 BIM 论证与优化设计方案和成果，进行设计协调与施工交底等，施工单位基于 BIM 论证与优化施工方案，进行质量、安全和成本等目标控制，运维部门基于 BIM 提出全生命周期信息集成方案、运维模型转化、运维平台构建等，从而形成了各单位充分发挥各自特长、相互协同的应用模式。

（2）整体规划，聚焦特色“BIM+”创新应用

该项目建设初期便制定了全生命周期的 BIM 实施规划如图 1 所示，在国家和地方标准、BIM 应用指南基本应用点的基础上，结合项目特色，发挥“BIM+”创新应用模式，以 BIM 为建筑信息载体，借助复杂工程项目管理手段提高应用广度，结合 SPEC 技术规范要求开拓应用深度，依托云平台实现全过程信息集成，通过“BIM+PM+SPEC+ 云平台”的管理模式，助力医院建筑智慧建造，确保工程进度、质量、投资、安全、文明施工等各项目标的实现。

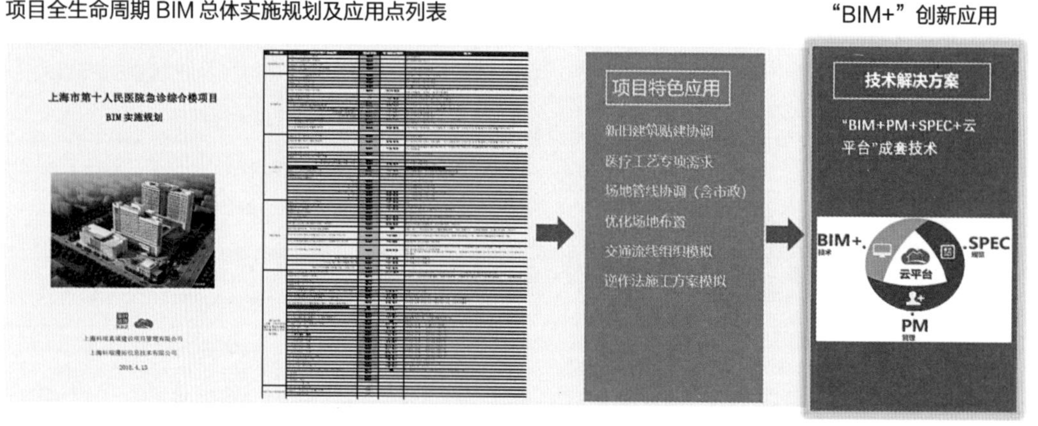

图 1 “BIM+”创新应用模式

（3）智慧平面布局及流程设计

1）高效沟通：借助“BIM+ 云平台”，与临床科室实时交流，提高沟通效率，落实科室需求。

2）正向设计：面向医院运行临床科室需求，结合 SPEC 技术参数，先于室内设计招标，生成 BIM 科室布置模型，将用户需求辅助于专业设计。

3）设计优化：利用 BIM 碰撞检测功能消除不同专业、管线冲突；利用参数化模拟呈现不同方案，直观、高效地进行项目决策，提升设计质量，见图 2。

4）所见即所及：利用“BIM+VR”技术，提供交互式三维动态视景和实体行为的系统仿真，给医务工作人员带来浸入式体验，见图 3。

5）预案演练：针对项目院前广场，就未来突发公共卫生事件下，拟开展的应急救治方案提前进行排布预演，并由此完善相关的水、电、气、污水处理等配套设施。

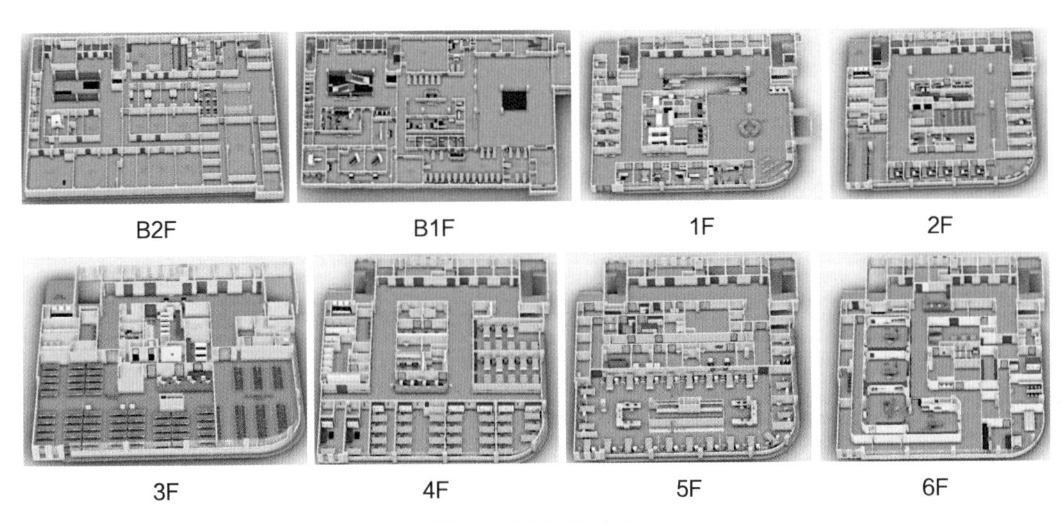

图 2　智慧平面布局

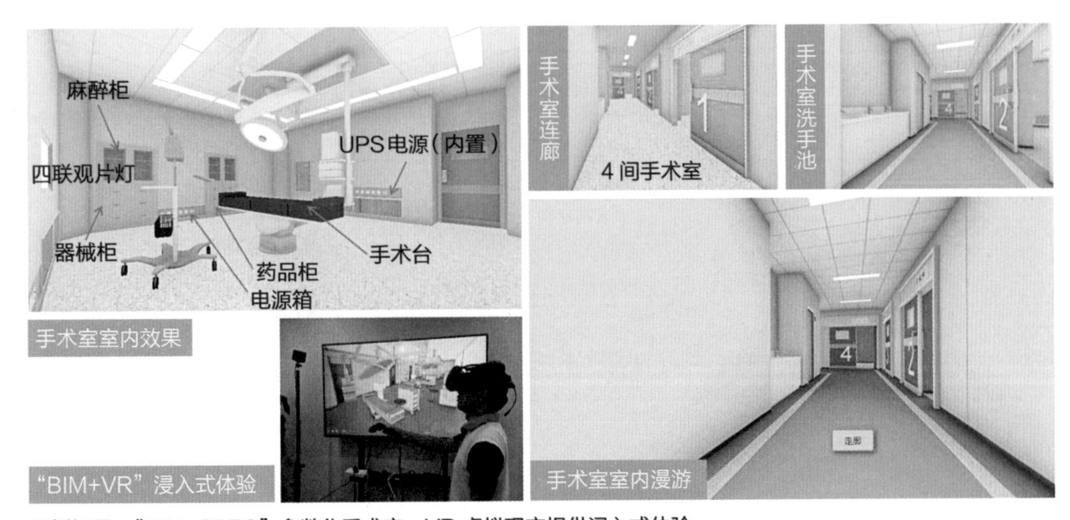

示例场景：“BIM+SPEC”参数化手术室，VR 虚拟现实提供浸入式体验

图 3　VR 场景效果图

（4）智慧施工及现场管理

1）全过程 BIM-4D，先模拟后施工，实现进度把控，提前预演，梳理各阶段交通组织中的风险防控点，采取应对措施，确保医院的正常运营。

2）专项工程虚拟建造，针对 MRI 等大型医疗设备，提前规划安装路径，确保施工合理性，解决场地紧凑及施工不停诊难题，满足医院开办需求。

3）BIM+ 逆作法，提前模拟各阶段交通组织风险防控点，采取应对措施，确保医院正常运营。

4）云平台现场管理：现场工况、定点检查、基坑监测、工程验收、文档管理等实现信息共享，打造全过程、数字化、动态化的现场管理。

四、BIM应用成效

4.1 BIM技术实施效益

（1）经济效益

上海市第十人民医院新建急诊综合楼项目通过“BIM+”技术的创新应用，对优化设计、投资控制、进度控制、质量控制、安全文明施工、医院正常运营等方面实施信息化管理，有效减少了项目开展过程中人为主观因素的影响，增强了对各类风险的管控能力，从而确保项目平稳有序推进，实现综合效益最大化，为项目管理工作提供了有力支撑。经测算，项目通过 BIM 技术的应用共节省相关费用约 453.7 万元，其中通过 BIM 技术缩减工期创造直接经济效益 28.7 万元，见表 2；通过 BIM 技术优化设计图纸及施工方案创造经济效益 280 万元，见表 3；通过 BIM 造价核算优化经济效益共计 145 万元，见表 4。

通过BIM技术优化缩减工期所获经济效益 表2

项目	优化内容	优化工期	经济效益	主要经济指标
桩基工程（二阶段翻交）	通过 BIM-4D 模拟优化施工场地布置、顺序及设备数量	9 天	28.7 万元	（1）工程直接成本节约 18 万元 （2）工程管理费节约 3.7 万元 （3）措施费成本节约 7 万元
共计节省费用：28.7 万元				

通过BIM技术优化设计图纸及施工方案所获经济效益 表3

BIM分析工作	发现问题	经济效益	主要经济指标
专业碰撞综合问题	200 处	120 万元	（1）专业综合含施工图设计土建、机电及气动物流、医疗气体等专业工程； （2）初步碰撞检测冲突点共计 7146 处，综合协调后统计 200 余处； （3）平均每一个碰撞点增加设计变更费 6000 元测算

续表

BIM分析工作	发现问题	经济效益	主要经济指标
自动扶梯设计方案优化	—	160 万元	通过基于 BIM 模型的设计优化，结合人流测算及模拟，将原设计方案6台自动扶梯优化为2台扶梯，增加了建筑使用面积，节约了部分扶梯的采购、设计及安装费用
共计节省费用：280 万元			

通过BIM造价核算优化经济效益　　表4

BIM分析工作	经济效益	内容描述	主要经济指标
对装饰装修工程量进行 BIM 造价核算	85 万元	（1）室内装饰，原先概算只考虑装修基层及普通装修，经效果模拟补充功能性装饰层和面层效果，提前核算优化预算。 （2）复核风管、水管以及配线的实际长度，梳理各类机电系统主要设备配置并进行方案优化	按工程量差额乘以各种材料或构件的综合单价（包含规费措施费并平摊人材机费用）
对机电工程量进行 BIM 造价核算	60 万元		
共计节省费用：145 万元			

（2）社会效益

本项目通过“BIM+”技术的创新应用，对优化设计、投资控制、进度控制、质量控制、安全文明施工等方面实施信息化管理，有效减少了项目开展过程中人为主观因素的影响，增强了对各类风险的管控能力，从而确保项目平稳有序推进、医院运营不受影响，实现项目建造综合效益最大化，同时各参建方 BIM 工程师的技术水平也得到了锻炼和提升，为 BIM 技术在医院建设项目管理中的应用提供了参考样例。

1）项目管理层面

① 结合“BIM+ 云平台”，与临床开展实时交流，提高沟通效率，落实科室需求，获得科室建议 120 余条，涉及检验、放射、药房、手术室、急诊等将近十几个科室，落实率接近 100%，有效降低了“因科室需求沟通不充分而导致后期返工”的风险。

② 利用 BIM 三维展示及碰撞检测功能消除不同专业、不同管线之间的冲突，通过 BIM 碰撞检测共发现 200 余处碰撞点，确保图纸质量，减少后期签证发生率，有利于项目整体投控目标的实现。

③ BIM 工程量计算与传统清单工程量计算进行对比，便于院方分析量差，确保招标环节工程量清单的准确性，对比共发现 9 项较大量差，其中土建部分 3 项、安装部分 6 项，有效降低了后期施工单位进行量价索赔的风险。

④ 结合SPEC技术文稿，完善招标技术文件，明确主要设备材料的各类技术参数，涉及水、电、暖、装修 4 类专业，共计 21 分项，近 40 种设备和材料，各投标方均在同一细化的标准下报价，有效提升了项目的整体招标控制力。

⑤ 通过全过程运用云平台技术，实现平台资源共享，打造数字化、动态化、可视化、全面化的管理模式，发现并及时解决问题，大幅提高施工管理成效。

2）医院运营层面

① 针对项目“逆作法 + 三阶段翻交”的施工组织方式，结合 BIM 模拟、分析功能，对各施工阶段医院的交通组织方案进行模拟、优化，通过数字化预演的方式梳理各阶段交通组织中的风险防控点，形成专题分析报告并提出各阶段交通管理措施共计 10 项，由此确保了项目整个施工过程中医院的正常运营，尤其是 120 急救车进出医院的通畅。

② 项目前期科室医疗需求对接过程中，结合 BIM 三维展示的直观性、可及性以及基于云平台的实时方案深化交流机制，真正实现了项目使用部门各项需求的落实落细，其间注重同步进行家具、隔帘以及标识等相关开办工作的深化，并提供了便于开办推进的三维实样清单，使得项目仅用两个月便完成了启用所需的各项开办工作，而本项目原计划开办时间为 3 个月（同规模类型项目的常规开办时间约为 2.5～3 个月），因此节省开办工期 1 个月，也即项目提前 1 个月投用，从而能尽早为广大患者提供优质医疗服务。

（3）其他成果

上海市第十人民医院新建急诊综合楼项目 BIM 技术应用成果涵盖总计 54 个应用点，项目 BIM 专题汇报文件 87 次，形成专题议程会议纪要 76 份。全过程运用云平台技术，实现管理信息的实时互通与留底，项目整个施工期间，留存现场图文记录 733 条，项目施工日志 474 项，监理日志 688 项，现场工况 577 条，定点检查 279 次，基坑监测 216 次，形成文档 8405 份，有助于现场质量、安全、文明施工等各类问题的限时闭环解决。

4.2 BIM技术应用推广与思考

（1）BIM 技术应用存在问题与改进方法

1）问题 1：市财力关于 BIM 技术专项费用的留白使 BIM 技术推广举步维艰。BIM 系统的良好运转需要有持续投入的资金支持，但在目前阶段的医院工程建设体系中，无论是推行 BIM 技术、深入研究 BIM 效益，还是对 BIM 成果的维护和完善、“BIM+ 云平台”的管理和维持，其软硬件成本依然是一个问题，然而市财力关于项目 BIM 应用的专项费用，目前尚没有政策支持。

改进措施：制定有关 BIM 资金支持的积极政策会使建设方和更多的参建方重视 BIM，重视 BIM 应用以及重视 BIM 真正带来的价值和效益。

2）问题 2：BIM 从业人员的整体业务水平有待进一步提高。目前 BIM 从业者很多，但真正精通专业知识的却不多，BIM 从业人员不仅仅是单纯的建模人员，还是需要具备专业知识和管理能力的复合型人才。当前 BIM 从业者综合能力的参差不齐，一方面会造成业主方对 BIM 应用价值的低估，另一方面也不利于 BIM 行业的长久可持续发展。

改进措施：加大 BIM 从业人员的培训力度，将行业准入门槛与执业能力的资格认定相关联，由此逐步提升 BIM 从业者的能力水准，为 BIM 技术能进一步更好地服务项目建设管理提供人才支撑。

（2）可复制可推广的经验总结

1）应用模式的推广。经过本项目的 BIM 应用实践，证明了 BIM 咨询公司和建设单位、代建单位等共同组成一体化 BIM 应用组织模式的优势，在该模式下，由 BIM 经验相对丰富的 BIM 咨询公司与落实管理能力较强的建设单位与代建单位共同主导贯彻 BIM 应用，可充分利用各参建单位各自专业性特长来完成 BIM 工作并利用 BIM 技术解决项目问题，将 BIM 与项目管理（PM）充分结合，将 BIM 落在实处。

2）管理平台的推广。医院建筑建设过程具有专业性和高度复杂性，无法完全参考其他类建筑的建设管理过程。本项目在实施过程中，通过 BIM 及云平台的全程应用，对项目建设过程进行预演分析或实时监控，有助于了解和掌握项目建设中风险程度较高的部位、专业及阶段，以便提前或及时采取有效措施，降低项目风险。

3）通过在急诊综合楼项目中创新应用“BIM+PM+SPEC+ 云平台”，对优化设计、投资控制、进度控制、质量控制、安全文明施工、医院正常运营等方面实施信息化管理，可有效减少项目开展过程中人为主观因素的影响，增强对各类风险的管控能力，从而确保项目平稳有序推进，实现效益最大化。

4）本项目 BIM 应用荣获“2020 年上海市第二届 BIM 技术应用创新大赛房建类最佳技术方案奖”，项目“BIM+”成套技术实施路线清晰，可复制性强，已逐步推广应用于本市其他医院建筑项目。

4.3 BIM技术应用展望

医院建筑是典型的复杂工程，BIM 技术成为解决当前医院建筑建设难题的有效途径。基于 BIM 技术创建、使用、传递和共享建设项目的数字化信息，可以提高医院项目的设计、施工和运营管理水平，有助于医院建筑全生命周期价值的提升。

（1）全过程 BIM 应用整体解决方案。随着 BIM 技术、建造技术、互联网、物联网、大数据等技术的飞速发展，以及政府职能转换、精益建造、项目交付模式等新的管理模式和管理理念应用，医院项目全生命周期 BIM 应用具有极其广阔的前景。

（2）医疗卫生领域“BIM+”特色应用。医疗卫生领域 BIM 2.0 是将 BIM 应用从更深层次与解决医院实际需求相结合，衍生为“BIM+”的理念，旨在强调将 BIM 技术“渗透”到项目中去，从项目前期策划、设计、施工到运维的 BIM 全生命周期应用模式。BIM+ 设计、+ 施工、+ 复杂工程管理以及开办运维，重点解决医院建筑工程的实际问题，全面提升医院建设项目全生命周期管理水平，有效实现医院设施的保值增值。

（3）未来医院的建设需要。2020 年对医院建设与管理来说是个转折之年：一是新冠肺炎疫情给医院建设发展提出了全新命题，未来医院的定位、建设需求与管理模式需要重新思考；二是信息技术的飞速发展给医院带来了全新机遇，5G、数据中心、工业互联网等新型基础设施（“新基建”）的大力发展将加速传统医院的数字化转型，数字化背景下传统医院的变革方向值得思考。在此基础上，如何规划未来医院的实现路径，使医院建设能在既有基础上取得突破，以适应新常态、新形势和新趋势的需要，而 BIM 基于其强大的功能集合势必将成为实现上述目标的有力工具。

上海市胸科医院科教综合楼项目

关键词 全生命周期应用、业主牵头、医疗卫生、BIM 设计与医疗工艺结合、特殊设备模拟

一、项目概况

1.1 工程概况

项目名称	上海市胸科医院科教综合楼项目
项目地点	上海市徐汇区淮海西路 243 号
建设规模	24208m^2
总投资额	18596 万元
BIM 费用	280 万元
投资性质	政府投资
建设单位	上海市胸科医院
设计单位	华建集团华东建筑设计研究院有限公司
施工单位	上海建工二建集团有限公司
咨询单位	上海科瑞真诚建设项目管理有限公司

1.2 项目特点难点

（1）项目建设复杂程度高。上海市胸科医院科教综合楼建设项目复杂度高，相比于一般民用建筑，医院建筑有其一定的特殊性，尤其是医用特殊空间（冷冻室、细胞电生理研究室、洗消室等），以及医用专用管线（医用气体管道和系统、气动物流传输系统、医用废水处理系统、医院用热水供应的锅炉供水和太阳能供水系统等）较多，为了确保功能空间和合理净高，这些复杂的系统给项目的设计和施工提出了一定的挑战。

（2）施工环境狭小，边施工边规划，难度大。本项目的建设选址在原医院的东北角，施工场地极其狭小且情况复杂，北侧距离地铁 10 号线仅 10m，南侧与医院 3 号楼毗邻，需要考虑地下空间及深基坑变形风险，且建筑物地上和地下均需要与既有建筑连接等。在整个施工过程中，医院的其他既有楼宇在合理规划交通流线和确保施工安全的前提下需要正常营运。由于项目自身特点及边施工边运营的要求，挑战性大，具有全方位利用 BIM 技术的需求。

二、BIM实施规划与管理

2.1 BIM实施目标

为了实现上海市胸科医院建设“临床学术型精品专科医院”的目标，学科建设需要跨越式发展。为此，拟新建科研综合楼，项目完成后可基本满足医院科研和教学发展需要，为医院创建重点实验室及各类基础与临床实验提供场地空间，为医院实现学科建设发展目标，医、教、研全面均衡发展创造良好的硬件条件。基于 BIM 在工程建设方面的应用实践所体现出来的优势，尤其是在设计阶段的三维模拟和设备管线碰撞优化、施工过程的空间和进度可视化展示、竣工阶段的设备管线模型信息移交等方面的价值，为更好地开展上海胸科医院科教综合楼的项目管理工作，达到项目设定的安全、质量、进度、投资等各项管理最终最佳目标，建立工程 3D 模型、结合 4D/5D 动态工程筹划及造价辅助等 BIM 先进管理手段，以数字化、信息化和可视化的方式实现基于 BIM 的建设项目管理，提升前期策划深度、设计深度、建设精细化管理深度。

2.2 BIM的实施模式、组织架构与管控措施

上海市胸科医院科教综合楼建设项目作为上海市首批设计、施工与运维全过程 BIM 应用示范项目，自 2013 年 10 月即开始策划 BIM 的应用方案，经过反复研究与讨论，考虑到市级医院普遍采用项目代建模式，一般由建设单位和代建单位共同实施合作项目管理。在 BIM 应用中，采用“院方和代建单位驱动，BIM 咨询单位全过程服务驱动，其他参建单位共同参与的实施模式”，BIM 应用组织架构如图 1 所示，充分依托 BIM 咨询单位的专业能力，重点协同设计单位和施工总承包单位的 BIM

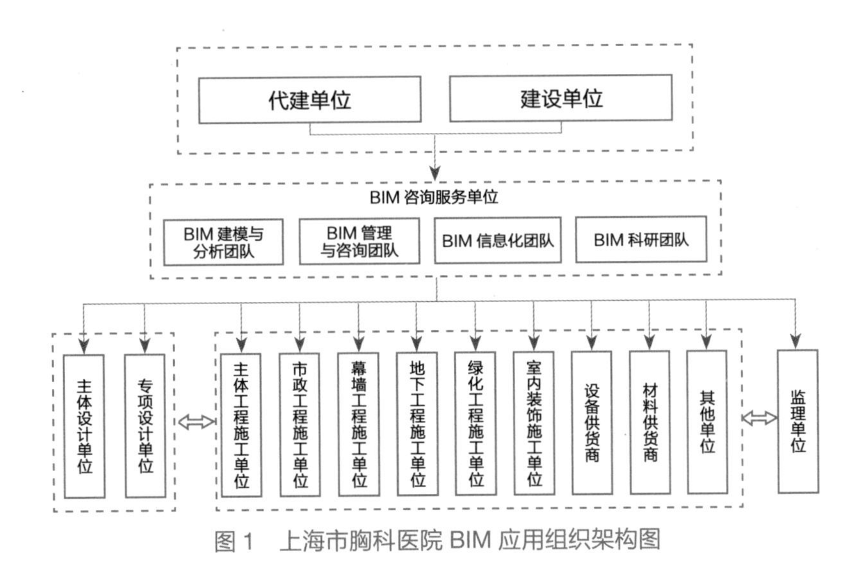

图 1　上海市胸科医院 BIM 应用组织架构图

团队，发挥监理单位的现场和模型审核能力，使 BIM 应用落实到日常项目管理中，最大化发挥 BIM 应用价值。

三、BIM技术应用与特色

3.1 BIM应用项

上海市胸科医院 BIM 技术应用包含 6 个阶段总计 42 个应用点，各阶段的具体应用内容以及各参建单位的参与程度如表 1 所示。

胸科医院BIM技术应用点及应用总结　　表1

序号	应用阶段		应用项
1	设计阶段	方案设计	场地分析
2			建筑性能模拟分析
3			设计方案比选
4			虚拟仿真漫游
5			特殊设施模拟
6			特殊场所疏散模拟
7		初步设计	建筑、结构专业模型构建
8			建筑结构平面、立面、剖面检查
9			面积明细表统计
10			设备选型分析
11		施工图设计	各专业模型构建
12			碰撞检测及三维管线综合
13			竖向净空分析
14			虚拟仿真动画漫游
15			建筑专业辅助施工图设计（2D 制图）
16	施工阶段	施工准备	施工深化设计
17			施工方案模拟
18			预制构件深化设计
19			预制构件碰撞检测
20			预制构件施工模拟
21			预制构件进度管理
22			构件预制生产加工

序号	应用阶段		应用项
23	施工阶段	施工实施	进度管理
24			工程造价管理
25			设计概算工程量
26			招标清单工程量核对
27			竣工结算工程量计算
28			质量与安全管理
29			竣工模型构建
30	信息管理平台开发与应用		基于 BIM 的现场管理信息平台开发和完善
31			基于 BIM 现场管理平台的协同管理
32	运维阶段		运维方案策划
33			运维系统搭建及维护
34			运维模型构建及维护
35			空间、资产、能源管理
36	标准建设		医院领域 BIM 标准

3.2 BIM应用特色

（1）应用模式特色

医院项目具有功能和专业系统复杂、物业和设施长期持有的特点，在运营过程中需要根据不断变化的实际需求进行功能重组、改建和扩建，这就决定了医院项目需要探索符合自身特征的应用模式。通过上海市胸科医院的应用实践，由业主主导、专业 BIM 咨询公司全过程服务、面向全生命周期的 BIM 应用是充分发挥 BIM 价值的最佳模式之一，也是本项目 BIM 应用的组织特色之一。本项目 BIM 应用工作开展期间，每周坚持定时召开 BIM 例会以梳理 BIM 工作，同时利用例会对项目建设过程中的技术问题进行协调和解决。通过完善的例会制度、各参与单位逐步形成了共进互赢的工作氛围和项目文化。通过一系列管理制度的推进和落实，不仅要把 BIM 作为一种信息化工具，更要让 BIM 形成一种协同机制，切实将 BIM 贯彻到项目建设的全过程和全方位。

（2）设计阶段 BIM 与医疗工艺结合

利用 BIM 的三维可视化和数字化技术，以及人流、物流和工艺模拟分析技术，通过方案论证集成会议，运用动线漫游、设施设备虚拟运行展示和渲染效果模拟的方式，结合医疗工艺流程特点，并充分吸收医院管理方、各科室专业人员、后勤运维团队、代建方、设计方和设备供货方等相关单位的意见和建议，优化设计成果，实现价值工程和多方案可视化比较，进一步提高医院决策方案的科学性，减少后期重大变更，充分体现全生命周期和最终用户需求的建设理念。

（3）特殊场所模拟

本项目顶层是一个可容纳 250 人以上的会议室，满足消防疏散的要求是必不可少的。通过 BIM 模型的构建，一方面从建筑方案上进行优化，用三维可视的方式既能保证使用功能，又能合理规划路径和疏散空间，最大化有利于疏散的要求；同时，尝试利用专业的疏散软件结合 BIM 三维模型进行参数化模拟，以模拟结果为参考，通过调整消防门开启方位、消防楼梯宽度等技术措施，最终达到消防的要求。

（4）特殊设备模拟

鉴于空间限制，本项目地下室布置为全自动化机械停车库。通过对该项设备的技术和安装方式的了解，需要在土建过程中对设备荷载、安装空间以及固定方式进行配合支持。尤其是固定方式，通常是采用膨胀螺栓将设备与结构进行固定，这与本项目的质量目标——“白玉兰”奖的要求相违背。为了解决这个困境，前期大量地接触各类供应商进行技术交流，并前置采购流程和创新合作模式，尽早引进了设备供应商，将设计方、BIM 方和设备供应方阶段式整合成一个技术团队，应用 BIM 技术集中解决预制预埋的问题。在设备安装深化过程中，对近 2000 个不同类型、不同型号的预制预埋件进行精确定位和编码，最终实现在安装过程中零破坏、零变更、零返工。

（5）基于 BIM 协同管理平台应用

医院建筑全生命周期过程中，既涉及代建、设计、施工、监理、造价等工程各参建单位，又涉及医疗系统、医疗设备、手术室等医疗特有设计施工及供应单位，也涉及后勤、基建 / 总务、安保、各科室、医院决策和管理层等医院各职能部门，还涉及发改、交通、规划、消防等政府审批部门，本项目采用 BIM 咨询单位提供的基于 BIM 轻量化技术的漫拓云工程平台作为协同管理工具，使得各参建单位基于同一个项目管理平台，实现信息集成共享、各专业协同工作。

漫拓云工程平台以 BIM 三维模型作为信息载体，可视化展现各阶段变化；利用移动互联网技术和智能终端设备，实现现场数据信息采集；利用云计算和云存储技术实现项目各参建方协同工作，将各参与方的信息有效集成起来，进行信息数据的交换和传递，实现工程项目信息的集成与共享。

四、BIM应用成效

4.1 BIM技术实施效益

（1）经济效益

本项目运用 BIM 技术进行精细化的项目管理，在工程安全、质量、进度和造价控制方面获得良好的效果。安全控制方面，基于 BIM 技术对施工安全进行管理，建设期间无安全事故，获得施工阶段和装饰阶段“文明施工工地”。进度控制方面，基于 BIM-4D 技术进行进度控制，科学安排施工工序，节省施工时间，与原计划相比，提前 3 个月竣工验收。质量控制方面，基于 BIM 对工程的质量进行控制，项目目前已获得优质结构奖、绿色施工样板工地，正在申请上海建筑工程白玉兰奖。造价控制方面，通过应用 BIM 技术，进行碰撞冲突分析、漫游检查等应用，预先发现建筑结构问题共计 193 处、地下管线综合问题共计 9 类 99 处、地上管线综合问题共计 5 类 44 处。

上海市胸科医院科教综合楼项目通过 BIM 技术的应用共节省费用 1669.2 万元，其中通过 BIM 技术提前工期创造经济效益 662.7 万元，见表 2；通过 BIM 技术优化施工方案创造经济效益 100 万元，见表 3；通过 BIM 技术优化设计图纸创造经济效益 201.6 万元，见表 4；通过 BIM 造价核算优化经济效益共计 704.9 万元，见表 5。

通过BIM技术优化工期经济效益　　表2

建设阶段	优化内容	优化工期	经济效益	主要经济指标
桩基工程	通过 BIM-4D 模拟优化施工场地布置、顺序及设备数量	15 天	64.5 万元	（1）人员管理费：10000 元 / 天 （2）设备租赁（塔吊、运输电梯、打桩机、清障设备、运输车辆等）：10000 元 / 天 （3）开办费（生活水电、临时房租赁、集装箱、设备折旧等）：10000 元 / 天 （4）周转材料（模板、钢管、脚手架等）：10000 元 / 天 （5）规费及税金：2000 元 / 天 （6）资金利息：1000 元 / 天
地下结构施工	通过 BIM-4D 模拟优化施工场地布置、顺序	20 天	86 万元	
地上结构施工	通过 BIM-4D 模拟优化施工场地布置、顺序	11 天	47.3 万元	
施工总工期	通过 BIM-4D 优化总工期，漫拓云平台集成管理信息，提高管理效益	92 天	464.9 万元	（1）原工程建设总控工期至 2018 年 2 月竣工，实际 2017 年 10 月竣工，节省 3 个月 （2）财务成本收益，按年息 10% 计算：18596 万元 ×10%×3/12=464.9 万元
共计节省费用：662.7 万元				

通过BIM技术优化施工方案经济效益　　表3

工程名称	优化内容	经济效益	主要经济指标
3 号楼裙楼设备移机	通过 BIM 精确建模及施工模拟，发现可以避免移机	10 万元	（1）3 号楼裙楼设备移机费：10 万元 （2）120t 汽车吊：5300 元 / 天 （3）30t 汽车吊：2000 元 / 天 （4）50t 汽车吊：2500 元 / 天 （5）25t 汽车吊：1800 元 / 天 （6）地下室结构加固：25 万元
连廊方案设计及吊装工程优化	原定采用 120t+30t 汽车吊施工 7 天，出于安全原因 3 号楼地下室钢管回顶加固费用 25 万元。钢结构设计方案优化 20 万元；通过 BIM 模拟优化降低汽车吊重量为 50t+25t 汽车吊施工 6 天，同时降低了人力成本及安全风险	70 万元	
主体建筑结构、装饰方案优化及 BIM 工程算量校核	建筑外立面材料变更及装饰修改、大厅装饰材料变更、内部装饰方案优化等节省费用，结构预留洞口校核	20 万元	
共计节省费用：100 万元			

通过BIM技术优化设计图纸经济效益　表4

BIM分析工作	发现问题	经济效益	主要经济指标
建筑结构问题	193 处	115.8 万元	平均每一个碰撞点增加设计变更费 6000 元测算
地上管线综合问题	44 处	26.4 万元	
地下管线综合问题	99 处	59.4 万元	
共计节省费用：201.6 万元			

通过BIM造价核算优化经济效益　表5

BIM分析工作	经济效益	主要经济指标
对桩基工程量进行 BIM 造价核算	220.1 万元	按工程量差额乘以各种材料或构件的综合单价（包含规费措施费并平摊人材机费用）
对建筑结构工程量进行 BIM 造价核算	305.4 万元	
对机电工程量进行 BIM 造价核算	179.4 万元	
共计节省费用：704.9 万元		

（2）社会效益

上海市胸科医院科教综合楼项目 BIM 工作开展期间，每周定时召开 BIM 例会以梳理 BIM 工作，由于各参建单位 BIM 工程师的专业技能以及管理水平参差不齐，例会召开初期由院方统一进行工作安排与对接，并在会上对各参建单位提交的 BIM 成果逐一进行检查点评，会后进行修改指导。由于完善的例会制度、共进互赢的工作态度以及参会各方管理人员与 BIM 工程师对待工作认真勤勉，项目进行到施工阶段，各参建单位的 BIM 工程师技术水平皆有明显提高，其中参建分包单位的 BIM 管理工作也移交至总包 BIM 工程师进行统一安排和管理。

（3）其他成果

本项目 BIM 技术应用成果涵盖总计 42 个应用点，成果中包含 BIM 应用报告 43 份，组织召开 BIM 专题并编写会议纪要 86 份，开展观摩交流会及学习交流会 3 次，建立各阶段各种类模型 215 个，形成模拟视频 92 个，BIM 应用相关论文 3 篇，编写并出版了《BIM 在医院建筑全生命周期中的应用》以及《上海市级医院建筑信息模型应用指南》。

4.2　BIM技术应用推广与思考

（1）BIM 技术应用存在问题与改进方法

医院建设项目往往涉及多个参与方，利益相关者复杂，工作方式和工作模式差异大，为此，构建基于 BIM 的项目协同管理平台十分必要，也是 BIM 在项目全生命周期的平台应用的基础。但是，目前基于 BIM 的协同平台商业化产品非常少，仅有的一些平台也限于 BIM 协同设计、模型管理、文档管理等功能，缺少和项目管理以及未来设施管理的结合，也缺少多终端平台的应用场景适应。基于上海市胸科医院的应用探索，在以下三个方面具有启发意义和借鉴价值。

1）基于 BIM 的项目协同管理平台是 BIM 应用的平台发展趋势，应建立基于 Web、云、多维信息集成和全生命周期协同的平台构建理念。项目管理平台的发展将从 PMIS、PIP 转向基于 BIM 甚至是 CPS 的深度融合。系统将是开放式的、柔性的、可拓展的，系统的应用将是跨组织甚至超组织的。但同时，基于 BIM 的项目管理协同平台不是全新的平台，其是建立在 PMIS 和 PIP 的应用基础和技术基础之上，结合 BIM、云、大数据等最新技术而形成的新一代平台。

2）基于 BIM 的项目协同管理平台具有多样化的需求和功能。在需求方面，既有基于 BIM 的三维可视化、业务流程协同、图纸及变更协同管理、进度及质量安全协同管理等传统和基于 BIM 项目管理的功能性需求，也有系统运行效率、数据安全性和可拓展性的非功能需求。在这一需求下，需要构建系统的、层次化的功能框架，其中包括工程监测系统、微现场、基于 BIM 的可视化管理系统以及企业级门户功能等，这些功能既有传统项目管理功能的升级，也有全新功能的增加；既有基于 Web 的操作，也有面向移动终端的操作功能，使平台的应用场景更加灵活，适用范围更广，从而更能适用复杂的现场管理工作情况。

3）基于 BIM 的项目协同管理平台具有较好的效果，但也存在一些现实问题。不同于一般的项目管理平台和 BIM 工具，基于 BIM 的项目协同管理平台是一种新的结合，这种结合是对传统平台的变革性创新。在胸科医院的实际应用过程中，这种平台具有功能实用性、信息可视化、应用终端灵活性、应用场景多样性、信息展示和信息处理及时性等特点，有效解决了传统项目管理信息平台的应用弊端，在工程监测、现场管理、可视化管理、文档管理以及决策支撑等方面都起到了重要作用，在辅助项目管理和 BIM 应用方面起到了良好的支撑作用。但同时，由于该平台尚处于不断完善的过程，参建单位的工作模式和工作习惯也具有惯性，因此要进一步实现平台的应用目标，还需要业主方驱动的组织支撑、系统的培训支撑、软件的持续迭代升级支撑和良好的硬件系统等“四件”支撑，这需要理念的改变，以及多方的投入和支持。

（2）可复制可推广的经验总结

1）值得推广的方面

① 应用模式的推广。经过本项目的 BIM 实践应用，证明了 BIM 咨询公司和建设单位、代建单位等共同组成一体化的 BIM 应用组织的应用模式的优势，在该模式下，由 BIM 经验相对丰富的 BIM 咨询公司与落实管理能力较强的建设单位与代建单位共同主导贯彻 BIM 应用，可充分利用各参建单位各自的专业性特长来完成 BIM 工作并利用 BIM 技术解决项目问题，将 BIM 与项目管理（PM）充分结合，解决了 BIM 落实“两张皮”的问题。

② 管理平台的推广。医院建筑建设过程具有专业性和高度复杂性，无法完全参考其他类建筑的建设管理过程。如果在平台后续实施应用中，通过上海市胸科医院科研综合楼项目数据，对建设过程审视分析，观察全生命周期中风险程度最高的部位、专业及阶段，为后续其他医院类建筑项目管理所参考，可以降低项目风险。

③ 经验标准的推广。为了更高水平地总结 BIM 技术实践经验、推广 BIM 技术，申康卫生基建中心、上海市胸科医院、BIM 咨询单位科瑞真诚和同济大学复杂工程管理研究院总结了该项目的 BIM 应用模式与实践案例，并于 2017 年 9 月 1 日出版了《BIM 在医院建筑全生命周期中的应用》著作，列入同济大学出版社“复杂工程书系”的“医院建设项目管理丛书”，该书的出版将为卫生基建项目管理领域应用 BIM 技术提供知识积累、技术储备和经验借鉴。

同时，为提高本市市级医院 BIM 技术应用管理能力，保证全生命周期 BIM 有效应用，规范市级医院 BIM 技术应用环境，上海市胸科医院及 BIM 咨询单位科瑞真诚配合申康中心启动了《上海市市级医院 BIM 应用管理指南》的编写任务，并于 2017 年 11 月 1 日出版发行。

2）需要改进的方面

① BIM 技术专项费用的留白使 BIM 技术推广举步维艰。BIM 系统的良好运转需要有持续投入的资金支持，但在我国目前阶段的工程建设体系中，无论是推行 BIM 技术、深入研究 BIM 效益，还是对 BIM 成果的维护和完善、BIM 云平台的管理和维持，其软硬件成本依然是一个问题，特别是针对修缮项目的资金支持，目前尚没有政策支持。资金支持同样也会使建设方和更多的参建方重视 BIM，重视 BIM 应用以及重视 BIM 真正带来的价值和效益。

② 相关 BIM 技术标准的缺少阻碍了 BIM 技术在修缮项目中的应用。现阶段 BIM 技术的应用仍然缺乏相应的法律法规和相关的规范标准来制约和保护，特别是修缮阶段的项目应用，图纸依然是唯一的结算依据。在图纸与模型无法实时对应，或出图效率不理想的情况下，BIM 模型很容易遭到“冷待”。

4.3　BIM技术应用展望

医院建设项目往往涉及项目参与方多，利益相关者复杂，工作方式和工作模式差异大，为此，构建基于 BIM 的项目协同管理平台十分必要，这也是 BIM 在项目全生命周期的平台基础。但是，目前基于 BIM 的协同平台商业化产品非常少，仅有的一些平台也限于 BIM 协同设计、模型管理、文档管理等功能，缺少和项目管理以及未来设施管理的结合，也缺少多终端平台的应用场景适应。基于上海市胸科医院的应用探索，在以下三个方面具有启发意义和借鉴价值。

（1）基于 BIM 的项目协同管理平台是 BIM 应用的平台发展趋势，应建立基于 Web、云、多维信息集成和全生命周期协同的平台构建理念，结合 BIM、云、大数据等最新技术而形成的新一代平台。

（2）基于 BIM 的项目协同管理平台具有多样化的需求和功能。既有基于 Web 的操作，也有面向移动终端的操作功能，使平台的应用场景更加灵活，适用范围更广，从而更能适用复杂的现场管理。

（3）基于 BIM 的项目协同管理平台具有较好的效果，但也碰到了一些现实问题。不同于一般的项目管理平台和 BIM 工具，基于 BIM 的项目协同管理平台是一种新的结合，这种结合是对传统平台的变革性创新。

上海交通大学医学院附属瑞金医院肿瘤（质子）中心项目

关键词 全生命周期应用、业主牵头、医疗卫生、性能分析、4D 进度模拟、BIM 与 3D 扫描结合技术

一、项目概况

项目为一栋集门诊、质子治疗与科研、检查等功能于一体的新楼（1号肿瘤（质子）中心）及其附属用房（2号能源中心及3号门卫、4号门卫）。1号肿瘤（质子）中心主体地上三层，地下一层。

1.1 工程概况

项目名称	上海交通大学医学院附属瑞金医院肿瘤（质子）中心项目
项目地点	项目基地位于上海市嘉定新城，东面为规划中的依玛路，南面为规划中的丁单路，西面为规划中的合作路，北面为双丁路，项目占地面积约40亩。
建设规模	总建筑面积约22943m^2，其中地上建筑面积约11488m^2，地下建筑面积约11455m^2。
总投资额	40283万元
BIM费用	40万元
投资性质	政府投资
建设单位	上海交通大学医学院附属瑞金医院
设计单位	上海现代华盖建筑设计研究院有限公司
施工单位	上海建工一建集团有限公司
咨询单位	华建数创（上海）科技有限公司（原华东院数字化技术研究咨询部）

1.2 项目特点难点

质子中心项目属于医疗卫生建筑，医疗卫生建筑专业要求高。设备水平在国内属于领先水平，对设计、施工安装要求都较高，采用可视化管理，对后期操作人员更快上手提供可能。该项目特点难点如表1所示。

（1）参与方多，信息对接不及时。参与方众多，信息对接滞后，各方需求不能及时对接，需要透明化、集成化管理，最大化满足各方需求。

（2）医疗建筑的功能区域复杂，管线繁多，空间要求严格。本项目建筑功能复杂，子系统多，安装工程量大，要求精度高。要想较好地实现这些要求，应采用新技术解决这些难题。

（3）新楼建造和旧楼拆除对接误差大。待拆除厂房桩基现场情况与实际图纸情况存在较大误差，旧楼桩基在新楼建设过程中会有影响，如何对旧楼进行完全拆除，需要可供参考的依据。

项目特点难点 表1

序号	项目特点难点	BIM技术应用点
1	医院项目功能繁复、工程建设难度高	全过程三维可视化、由模型生成工程量、4D（进度）模拟、5D（成本）模拟
2	医院设计性能指标要求高、质子治疗装置设计精密度要求高	基于模型的性能化分析、基于 BIM 模型的精确表达
3	医院功能类型众多、设施管线布置复杂、空间构成要求精确	碰撞检测、管线综合、空间分析
4	既有建筑对工程建设的影响颇大、老桩基与新桩位相互干涉	激光三维扫描技术、基于 BIM 模型的新老桩基模拟
5	项目专业种类多、工程建设参与方众多、信息沟通尤为重要	统一的协同云平台便于各方沟通
6	项目设施复杂、后期管理难度颇高	基于 BIM 模型的智能运维管理

二、BIM实施规划与管理

2.1 BIM实施目标

BIM 实施的总体目标是辅助业主高效、高质量、低成本地完成项目整体目标；通过 BIM 技术，减少施工过程中的变更数量，有效提高建设方对于整个项目造价的控制力进而达到降低项目造价的目的；借助基于 BIM 的虚拟建造技术合理优化施工工序，从而缩短施工周期；统一的数字化工程信息模型帮助各参与方在项目建设全过程中更好地进行沟通协调，提升整个项目的管理质量和效率。

2.2 BIM的实施模式、组织架构与管控措施

本项目采用以现代建筑集团数字化技术研究部为主导，多方参与的方式共同推进 BIM 在本项目中的应用实施。本项目 BIM 顾问直接对建设方代表负责，所制定的各项 BIM 实施标准和规范，由建设方负责总体推进协调。各参与方通过统一的 BIM 项目数据管理平台提交、获取整合的模型数据及相关资料。如有与 BIM 顾问相协调事宜，请建设方统一组织沟通协调。根据本项目的实际情况，项目 BIM 技术应用实施需要瑞金医院、申康卫建中心、中科院应用物理研究所、华东院数字化技术研究咨询部、华盖院、施工方、造价咨询方、材料设备供应商等共同参与，各参与方责任矩阵分工表如表 2 所示。

参与方责任矩阵分工表　　表2

BIM顾问咨询及技术应用服务任务责任分工		各参与方								
		数字化部	瑞金医院	华盖院	应用物理研究所	申康卫建	上海建科	上海建工一建	造价咨询方	供应商
BIM 顾问咨询	BIM 实施总体规划	C/E	A	I	I	I	D	D	I	D
	BTM 实施标准体系建设	C/E	A	I	I	I	D	D	I	D
	各分包采购 BIM 技术应用要求配合	C/E	A	I	I	I	I	I		D
BIM 技术应用服务	BIM 专业模型设计	E	I	E	E	I				E
	模型整合	E	I	I	I					I
	BIM 图纸核查	D	A	R	R					
	BIM 设计优化	D	A	R	R					
	BIM 管线综合	D	A	R	R					P
	BIM 辅助出图（平面、立面、剖面、轴测）	D	A	D/R	D/R					
	性能化分析	D	A	R	R					
	数据统计分析	D	A	R	R	R	R	R	I	R
	视觉效果与动态模拟	D	A	D	D					
	模型变更设计与版本更新	D	R	D	D					
	基于 BIM 的现场空间协调配合	D	A	R	R		P	P		R
BIM 实施管理	BIM 实施应用总体管理	D	I							
	B1M 冲突检测问题跟踪	D	I	R	R					
	变更与过程资料数据管理	D	A	R	R	R	R	R		R
	模型数据信息资料版本管理	D	I	R	R					R
	相关方专业深化 BIM 模型数据评审	D	P	E/P	E/P					E/P
	数据访问权限配置	D	A							
	BIM 实施标准和 BIM 技术培训管理	D	P	P	P	P	P	P	P	P
	BIM 实施应用总结评价	D	A	P	P	P	P	P	P	
BIM 信息集成	项目管理数据平台部署与培训	D	P	P	P	P	P	P	P	P
	信息集成需求分析	D/R	A							
	集成开发与实施	D/R	A							
	模型数据集成	D/R	A				P	P		P

C= 咨询，E= 创建，D= 执行，A= 审批，I= 知情，R= 确认 / 回复，P= 参与

（1）项目各参与方的组织架构

项目各参与方的组织架构如图 1 所示。

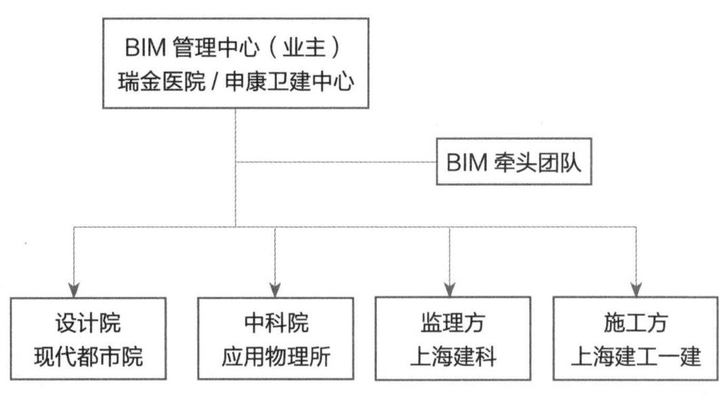

图 1　项目参与方组织架构

（2）BIM 内部组织架构

BIM 内部组织架构如图 2 所示。

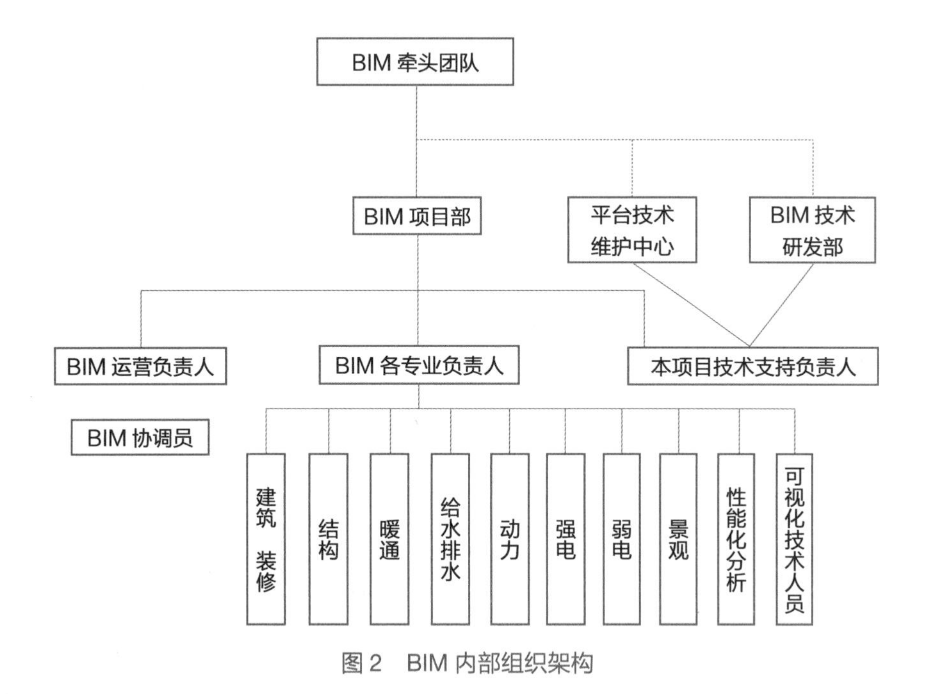

图 2　BIM 内部组织架构

三、BIM技术应用与特色

3.1 BIM应用项

本项目 BIM 技术应用项如表 3 所示。

项目BIM技术应用项　　表3

序号	应用阶段		应用项
1	设计阶段	方案设计	场地分析
2			建筑性能模拟分析
3			虚拟仿真漫游
4		初步设计	面积明细表统计
5			钢筋算量
6		施工图设计	碰撞检测及三维管线综合
7			净空优化
8	施工阶段	施工实施	总进度计划 5D 模拟优化
9			土方施工方案模拟优化
10			施工场地排布模拟优化
11			现场进度对比
12		竣工交付	竣工模型完善及移交
13			项目竣工数据的统计
14	运维管理	运营维护	运维管理系统搭建
15			运维模型构建
16			设施设备管理
17			能源管理
18			协同管理平台

3.2 BIM应用特色

（1）基于模型生成工程量清单

BIM 模型输出精确的数据，用于进行工程量的统计和经济指标把控，从设计前端就牢牢把控建筑物的经济指标。工程量指标直接从 BIM 导出如图 3 所示，与现行国家标准《建设工程工程量清单计价规范》GB 50500 对接生成项目代码。

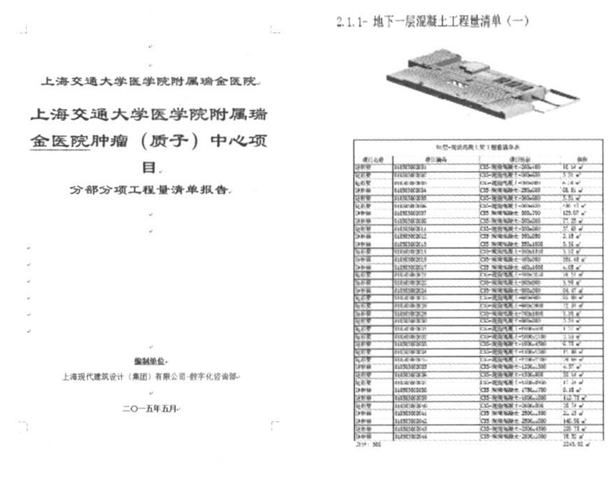

图 3　工程量报告清单

图 4　进度模拟

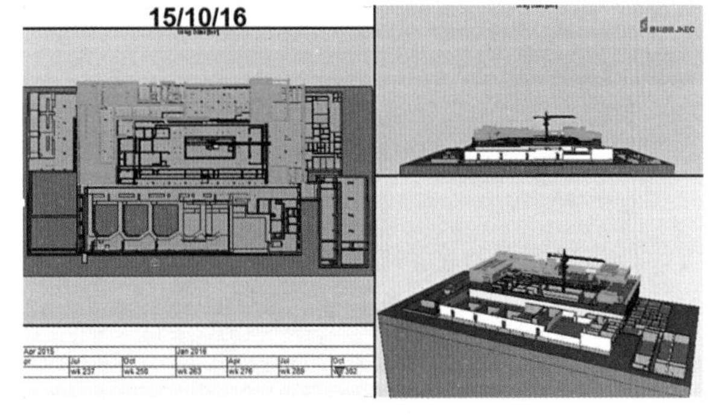

图 5　基于 BIM 的 4D 进度模拟，开展监理进度管理，提交分析报告

（2）基于模型生成工程量清单

通过动态模拟，调整桩位及分区，形成桩基施工方案，并完成桩基工程量统计。

（3）4D（进度）模拟

BIM 工程进度模拟（4D）通过直观的模拟建造的全过程，如图 4、图 5 所示，通过把控项目整体进度，加强统筹协调，控制项目成本，降低项目风险。

（4）性能化分析

1）绿色设计。质子医院项目绿色目标：获得绿色建筑三星级设计评价标识。在保证安全与舒适性前提下，实现建筑的节能运营，实现适合本项目特征的技术体系，降低增量成本。

2）室内自然通风优化。建筑平面优化：主体建筑进深较大（超过 50m），建筑二层、三层采用退台设计，退台后分别形成“U”形、“L”形建筑环抱的大面积屋顶花园，有利于风的导入，同时进深减小，有利于自然通风，见图 6、图 7。

3）门窗优化。形成良好的通风线路，并对外窗两种上悬向外开启角度 15° 和 30° 进行模拟分析，见图 8 及表 4。通过建筑平面布局和开窗优化，所有主要功能房间均能保证 2 次 / 小时的通风换气次数，自然通风条件良好。与 15° 开启角度相比，30° 上悬外开的开窗方式在过渡季节可以增加 13.2% 的通风换气量，夏季可以增加 11.8% 的通风换气量，可以更有效促进室内的自然通风效果，改善室内舒适度。

4）室外自然通风优化。行区风速 < 5m/s，建筑立面风压差 > 1.5Pa，风环境有利于室外人行活动和室内自然通风。图 9、图 10 为不同屋顶平面人行区域的流场图对比。

5）夏至日日照阴影分析。通过夏至日日照模拟阴影，阴影分析见图 11。

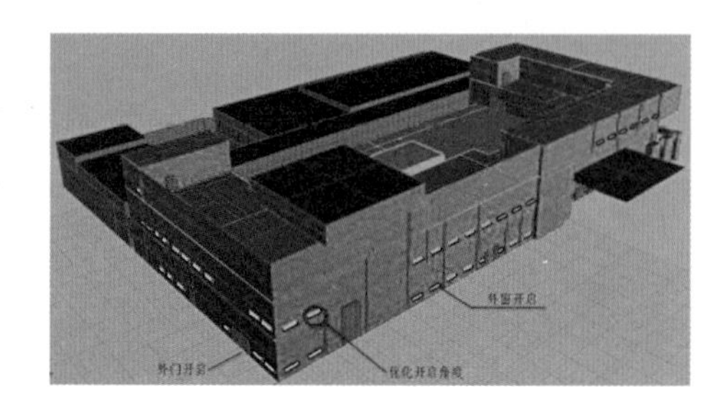

图 6　Rhino 犀牛模型

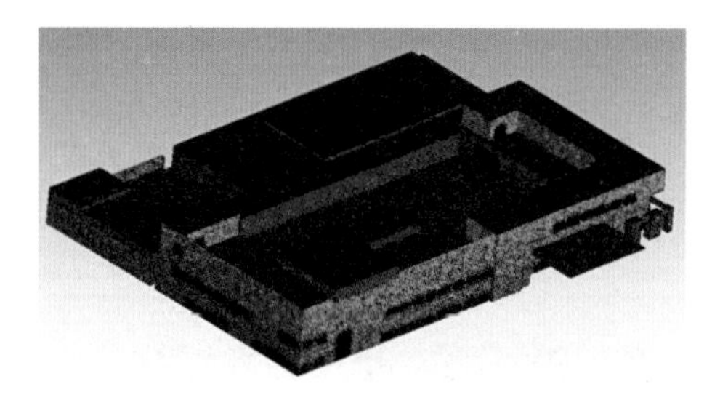

图 7　ICEM CFD 四面体网格模型

过渡季节	1 层	2 层	3 层
外窗上悬外开 15°	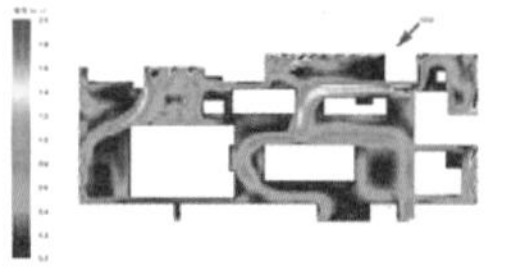		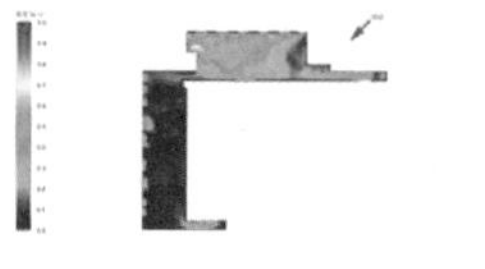
外窗上悬外开 30°		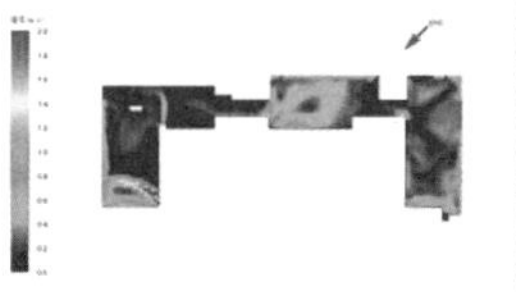	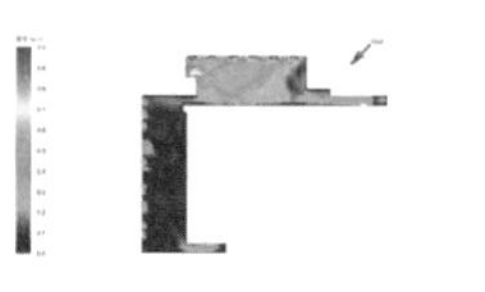
夏季	1 层	2 层	3 层
外窗上悬外开 15°	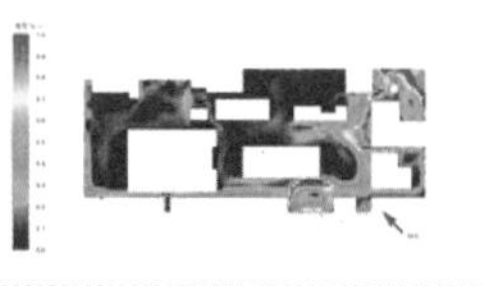		
外窗上悬外开 30°	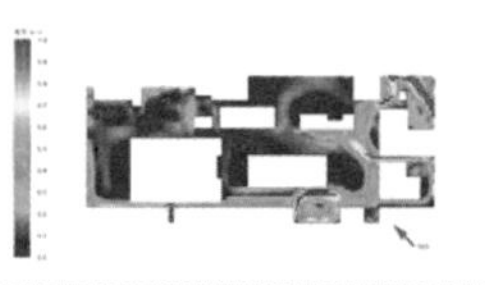	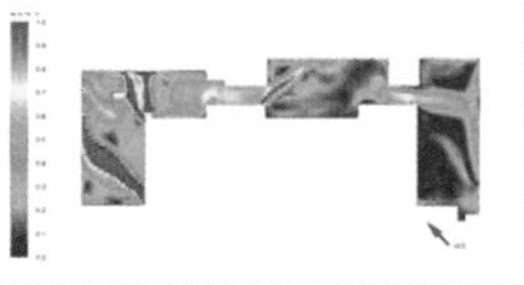	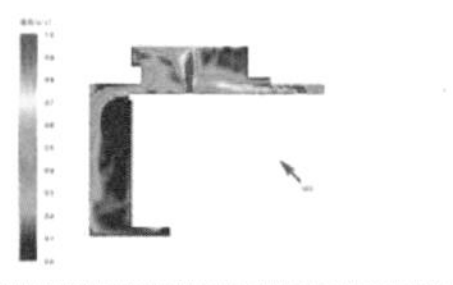

图 8　门窗通风方案模拟

通风模拟方案表　　表4

	过渡季节工况，风向NNE，风速3.9m/s		夏季工况，风向SEE，风速3.5m/s	
外窗开启方式	上悬、15° 外开	上悬、30° 外开	上悬、15° 外开	上悬、30° 外开
1 层换气次数	8.8	9.5	4.7	5.0
2 层换气次数	7.5	9.2	5.4	6.2
3 层换气次数	7.8	12.2	4.3	6.6

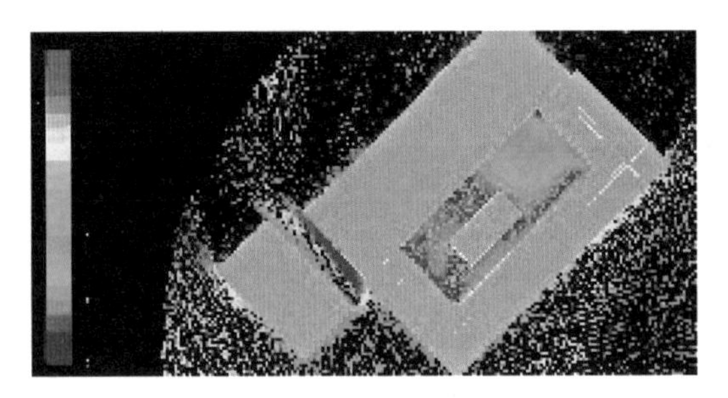

图 9　一层屋顶平面

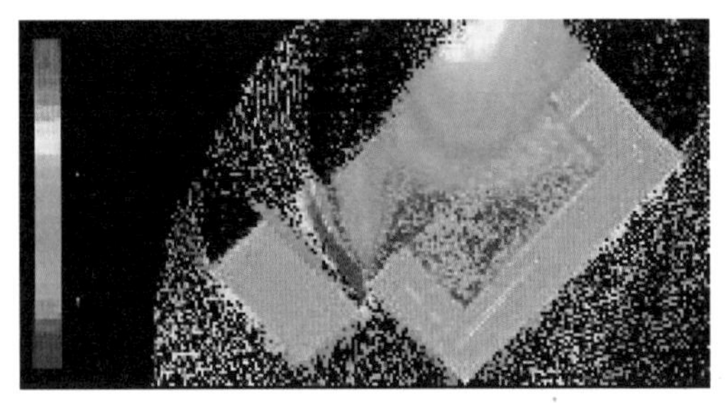

图 10　二层屋顶平面

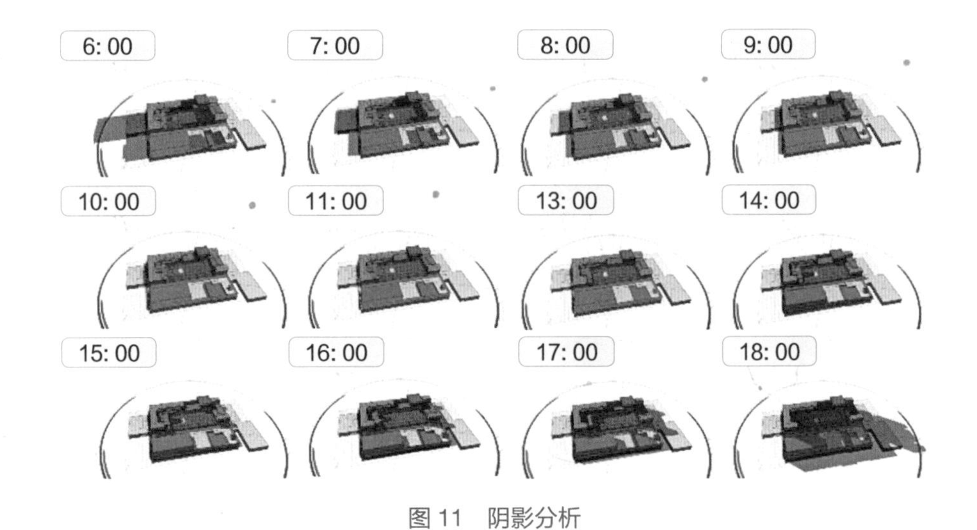

图 11　阴影分析

6）遮阳设置分析。通过阴影分析进行遮阳设计分析，见图 12 及表 5。

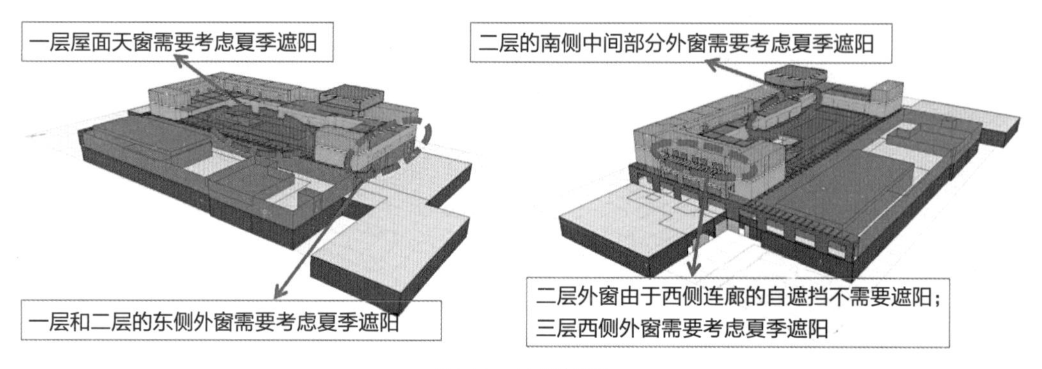

图 12　遮阳模拟

遮阳表现分析　　表5

区域	阴影分析	是否需要遮阳
东侧外窗	夏至日有将近 5.5 小时的直射辐射，主要集中于 6: 00 至 11: 30，日照时间主要集中于上午	需要考虑眩光和太阳辐射得热的影响，因而需要遮阳
南侧外窗	夏至日有超过 7 小时的直射辐射，主要集中于 6: 00 至 13: 00 点，日照时间主要集中于上午和正午时刻	需要考虑眩光和太阳辐射得热等的影响，因而需要遮阳
西南外窗	夏至日有将近 8.5 小时的直射辐射，主要集中于 11: 30 至 19: 00 点，日照时间主要集中于正午和下午时刻	需要考虑太阳辐射得热和眩光的影响，因而需要遮阳
屋面天窗	夏至日有将近 11.5 小时的直射辐射，主要集中于 6: 00 至 17: 30 点，几乎全天都有太阳能直射辐射	需要考虑太阳辐射得热和眩光的影响，因而需要遮阳

7）自然采光优化。地下室自然采光采用下沉庭院以及采光中庭等方式对地下室采光进行优化，优化后地下室等候区的平均采光系数达到 3.29%，采光系数在 0.5% 以上的面积达 71.7%，有效改善了采光，节约照明能耗。一楼候诊区采光优化分析：无天窗时平均采光系数 1.23%，不满足《建筑采光设计标准》GB 50033-2013 中医院综合大厅平均采光系数 2.2% 的要求，增设天窗后平均采光系数 2.54%，有效改善了候诊区的自然采光效果，并满足标准要求。

8）室内微气流组织。研究室内微气流组织设计情况见图 13、图 14，旨在减少诊疗室的交叉污染。室内微气流组织分析结果指导优化设计，见图 15、图 16。

9）结构地基分析。质子治疗装置属于精密装置，有严格的微变形和微振动控制要求。这与常规的建筑桩基设计有本质的区别。常规桩基设计一般由承载能力极限状态控制，而精密装置设计是由属于正常使用极限状态的变形、振动或者裂缝控制设计。图 17 为考虑桩群、承台和上部墙体共同作用的分析模型。

参考上海地区类似精密装置（如上海光源工程和上海质子重离子医院）的微变形控制设计经

图 13　原设计方案

图 14　优化方案

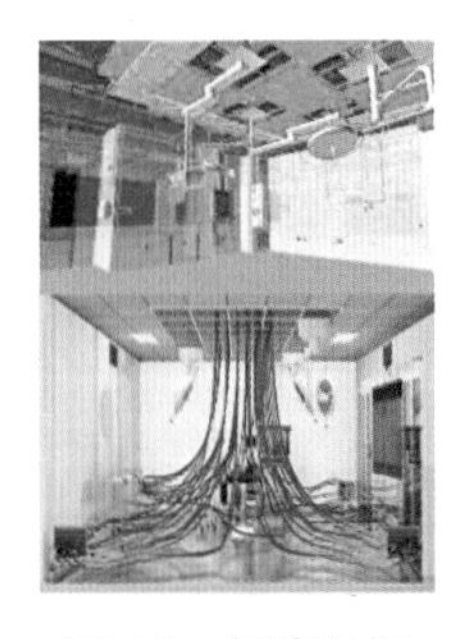

图 15　气流组织优化设计

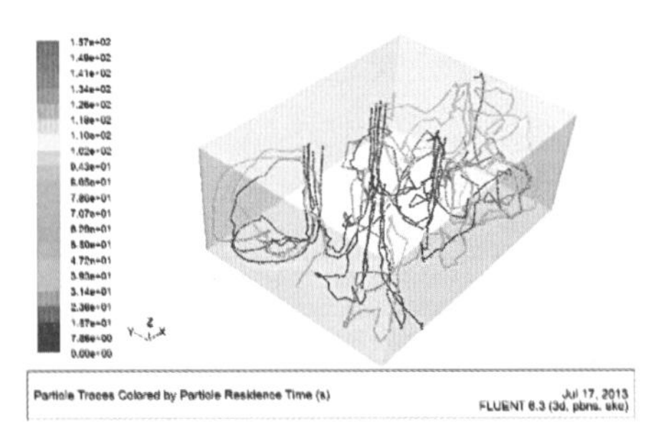

图 16　单位时间换气次数分析

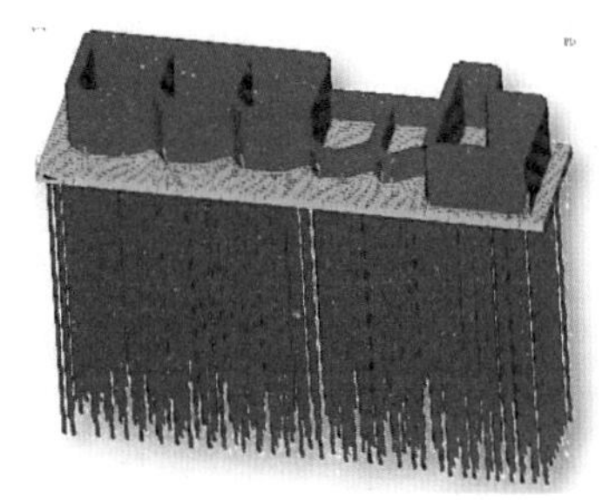

图 17　结构地基分析

验和相关的课题研究成果，结合本工程的工程特点和地质条件，得到最终与控制标准对应的不均匀沉降速率。经计算分析比较，以粉砂作为桩端持力层工后沉降估算值约 0.45mm/10m/ 年，满足 0.5mm/10m/ 年的上述控制要求。

（5）管线综合与净高分析

净高分析见图 18；地下室管综情况截选见图 19。

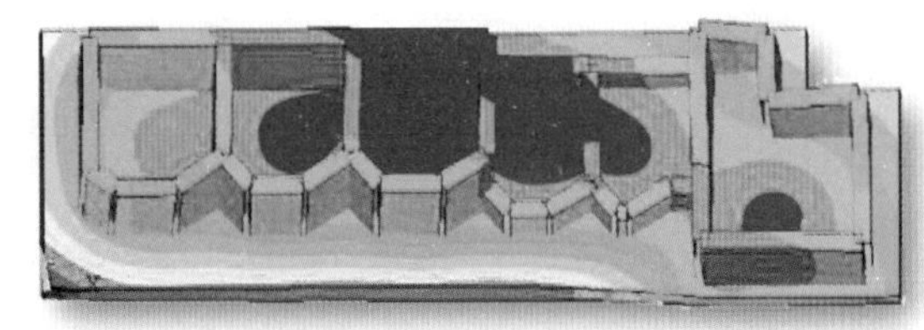

图 18　净高分析

（6）基于模型的协同设计

1）三维模型可直接生成二维视图，且可以同步更新，解决了目前建筑图纸普遍存在的平立面信息不一致情况。如图 20 所示，生成的二维视图可包含机电、设备构件，更有效地阐释建筑空间和功能。

2）通过三维模型，将质子治疗装置不同功能空间可视化，以便各方直观地理解设备，实现建筑的功能定位，如图 21 所示。

3）质子区土建留洞三维展现如图 22 所示，清晰直观，可帮助各方理解中科院所要求的留洞意图。

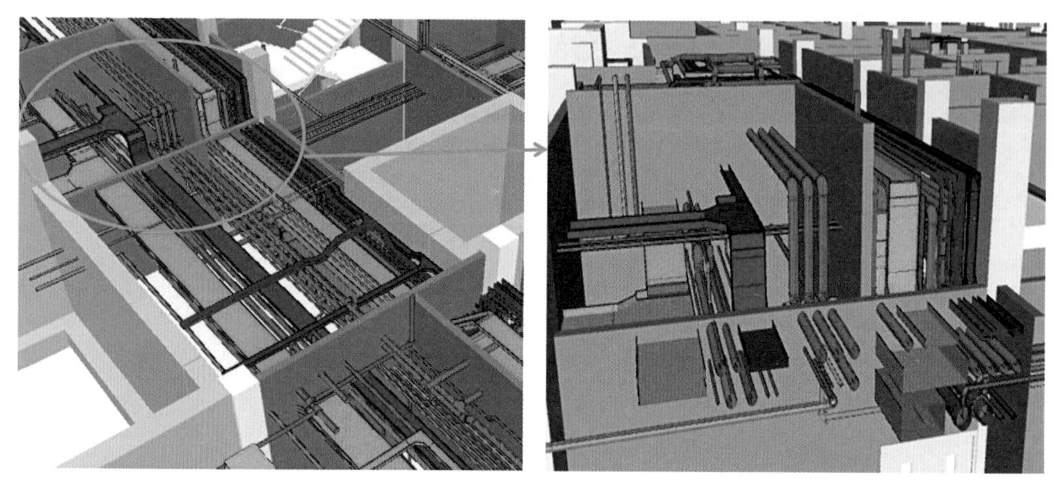

图 19　地下室 1 号楼与 2 号楼交界降板处走道管综模型管线情况截选

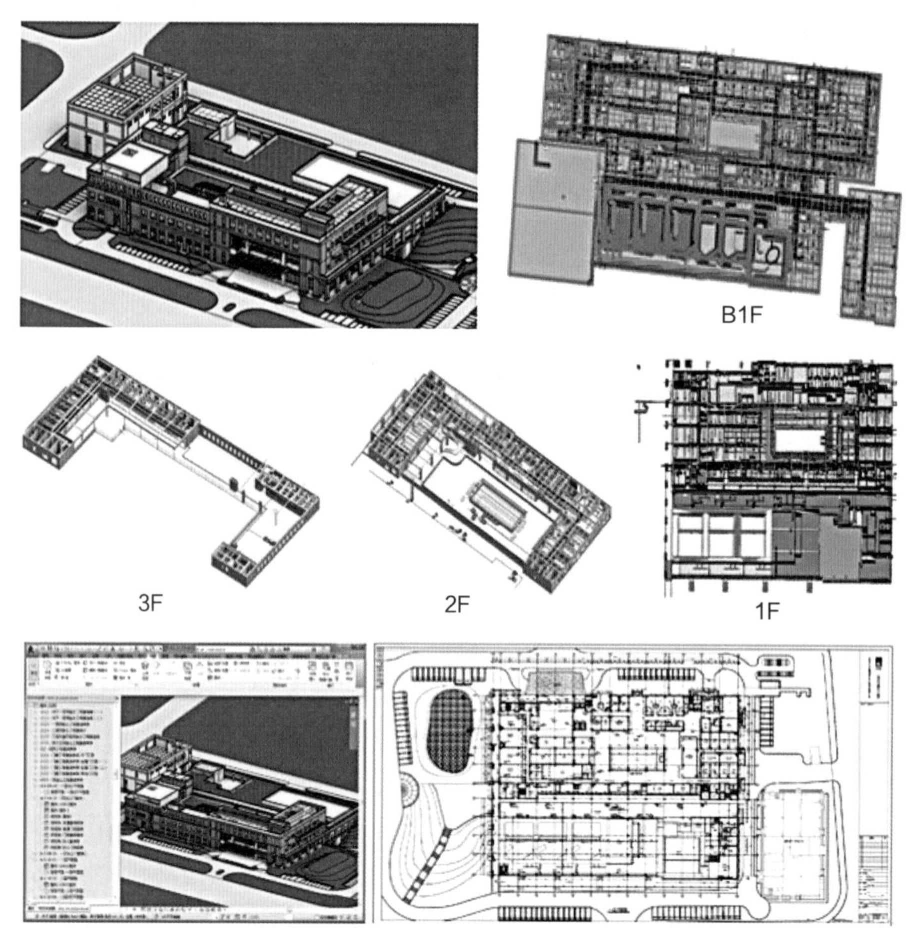

图 20　模型情况

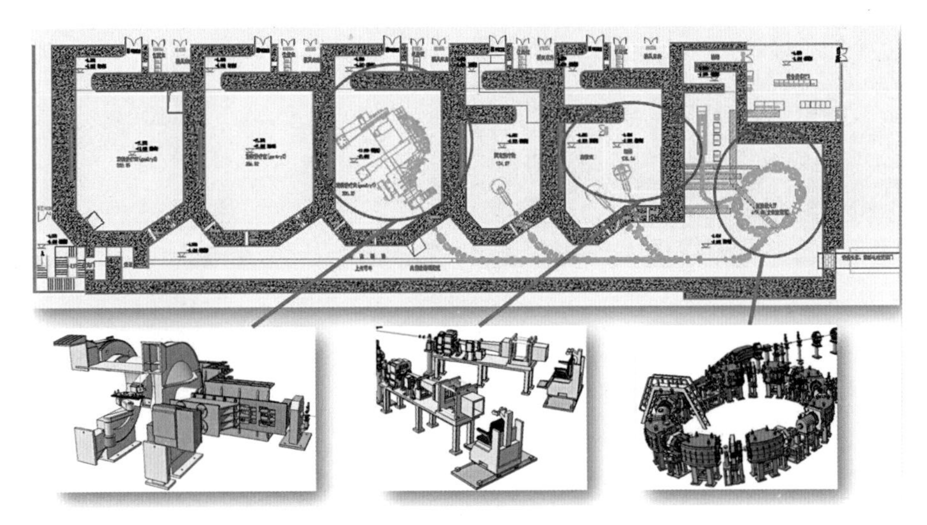

图 21　各区域空间优化

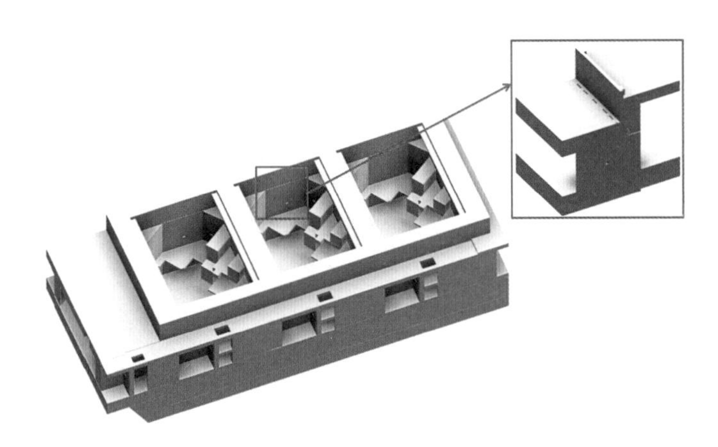

图 22　土建留洞三维展现

（7）激光三维扫描技术

基地原址旧厂房动迁拆桩遇到问题：原有桩位与图纸对不上，故引入三维扫描仪进行现场三维扫描来获取准确现状信息。使用三维扫描仪对质子医院基地旧厂房内部柱墙位置和设备安放点进行扫描，并得到 CAD 图纸，经过与原设计资料进行分析，可以较快确定地下桩位，缩短工期。

（8）基于 BIM 的新老桩基模拟

通过旧桩模型与新桩方案碰撞进行方案调整，见图 23，新桩与厂房间距确保大于 1.5m，利用 BIM 碰撞技术能快速准确地检测出方案中新桩与旧桩距离不合要求的部分，并及时调整。对于无法避免的桩位，将对旧桩进行拔桩处理。

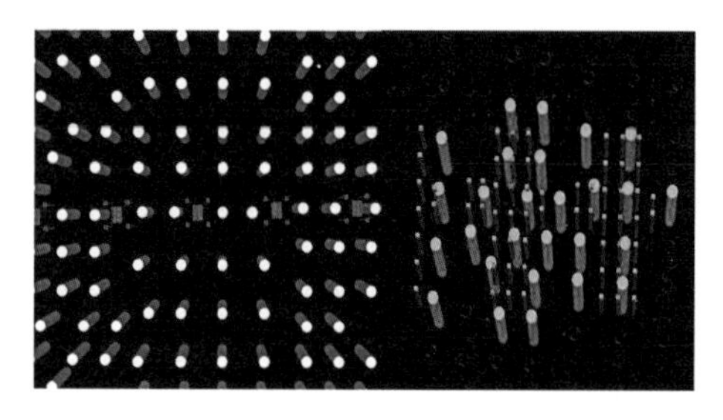

图 23　桩基模拟

图 24　虚拟模拟

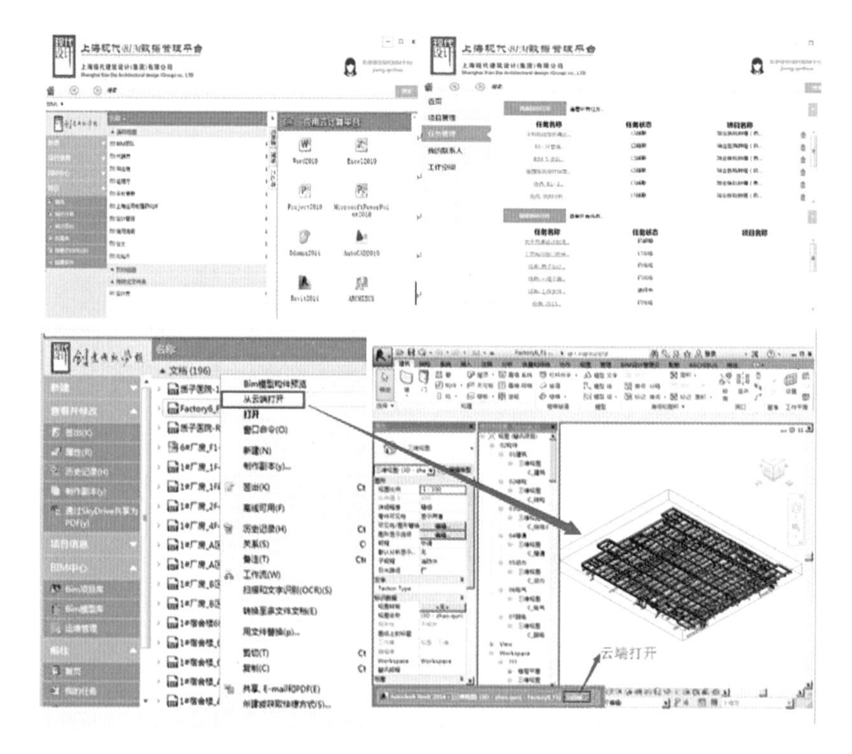

图 25　数据管理平台

（9）虚拟现实技术

利用 Oculus Rift（一款虚拟现实显示器），基于经编程、编译后的 BIM 模型，令使用者身体感官中“视觉”的部分如同进入场景中，实现环境虚拟化漫游，如图 24 所示。

（10）基于 M-Files 的 BIM 数据管理平台

如图 25 所示，按组织架构划分文档结构，实现知识共享，提高各方信息的沟通，提高工作效率。各方直接在平台进行任务流、工作流交互，提高信息流转效率，节约工作成本。

四、BIM应用成效

4.1 BIM技术实施效益

（1）经济效益

1）隐性收益

BIM 技术简单讲可以利用 IT 技术在电脑中模拟建筑设计、建造、运营全过程，因此很多时候利用 BIM 技术是将建筑问题前置并提前解决。而关于效果、安全管理、质量管理等方面，利用现有技术体系很难衡量 BIM 带来的作用，因为其起的作用是辅助的。

2）可量化收益

利用 BIM 技术在项目实际施工前，解决了项目最终施工图纸上各类问题总计 79 处。另外在设计阶段利用 BIM 技术带来了出图效率的提高，总计出具图纸或局部图纸共计 31 张，提高设计周期约计 6 天，最终经过成本部门总体核算节省成本计 100 多万元，基本能覆盖项目 BIM 技术应用成本。

（2）社会效益

BIM 技术作为未来建筑发展的主要新技术之一，其将在很长时间中必定引领未来行业发展。因此 BIM 技术不仅仅应该应用于具体项目中，还一定要融合至公司管理的所有层面，因此公司在进行 BIM 培训的时候主要注重于两个方面：

1）公司级 BIM 应用培训

公司级 BIM 应用培训主要针对建设公司内部各管控部门及公司主要领导进行 BIM 理念的培训及 BIM 项目管理培训。针对各管控部门，重点培训 BIM 技术对工程质量、进度、成本、安全等实际业务的帮助。对于公司领导层级，主要进行 BIM 理念及 BIM 发展趋势的培训。

2）项目级 BIM 应用培训

项目级 BIM 培训主要针对项目各参与方及工程一线管理人员进行包括软件操作培训及项目 BIM 应用场景培训。通过软件操作的培训，使得 BIM 技术变成一线工作人员真正的使用工具。同时也使得项目各参与方对于 BIM 技术应用能达到同一水平。在整体项目实施过程中，总计培训 16 次，建设公司已逐步成立自己的 BIM 管理团队，培训效果非常显著。

作为上海市首批 BIM 应用全生命周期试点项目，项目的参与方众多，分属于各个不同的专业领域，同时是国家卫生和计划生育委员会、科学技术部、中科院与上海市政府合作项目，通过分阶段、分专业的图纸进行对接交流，这种传统方式效率相对低下。即便设置了多项的条件与程序，设计人员在这种繁复的工作方式下很容易陷入疲劳状态从而影响项目的质量和进度。因此，巧妙地利用 BIM 技术的优势，并在未来开发演化成一个促进各专业协调合作沟通的平台是非常有必要的。BIM 模型协调中科院与设计院管线设计，并提供优化设计方案。各方人员通过该项目实践也获取了宝贵的技术经验，培养了一大批 BIM 人才，对 BIM 技术应用有了更深的理解。

同时该项目作为国内首家质子治疗中心，具有全国影响力，质子医院更是建筑能耗较高的建筑，对环境、品质要求较高的同时对建筑节能运行的需求更大，为保证达到绿色三星级设计评价认证，通过 BIM 技术结合绿色相关分析协助绿建顺利完成。在保证安全与舒适性的前提下，实现建筑的节能运营，降低增量成本，彰显项目绿色生态品质。

4.2 BIM技术应用推广与思考

（1）BIM 技术应用存在问题与改进措施

问题：场地地下障碍物的现状定位及再利用。

改进措施：场地内留存联恒工业（上海）有限公司旧厂房尚未拆除，且原设计图纸部分缺失，现有旧厂房图纸与现场多处不一致。故场地范围内障碍物的合理处置是确保工程桩及围护桩正常施工的关键。本工程参考原厂房的存档施工图，使用三维扫描仪对基地旧厂房进行内部三维扫描确定地下桩位等相关信息。通过和设计配合，经调整避让后，最终将清障旧桩数减少至 21 根，为业主节省了高额的拔桩和基础加固费用。

（2）可复制可推广的经验总结

1）模型移交经验

模型移交看似是一个简单的交接过程，但要让设计阶段的 BIM 模型能够准确无误地移交到下一个阶段乃至运维阶段并得以有效使用是极具难度的。需要一系列的动作和方式，基于对上下游工作熟悉并且在策划阶段制定的一系列标准、规范来保证在模型移交时进行有系统的交接。

2）创建沟通顺畅的交互平台

搭建并运用基于混合云技术的虚拟化项目管理平台——现代管理云平台（XD-BIM 工程平台），对项目全生命周期进行管理，整合各阶段模型、图纸，使各参与方都在项目管理平台上进行 BIM 数据交互，保证工作沟通的即时性和高效性，模型数据的可传承性及一致性。此外，平台还整合了各阶段图纸、模型和照片，统一协调了各参与方。

3）确立高效沟通机制

项目的进程中单纯依靠软件平台依然是不足的，只有形成有效的沟通机制才能够更积极主动地推动项目的顺利开展，本项目中确定的部分沟通机制：

① 每两周一次 BIM 协调会，共计 30 余次，协调解决问题 300 余项；

② 模型在收到图纸及变更后 3 天内完成建模，5 天内提出碰撞及其他问题报告；

③ 模型及应用需在实际施工前 1 个月完成，有特殊情况时必须在 2 周前完成；

④ 施工数据根据不同内容，分为 1 天、1 周、1 月收集，并以 T+3 的周期调整施工日志；

⑤ 模型与施工单位对接时应有足够的对接期，设计需要对后期模型调整及最终情况负责到底。

4）建立可以对接后端使用的方法和数据对接格式

阶段不同，工作的重心会有所变化，两者工作的顺利交接需要设计阶段的模型在建立时双向考虑和跨界延伸，并在后期有足够的拆分。

4.3 BIM技术应用展望

BIM 技术以 3D 模型为依托，通过与其他技术相融合，对项目进行更高维度的信息管理。如在项目管理中融合进度管理为 4D，进一步结合预算为 5D，融入可持续发展为 6D，结合设备管理为 7D。质子中心项目在设计、施工、运维阶段全生命周期地应用了 BIM 技术，将各阶段数据打通，大大减少了信息孤岛的问题，做到了 7D BIM 管理。目前 BIM 技术更多地应用到设计与施工阶段，但在运维方面，应用 BIM 技术还是凤毛麟角。如质子中心项目的高精尖设备，就需要与 BIM 技术相结合从而进行及时准确的设备管理。未来 BIM 应该在后续运维阶段发挥更大的优势，以竣工模型为底板，融合 GIS 以及 IoT 技术等，更高效、更精准地进行设备设施及能耗管理。

上海市东方医院改扩建工程

关键词 多阶段应用、业主牵头、医疗建筑、BIM 模型转化、异构系统集成、智慧运维系统

一、项目概况

上海市东方医院（同济大学附属东方医院）是一所集医疗、教学、科研、急救、预防、保健于一体的三级甲等综合性医院。东方医院包括南北两址，分别位于上海陆家嘴金融贸易区和世博园区。扩建的新楼工程位于陆家嘴地区，包括地上 24 层、地下 2 层，主要服务于重大保障和高端医疗，建成后将增加床位 500 张。

1.1 工程概况

项目名称	上海市东方医院改扩建工程
项目地点	上海市浦东新区即墨路 150 号
建设规模	总建筑面积 83161.97m^2
总投资额	7.2 亿元
BIM 费用	882 万元
投资性质	政府投资
建设单位	上海市东方医院
设计单位	华建集团上海建筑设计研究院有限公司
施工单位	上海建工四建集团有限公司

1.2 项目特点难点

上海东方医院改扩建工程机电施工内容主要包括：暖通工程、燃气工程、给水排水工程、强电工程、变配电工程、建筑智能化工程、消防工程、医用气体工程、污水处理工程。东方医院改扩建工程机电系统专业多，施工场地有限，需要在不影响相邻老旧大楼医院运营的情况下完成建设，整体协调工作量大且协调难度大。

东方医院建筑其空间布局复杂，各科室功能需求相差较大；内部机电系统较多，专业设备复杂，包括通风空调、变配电系统、给水排水系统、电梯等常规机电系统以及医用气体系统、污水处理系统、医疗设备、蒸汽锅炉系统等特有系统。另外，医院建筑需要 24 小时不间断运营，运维管理压力大，安全保障等级高。医院建筑后勤保障常用的楼宇自控（BA）、报修服务系统以及资产管理系统等相互独立，不能针对医疗服务需求将建筑本体和运维管理信息有机融合。

二、BIM实施规划与管理

2.1 BIM实施目标

（1）以运维为导向的模型构建，并进行施工图审核及优化、三维深化设计、模型综合协调及碰撞检查、重点施工工艺模拟的 BIM 应用。研究东方医院建筑工程竣工模型的交付标准，建立满足东方医院建筑运维管理需求的建模规则、建筑空间及设施设备分类体系和编码标准，梳理空间、资产、设施设备、人员的属性信息和组织结构，为智慧运维提供数据基础。

（2）突破建造 BIM 模型向运维 BIM 模型转化的关键技术，包括机电系统逻辑结构自动生成、几何模型轻量化等关键技术。结合物联网技术，研究基于 BIM 集成建筑监测数据、空间分配信息、设备维护维修信息和视频监控等信息的方法，形成建筑全生命周期大数据。

（3）上海市东方医院项目在运维阶段进行的 BIM 应用。开发基于 BIM 的医院建筑智慧运维管理系统，涵盖包括建筑信息管理、空间管理、机电设备智能监测、视频安防管理、综合分析与决策支持、系统管理等模块功能。

2.2 BIM的实施模式、组织架构与管控措施

上海东方医院改扩建工程建造运维一体化 BIM 综合应用项目结合目前东方医院现有的建设管理体制，形成以下 BIM 应用组织方案，如表 1 所示。

BIM应用组织　　表1

层次	需求层		核心研发层	执行层		
单位	上海市东方医院（建设方）	上海浦东工程建设管理有限公司（代建方）	四建建筑信息技术研究所	四建设计院	四建安装公司	软件开发团队
职责	项目策划 功能需求 运营需求 组织协调 应用反馈	方案审核 监管控制 组织实施 应用反馈 专家评审	需求调研与分析 方案策划 核心技术研发 平台测试与持续优化 系统部署与实施 课题研究	BIM 建模 现场配合 建议反馈 专项分析	机电系统施工 工程资料收集 机电系统对接	非核心 代码开发

在 BIM 应用实施组织架构下，本项目成立了 BIM 领导小组和 BIM 工作小组。BIM 领导小组组长由建设方担任，其他参建单位作为组员。BIM 领导小组负责推动整个 BIM 实施过程中的关键工作，协调各参与方的 BIM 应用，确保 BIM 实施效果的增值应用，研究和推进 BIM 各项创新应用实践。BIM 工作小组负责各自范围内 BIM 应用过程的具体事务。

三、BIM技术应用与特色

3.1 BIM应用项

本项目 BIM 技术应用项如表 2 所示。

项目BIM技术应用项　　表2

序号	应用阶段		应用项
1	施工阶段	施工准备	管综深化、重点施工工艺模拟
2			施工图审核及优化
3		施工实施	模型综合协调
4			碰撞检查
5	运维阶段	运维	建造 BIM 模型转化运维模型
6			BIM 系统集成
7			BIM 智慧运维系统搭建，包括运维总览、空间管理、设备管理、维修管理、维保管理、安防管理、能耗管理、文档管理

3.2 BIM应用特色

（1）面向运维的 BIM 模型创建

通过建立面向运维的 BIM 建模标准，约定竣工模型文件的拆分及命名方式、各个专业的建模内容、空间及设备编码要求、信息录入要求等，在施工 BIM 建模过程中收集完整的施工阶段信息，确保机电系统管路完全联通，并且管道内的介质流向准确、完整，与现场情况一致。对于重要的机电设备，需要建立设备精细模型，如图 1、图 2 所示，描述设备的内部结构和传感器点位。模型深度不仅满足施工要求，也提前考虑运维阶段的模型要求。

进行了施工图审核及优化、三维深化设计、模型综合协调及碰撞检查、重点施工工艺模拟的 BIM 应用。通过三维深化设计的模型，直接导出二维图纸，进行施工。

此外，通过融合 BIM 和虚拟现实技术完成了医院办公室、病房层的装修深化设计，通过虚拟装修场景直观反映室内装修装饰方案和施工阶段的信息，帮助业主提高设计沟通效率，如图 3 所示。

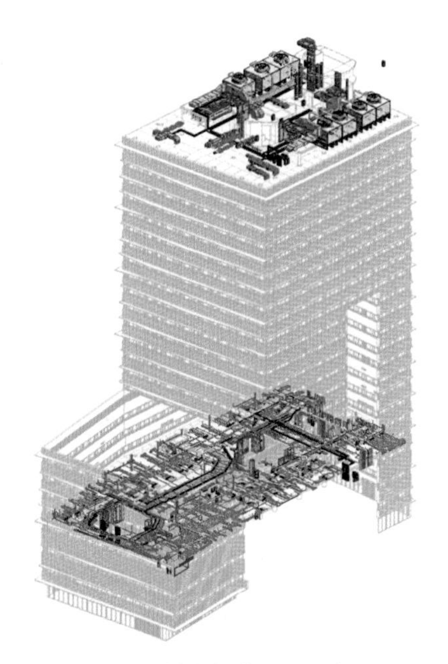

图 1　地上标准层及设备屋面机电综合模型

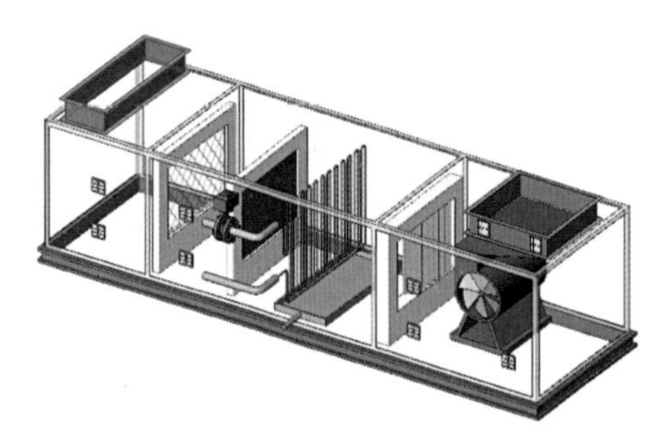

图 2　重点设备精细模型

图 3　基于 BIM 和 VR 的病房层装修深化设计效果

相较于传统的 BIM 应用，面向运维的 BIM 模型创建可提供结构和信息记录更精细的设备模型，有利于后期运维过程中直接应用 BIM 模型实现设备重要点位的实时监测数据的有效集成，有利于故障的快速定位和处理、问题溯源等功能的开发，使得基于BIM的运维平台研发更贴合实际管理需求。

（2）建造 BIM 向运维 BIM 的跨阶段模型转化

医疗建筑建造和运维阶段对 BIM 模型应用需求存在较大的差距，譬如，建造阶段更多使用 BIM 中设备的外轮廓来判断安装过程是否会有碰撞检测，而运维阶段则需要使用机电系统的逻辑关系进行溯源管理、针对重要设备的内部构造的维修保养培训、掌握零部件健康状态等。本项目实践过程中，针对跨阶段 BIM 模型转换的若干关键问题提出了对应的解决方法。

1）利用自动化审查工具检查 BIM 模型

人工检查 BIM 模型几何数据和校验 BIM 信息质量难度大，反复修改成本极高，而且准确性难以保证，已有的方法和工具尚不能实现对机电系统 BIM 模型质量的自动审查。本项目基于 Revit 开发了竣工模型自动化检查工具，自动审查 BIM 中空间信息、空间几何完整性、机电设备属性信息、机电设备连接关系等运维阶段关键要素，确保了竣工模型的几何完整性、信息准确性和关系联通性。各专业施工 BIM 团队都需获得审查报告，通过后方可将 BIM 模型交付给运维开发团队。

2）提取竣工 BIM 建筑信息

通过竣工 BIM 模型提取建筑内管道的管径尺寸、建筑荷载信息、防火墙承重墙分布信息、设备空间位置，建立重点机电设备与安防摄像头、报警探头等弱电设备的空间位置关联，可在后期建筑装修改造时快速检索信息，或者故障发生时通过多系统联动实现快速故障处置。本项目通过引入图论的方法，实现了建筑机电设备逻辑连接关系的自动提取，如图 4 所示。

3）BIM 模型轻量化处理

为解决竣工 BIM 模型构件数量多、全专业集成渲染难度高等问题，第一，对同一类型的机电设备实例化，只保留该设备类型的一份几何数据，通过渲染管线中的几何变换和数据库中传感器与精细模型的关联得到运维平台多个设备不同状态展示，如图 5 所示；第二，合并运维阶段不需要单独管理且面片数量较多的构件，减少构件数量；第三，采用 LOD 分层次渲染策略，当机电系统靠近相机视点时，选用高精度的几何模型进行渲染，反之，则降低几何精度减少三角面片数量，保证渲染体验。

图 4　机电设备逻辑连接关系提取结果

图 5　空调机箱实例化

通常情况下，大多数施工 BIM 模型的几何完整性和准确度低、信息质量参差不齐，严重影响了运维阶段的模型复用和信息提取，通过本项目跨阶段模型转化流程的引入，有助于保证施工 BIM 质量，确保跨阶段 BIM 转换的成功；传统应用中通常不包含机电系统逻辑关系的标记和提取，本项目的突破为运维管理中的故障溯源应用提供了基础；模型轻量化相比于以往的做法，能够显示更多的机电设备内部细节，而且不影响渲染效果和操作体验，为运维功能落地提供了保证。

（3）跨系统的海量异构建筑运维信息集成

以往的建筑运维管理通常借助不同的信息化系统，例如 BA、报修系统、维保管理系统、空间管理系统等，这些系统通常部署在建筑的不同空间，有的甚至归属不同的部门，系统的实际利用率不高。本项目从建造阶段开始，院方和施工方已开始筹划将BIM技术大规模应用到医院建筑运维阶段，联合总承包单位开发了 BIM 运维系统，要求视频监控系统、BA 系统、医用气体监控系统、污水处理监控系统、机房环控系统、人脸识别系统等运维信息系统预留接口，支持将海量异构的建筑静态和动态信息整合在一起，形成建筑全生命周期大数据。对 BIM 中建筑、系统、设备、零件等不同层级构件，建立对应的监测数据匹配和集成方法；通过提前规划网络传输、与分包厂家提前确定通信协议等实现了东方医院项目 30 个系统的数据集成，为进一步运维应用和运维数据收集奠定基础。最终 BIM 模型与监测数据可以精确匹配，支持后续的设备状态分析和主动式维护保养。通过基于 BIM 的信息集成，使得各类建筑运维管理相关的信息可以统一管理，现场任何问题都可以直接反馈在相对应的 BIM 模型上，促进了系统的深入应用创新，保证建筑运维管理质量和效果。

（4）开发基于 BIM 的智慧运维平台

本项目开发的基于 BIM 的医院建筑智慧运维系统包括网页端、智能移动端、桌面客户端三个客户端，见图 6。系统涵盖包括建筑信息管理、空间管理、机电设备智能监测、视频安防管理、综合分析与决策支持、系统管理等模块功能，见图 7、图 8。

网页端用于机电设备管理、维护、维修等运维日常管理与统计分析，方便管理人员随时随地通过浏览器查看楼宇运营情况。智能移动端用于现场维护维修人员上传反馈信息，包括建筑信息浏览、

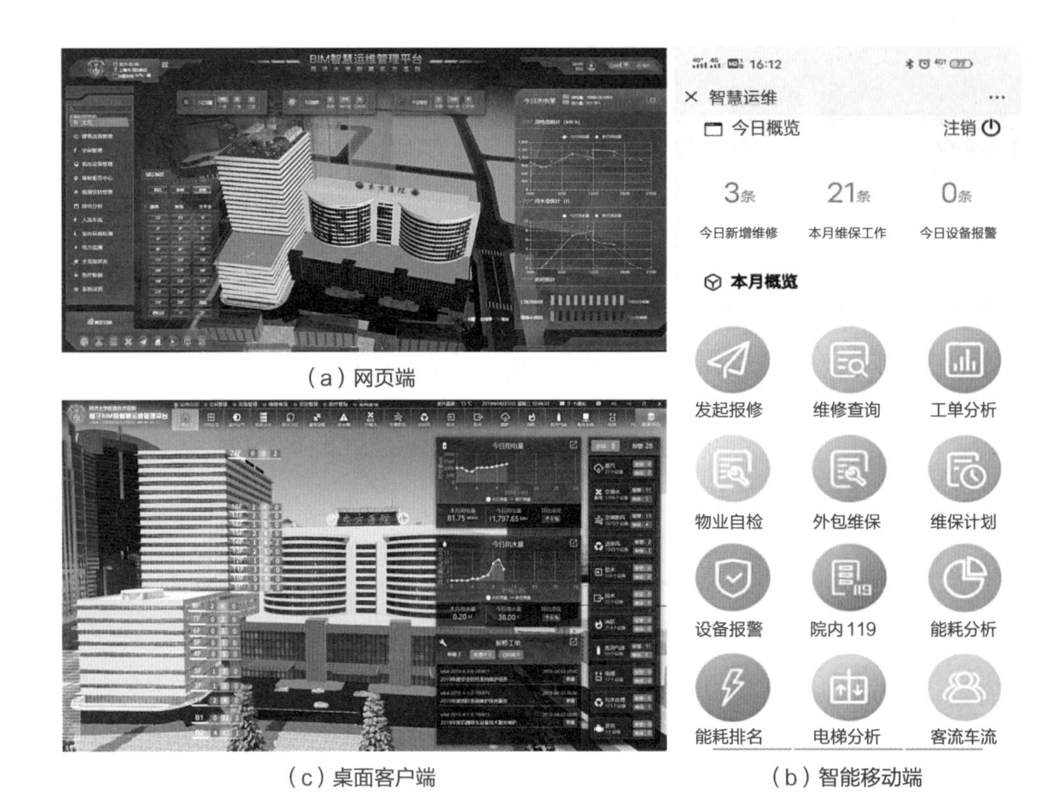

图6　基于智慧运维系统三大客户端

图7　基于BIM的机电设备管理

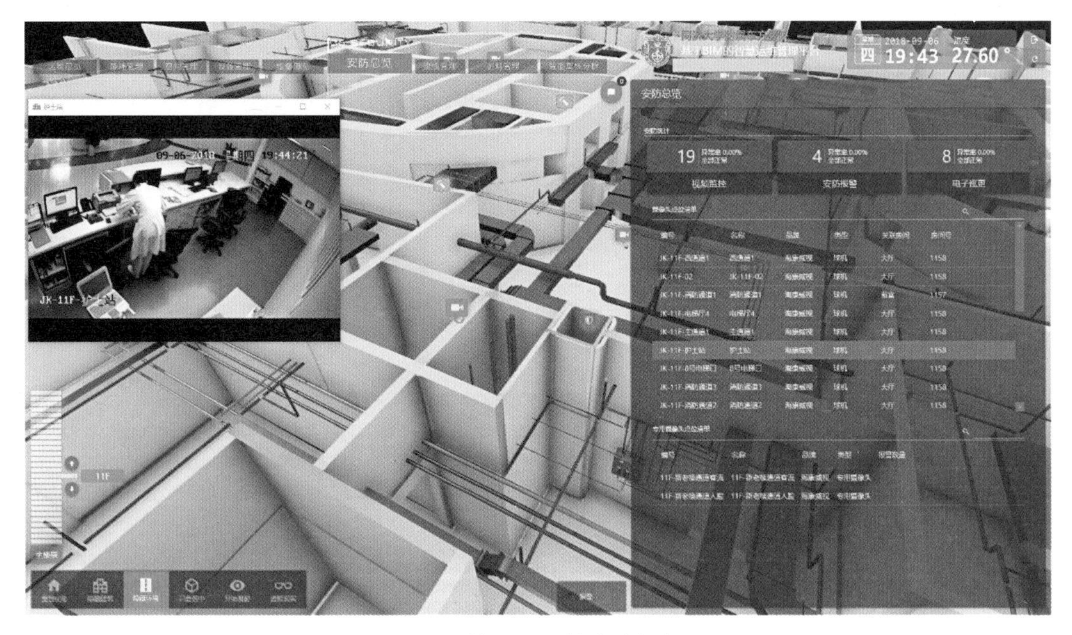

图 8　基于 BIM 的安防视频

评价等服务和设备设施盘点等功能，借助 RFID/ 二维码等物联网技术，实现对医院设备快速定位、盘点、查询等管理。桌面客户端作为运维数据的导入端口、运维管理内容的展示和培训，需保证模型的轻量化、清晰化及运维相关流程的直观性。

运维人员使用智慧运维管理平台辅助日常的空间分配、维修维保管理、机电设备管理、节能管理，使用 BIM 模型进行设备操作维保培训，相比于以往子系统分散、很多建筑相关问题不能及时发现处置、资料难以查询调阅，基于 BIM 的运维系统改变了现有的工作方式，支持可视化、在线化、主动式运维管理，助力建筑精细化管理，为建筑内的使用者提供了更加舒适稳定的环境。

（5）基于 BIM 的公共建筑主动式运维管理技术

1）故障诊断与风险评估技术。本项目基于医院建筑静态数据和医院就诊客流、机电设备运行过程中的故障描述、维修记录等动态数据开发了医院建筑设备故障诊断与风险评估的方法，开发了建筑大数据分析可视化平台，提供灵活的数据报表、可视化数据大屏、深度数据分析引擎，创新性地将建筑大数据智能分析的结果展示到 BIM 模型上，形成了医院建筑故障闭环（发起—诊断—分析—处理—评价）流程，有效地提高医院建筑安全保障的效率和质量，如图 9 所示。

2）设备异常详情和历史查询技术。传统建筑运维管理往往采用被动式的方式，现场发现问题报修后才处理问题，这种方式可能会引发一些重大的故障，影响建筑环境的安全和舒适运行。应用本项目后，在机电设备管理流程上，与现有业务流程相比，可在 BIM 模型上直观地了解所有重要机电系统和机电设备的实时运行状态；基于 BIM 和设备运行大数据实现了设备故障预测，可以提前预测设

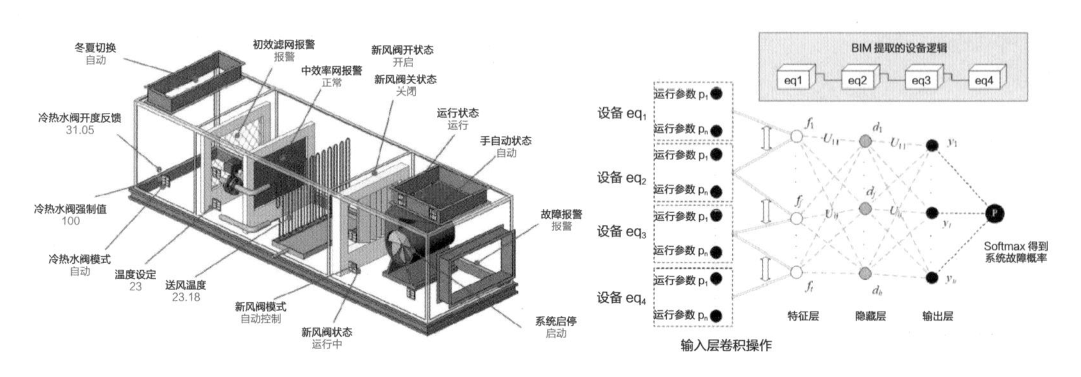

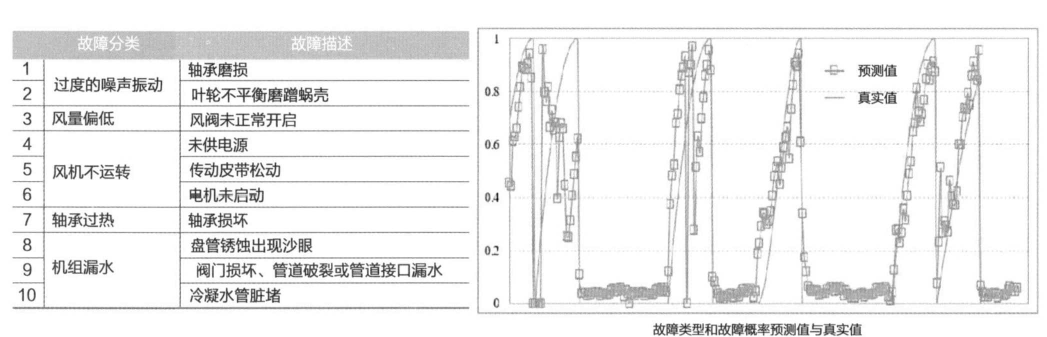

故障分类		故障描述
1	过度的噪声振动	轴承磨损
2		叶轮不平衡磨蹭蜗壳
3	风量偏低	风阀未正常开启
4	风机不运转	未供电源
5		传动皮带松动
6		电机未启动
7	轴承过热	轴承损坏
8	机组漏水	盘管锈蚀出现沙眼
9		阀门损坏、管道破裂或管道接口漏水
10		冷凝水管脏堵

图 9　基于 LSTM 的空调机组故障诊断与风险评估技术

备故障，并自动发起设备故障预警处理流程，自动化管理程度大大提高，安全保障能力也因此提升。此外，还通过维修、维保数据的智能分析，挖掘深层次的信息，例如智能评价高频问题、外包公司质量等，通过 BIM 直观反映有问题的区域，对工单分析时，即可通过机电系统溯源查找故障源头，也可以快速查阅相关的维修历史、资料文件，有利于问题快速定位和解决，通过基于 BIM 的多源数据的融合应用创新了运维管理的方式。

基于建筑静态和动态数据，引入多种数据挖掘和机器学习算法，对医疗建筑的运行监测数据进行多维度的统计分析，以得到海量监测数据背后的深层次的规律性信息和异常情况，通过形象地展示，辅助管理优化，达到节约能耗、辅助设备可靠运行的目标，辅助绿色医院的建设。譬如，基于聚类算法分析用能异常行为和回路，辅助节能管理；基于报警报修数据，自动生成设备维保计划，实现有针对性的预防式维保，如图 10 所示。

3）能耗监测、追踪与统计分析。应用本项目前，传统的节能管理主要借助能耗统计报表和基础的数据分析；应用本项目后，可将每条用能回路的控制的区域和设备在 BIM 模型上直观地展示，见图 11，管理方可直观了解能耗来源动向、主要耗能区域，并通过大数据分析，精准定位到有问题的回路和使用的责任单位，为节能管理带来了全新的思路。

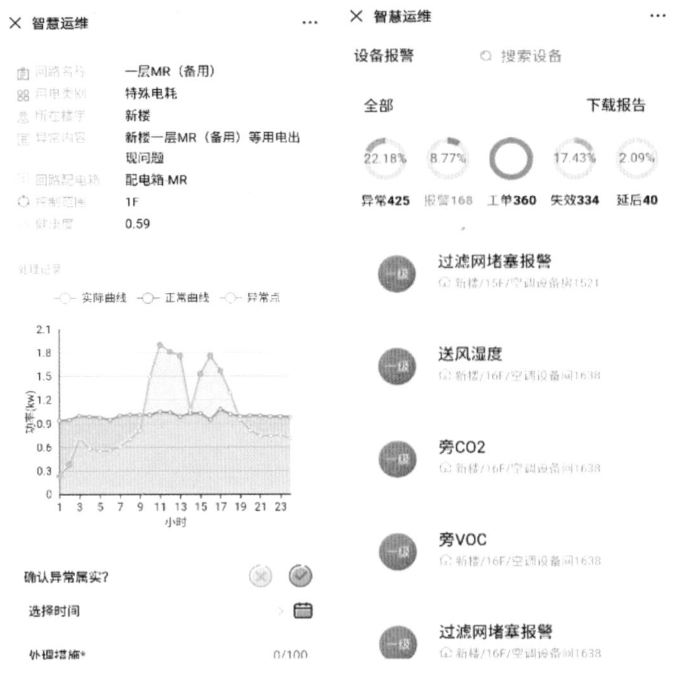

图 10　设备异常详情和历史查询

图 11　能耗监测、追踪与统计分析

四、BIM应用成效

4.1 BIM技术实施效益

（1）经济效益

本项目在施工阶段应用BIM技术，提高了项目参建各方之间的沟通互动；提升了项目体深化设计良好的直观性、协同性和精准性，避免了大量潜在的返工风险，节约了项目成本，提升了现场施工效率；通过大量的方案模拟确保了方案的可实施性和最优选性；同时通过进度模拟与实际进度的对比分析管理推进了项目的工期进展。在运维阶段，通过本项目应用实现了：① 基于BIM可以减少医疗建筑运维突发故障10%，节约运维成本，保障平稳运营；② 提高医院故障报修处理效率20%以上，提升服务满意度；③ 通过可视化运维培训和标准化在线运维流程控制，提高运维效率；④ 提高节能管控工作的针对性，辅助院方实现节能管理目标。

（2）社会效益

1）通过建筑能耗大数据异常挖掘和基于BIM的用能异常精准定位，辅助医院实现节能管理目标。

2）提高公共建筑运营稳定性和安全性，减少突发事故，助力智慧城市建设和城市精细化管理。

3）促进建筑企业向提供设计、施工、运维等一系列解决方案供应商转型，通过延展产业链的物理空间以谋求新的增值和盈利空间。

4）吸引南京、上海、宁波、深圳等多地的医院及建设单位来交流和学习经验，逐步推动上海的产业、服务、品牌、标准走向全国。

5）促成国内首个标准《医院建筑运维信息模型应用标准》的立项与编制，推动运维阶段BIM在技术、软件、应用经验等方面的积累和发展。

（3）其他成果

如表3所示，在东方医院项目BIM技术应用实践中，获得软件著作权9项，发表论文10余篇，获得发明专利4项。

获得发明专利　　表3

序号	专利名称	状态
1	一种面向运维管理的BIM中几何模型轻量化处理方法	授权发明
2	一种机电系统逻辑关系的生成方法、装置及建筑信息模型	授权发明
3	一种基于BIM的建设工程文档分类存储与检索方法及系统	授权发明
4	一种预制混凝土构件的钢筋原材料信息自动集成装置	授权发明

4.2　BIM技术应用推广与思考

（1）BIM 技术应用存在问题与改进措施

1）问题 1：BIM 模型与实际应用数据存在出入。

改进措施：在实际应用的数据阶段，正确地从真实医院映射到虚拟的 BIM 模型是非常重要的。如果建筑元素在模型中的位置、大小、属性或关系与现实部分不一致，运维工作人员会感到困惑，基于错误数据的决策会无用甚至是有害的。因此有必要在整个生命周期中进行跨阶段 BIM 模型转换，基于转换后的模型开展承接查验工作。

2）问题 2：模型质量参差不齐，设计阶段的 BIM 模型在施工阶段使用率低，模型质量的管控欠缺。

改进措施：建立 BIM 建模标准，通过技术和制度保障 BIM 模型质量，确保 BIM 标准落地应用；开发 BIM 模型自动化审核技术，确保上游模型质量以及确保模型变更之后的可复用性。BIM 模型的竣工交付需要检查模型的文件夹分类、文件分类与命名、族与类型命名、构件编号、构件属性等信息是否满足竣工交付和运维管理需求。在东方医院 BIM 竣工模型整理时，以单楼层的全专业模型为一个文件进行交付，保障模型的完整性和一致性；机电设备等运维管理重点资产以资产编码为唯一编码，录入维保要求、维保单位、维保周期等运维信息，从而辅助运营维护。

3）问题 3：施工 BIM 模型向运维 BIM 模型的转化实际问题多。

改进措施：基于 BIM 的运维管理技术的核心问题之一是实现施工 BIM 模型向运维 BIM 模型的转化，支持运维静态数据和动态数据的集成。建议在未来面向运维的 BIM 创建模型中，应注意以下问题：① 建立房间或空间单元，录入房间的功能、面积等基础信息，支持空间管理；② 建立机电安装设备与管线连接的出入口，并标注出入口方向，支持基于 BIM 的系统逻辑结构生成与展现；③ 建立各类设备、管线和构件的真实材质信息，支持 BIM 提供尽可能真实的场景，辅助运维管理；④ 建立机电设备与楼宇自动控制系统监测数据的对应关系，支持获取设备的运行监测数据。

（2）可复制可推广的经验总结

BIM 技术应用的难度一方面在于需要有准确的运维 BIM 模型，用以描述建筑及设施的物理状态和功能状态，对于模型的处理能力具有极高的要求，目前市面上已有的厂商暂时缺乏相关的核心技术；另一方面需要对各个监测系统以及建筑管理的流程进行有效的集成，这些都对于系统开发商的总集成能力提出很高的需求。四建集团在软件系统的开发和实施过程中体现独有的总承包商优势和业主资源优势，同时，四建集团也已编著全国性的行业标准《医院建筑运维信息模型应用标准》，对于引领本行业的发展具有先发优势。

从建造阶段开始，院方和施工方已开始筹划将 BIM 技术大规模应用到医院建筑运维阶段，要求视频监控系统、BA 系统、医用气体监控系统、污水处理监控系统、机房环控系统、人脸识别系统等运维信息系统预留接口，支持将海量异构的建筑静态和动态信息整合在一起，形成建筑全生命期大数据。引入 BIM、物联网、人工智能、人脸识别等即可实现三维可视化、集成化空间运维、报修服务管理、安防管理，以及主动式设备管理和能耗管理。该医院直接采用 BIM 运维系统进行新楼设备运维管理、报修服务和安防管理；当有应急事件发生时，运维管理人员直接在应急指挥中心应用 BIM 运维系统进行应急指挥和决策。

根据应用实践，得出以下总结：

1）基于 BIM 可以将建筑本体和医院运维信息有机结合，逐渐形成建筑全生命期大数据，可见 BIM 对医院建筑运维具有较大价值。

2）基于 BIM 可以实现空间管理、机电设备运行机理和状态查看、视频安防管理，实现可视化、集成化运维管理，提升医院建筑运维管理水平。

3）初步探索了基于人工智能的智慧运维管理模式，可减少设备故障数量，节约运维成本。

基于 BIM 的医院建筑运维管理系统运行良好，达到了医院主动式智慧运维管理的目标，能够全面支撑医院建筑的精细化管理。本项目的成果在上海市东方医院、新华医院、平湖医院、上海音乐厅、长阳大厦进行了推广应用。应用过程中，大量外部专家人员到访东方医院参观考察 BIM 运维技术，高度肯定了本项目的价值。同时，在研发和运行过程中总结经验，形成了《医院建筑运维信息模型应用标准》全国团体标准，经济效益和社会效益明显。

4.3 BIM技术应用展望

通过“BIM+ 大数据 + 物联网”形成一个智能网络，使人与人、人与机器、机器与建筑之间能够互联，实现建筑数字化运维过程全周期的动态感知、设备故障预测预警和异常能耗诊断，并为建筑行业提供开放共享的运维 BIM 标准、设备运维特征和用能特征等行业知识图谱。

上海程十发美术馆新建工程

关键词 多阶段应用、施工牵头、文化建筑、深化出图、三维扫描对钢结构变形监测、动态成本管理、VR 虚拟设计、基于 5D-BIM 技术的商务管理

一、项目概况

1.1 工程概况

项目名称	上海程十发美术馆新建工程
项目地点	上海市长宁区虹桥路伊犁南路交叉路口西南侧
建设规模	总建筑面积 11500m^2
总投资额	1.688 亿
BIM 费用	25 万元
投资性质	政府投资
建设单位	上海中国画院
设计单位	同济大学建筑设计研究院（集团）有限公司
施工单位	上海建工四建集团有限公司

1.2 项目特点难点

（1）基于 5D-BIM 技术的成本控制与造价管理。商务部门试点应用“基于 BIM 模型与智慧建造平台”代替部分传统造价工作。本项目采用 BIM 模型计算工程量并结合智慧建造平台商务管理手段推进造价工作。利用计算机、互联网、物联网等技术处理繁琐、反复、冗长的计算和汇总工作，使得造价从业人员有精力实现签证、索赔等技术含量较高的工作。

（2）悬挑区域钢结构施工控制要求高。本工程地上三层为钢结构，北侧第二层存在悬挑桁架结构，此处处于塔吊吊点最远端，如何确保在狭小场地条件下做好悬挑部位钢结构安全施工及质量管理工作，难度较高。此外，悬挑钢结构区面积约为 280m^2，如何确保此处钢结构安装过程中的变形量控制及结构稳定是本工程的一大难点。

（3）工期紧，各专业分包协调要求高。本工程地下一层、地上三层，计划于 2017 年 9 月 27 日开工，于 2019 年 9 月 30 日竣工，总工期 735 天，完成所有的土建、机电和装饰工程。项目地处繁华市区，文明施工要求高，抢工期困难，工期较为紧张，需利用高效的信息化集成管理手段。

二、BIM实施规划与管理

2.1 BIM实施目标

通过 BIM 技术对各专业工作进行线上集成化管理，围绕施工计划，在获得设计图纸后第一时间介入深化，尽快反馈，省去多余时间成本，提高总体效率。基于 5D-BIM 技术将商务管理结合 BIM 模型应用于项目预算条线中，集成了施工、技术、预算条线的建造平台，不仅仅为项目上提供了协同平台，更可积累各专业数据。利用三维扫描监测技术通过对现场采集数据与模型预处理研究，得到更完整全面的变形监测数据。

2.2 BIM的实施模式、组织架构与管控措施

本项目的 BIM 工作，包括各专业模型搭建、BIM 深化设计、施工方案模拟、智慧建造平台使用及后台配置，平台使用效果及分析、三维扫描应用、BIM 商务模块应用、项目施工过程数据采集等。如图 1，各专业模型搭建、BIM 深化设计、施工方案模拟、智慧建造平台使用等由总包 BIM 负责。平台后台配置及相关技术支持主要由工程研究院 BIM 工程师负责，项目其他人员进行配合，并提供使用反馈。项目对接工作，三维扫描应用、BIM 商务模块应用由工程研究院 BIM 工程师负责，建模人员需根据需求进行模型深化调整。基于 BIM 的总承包管理、同 BIM 分包的协同管理等工作，由项目经理统筹管理，由项目工程师牵头，其他项目成员配合共同管理。项目的安装、装饰等专业的 BIM 事宜由相应的分包单位完成，由项目部统筹管理。

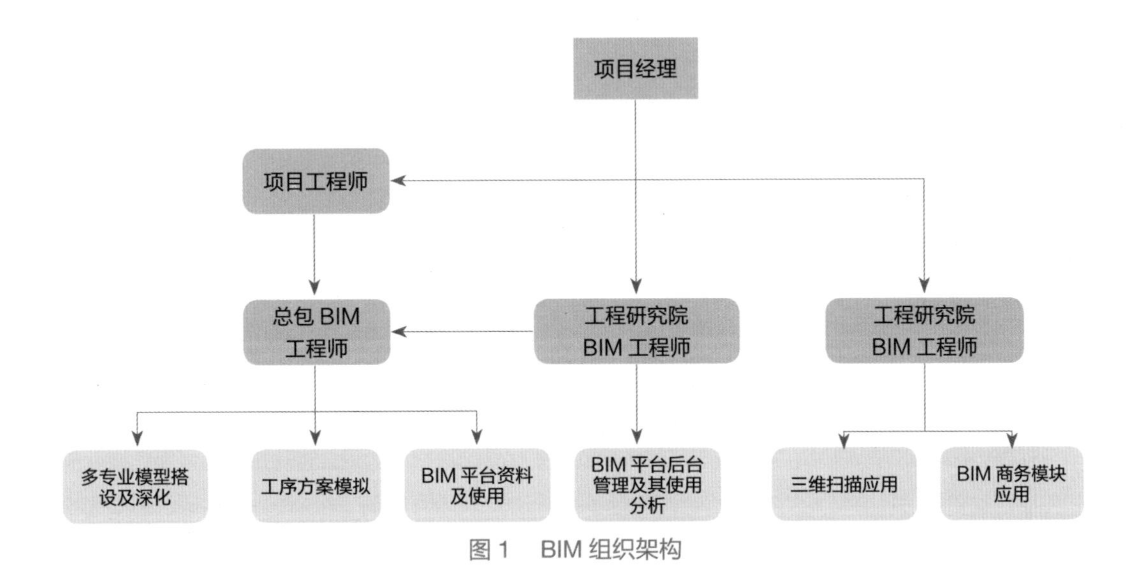

图 1　BIM 组织架构

三、BIM技术应用与特色

3.1 BIM应用项

本项目 BIM 技术应用项如表 1 所示。

项目BIM技术应用项　　表1

序号	应用阶段		应用项
1	设计阶段	初步设计	报告厅装修方案比选
2			展厅方案模拟
3		施工图设计	各专业模型搭建
4			净高分析
5			碰撞检测
6			三维管线综合
7	施工阶段	施工准备	钢结构预制构件加工编码
8			施工方案模拟
9			施工场地规划
10			施工深化设计
11		施工实施	材料管理
12			质量及安全管理
13			竣工模型构建

3.2 BIM应用特色

（1）动态成本管理

建立基于 5D-BIM 技术的商务管理工作流程。采用 BIM 算量软件计算得出各构件的实物工程量，依次拆分招投标预算以及整理分包合同的各项单价，导入智慧建造管理平台；根据平台中的定额数据库挂接招标清单，完成计价。平台会根据构件 ID 和属性信息自动建立 BIM 模型构件与预算中清单编码的关系。最后通过录入的施工进度关联导入工程量数据，建立工程进度所完成的工程量，实现自动化的资金结算、产值汇总、成本控制等造价管理功能。

（2）碰撞检测

对钢结构与机电专业进行碰撞检测，并协调机电安装分包与钢结构设计进行沟通，依照此来调整机电管线。最后使用 BIM 模型对所有空间进行了净高分析，根据建筑的功能性，对展示区的净高与路线进行优化。

（3）基于三维扫描对钢结构变形监测

利用三维激光扫描技术对悬挑部分钢结构进行安装精度检测，并分工序进行全过程变形监测。按照工程施工节点划分工序，利用三维激光扫描仪对悬挑部分钢结构进行高精度点云数据扫描。对初始点云数据进行预处理，获取实际钢结构点云模型与设计钢结构面片模型在偏差分析软件里进行 3D 偏差分析，设定偏差阈值，得到全三维的可视化偏差结果。

（4）基于 5D-BIM 技术的商务管理

1）依托公司自主研发智慧建造平台，实现了自动化、智能化的过程造价管理，如图 2 所示。验证了 BIM 模型计算工程量的准确性，以及形成一套具备可操作性、可推广、可量化的施工阶段造价管理工作方法，有效地提高项目成本管理过程中的效率和可控性。

2）通过利用算量插件实现了工程量自动计算，解决了三维图形算量软件的建模能力不强，不能全面、精细地得到工程中的所有工程量问题。通过基于构件的读取，如图 3 所示，实现自动计算构件模板、装饰粉刷层等无需建立模型的实物工程量。

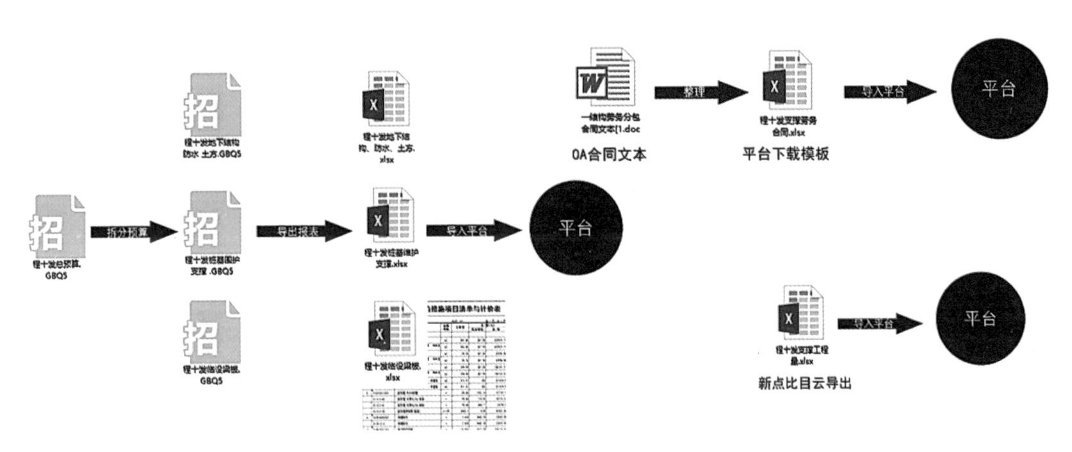

图 2　商务管理实施技术流程

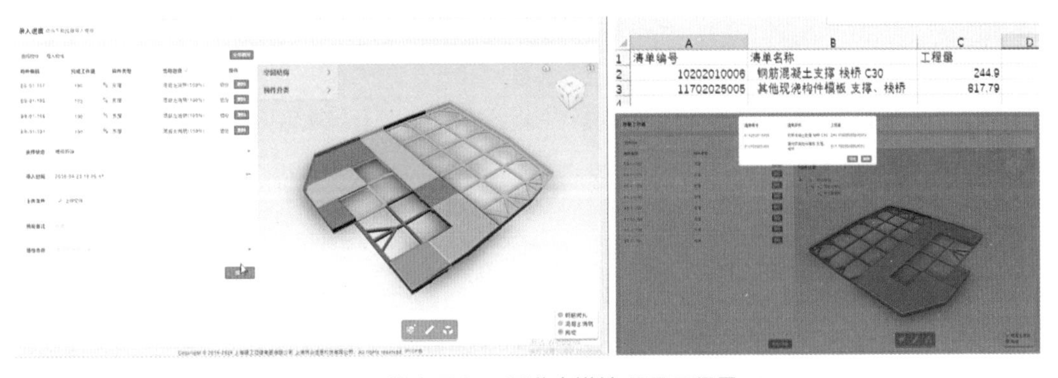

图 3　结合录入工程进度搭接项目工程量

3）基于 BIM 模型的出量能够根据算量规则实现智能化设置与调整，能够应用不同的国家规则、地方规范进行符合特定条件的工程量计算。通过对比测试了 Revit 软件对梁、板、柱、墙等实体构件在不同的建模条件下的计算结果，分析研究了扣减规则，实现了利用 BIM 模型算量的准确性。

4）利用算量插件自带的清单定额库对构件的实物工程量自动赋予清单编码，实现匹配我司开发的智慧平台中的定额库。

（5）三维扫描检测技术应用

1）通过选取并标记的若干控制点进行精确配准，计算点云独立坐标系到工地三维坐标系的转换矩阵，通过该转换矩阵将点云模型与设计模型统一到同一坐标系下。

2）完成悬挑钢结构的点云模型与设计模型坐标系统一后，两个模型即完成精确配准。在点云偏差分析检测软件里，以设计模型为参考真值，以点云模型为检测值，通过计算每一个点到其法线方向所在面的距离来统计其整体偏差。

3）与传统单点式监测方式相比，基于三维扫描的监测技术通过对现场采集数据与模型预处理研究，得到更完整全面的变形监测数据。三维扫描以点云数据的高质量、高分辨率、精度分布均匀等特点更详细地了解钢结构构件细节变形与整体变化。

（6）VR 虚拟设计

1）如图 4 所示，VR 虚拟现实模型主要分为两种类型，一种为有构件信息要求的构件，如：梁、板、柱、钢结构构件、大型设备等。在模型搭建时，将构件信息进行实时录入，导入平台后，模型将变为携带着庞大数据库的载体。另一种则主要为无信息要求的构件，其对构件视觉效果要求更高，建模更加精细，提供材质比选替换。

2）本项目 BIM 深化程度高，土建模型深化时均需与安装模型、室内装饰模型进行碰撞协调，建筑模型进行地下二次结构及地上钢结构深化时，要求深化构件（构造柱、圈梁等）需尽可能避让机电管线，见图 5。规定多专业碰撞检测由总承包单位负责，而非“先做碰撞后避让”，主动发挥 BIM 优势。

3）在 VR 应用的过程中，使用用于 VR 场景制作的软件 Twinmotion 导出 BIMmotion 文件对项目模型进行实景漫游，见图 6，不但为业主提供设计效果的比选，还可发现一些在传统二维图纸或三维模型碰撞检测不易被发现的软碰撞问题，辅助设计优化图纸。

（7）自主研发智慧建造平台

1）智慧建造平台旨在通过建筑信息模型（BIM）、WebGL、数据库等技术进行信息存储和可视化展现，应用物联网和智能移动设备等技术实现建筑全过程信息收集，应用云计算技术进行系统部署和数据维护，并针对不同用户情况提供 Web 端、微信端等多形式的管理入口，为建造过程检测、分析和管理提供集成化信息平台，促进精益化建造管理的实施。

2）根据项目情况基于 BIM 模型确定管理对象，见图 7，包括管理对象的“最小层级、细度、类别”，在“进度、质量、安全”等管理过程中，通过定期录入施工进度信息、质量问题照片及质量

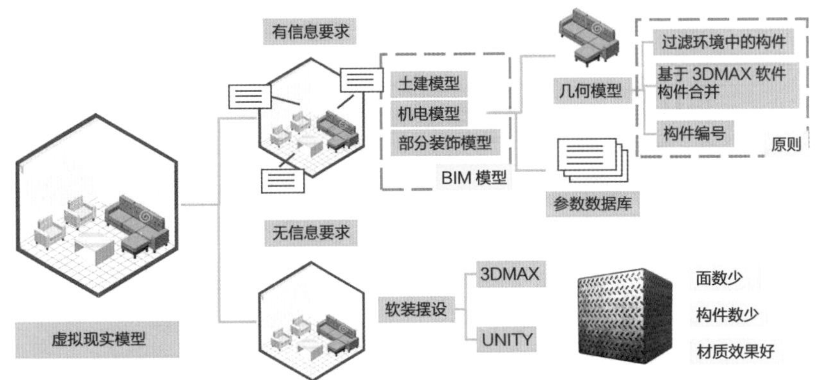

图 4　VR 虚拟设计流程

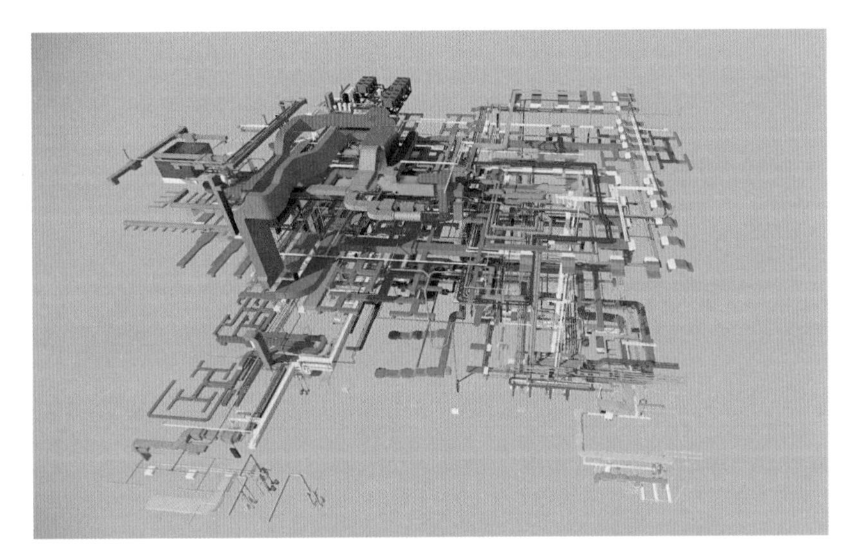

图 5　基于 BIM 技术钢结构优化设计

图 6　VR 效果模拟

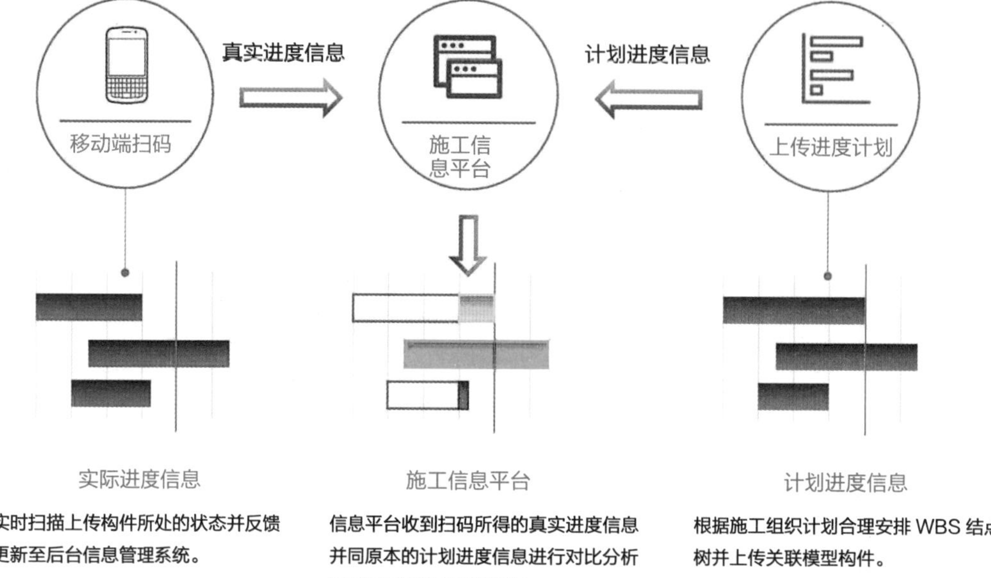

图 7　智慧建造平台应用框架

检验表单等质量信息、安全问题照片及安全问题处理情况等安全信息，并将之关联到对应的管理对象上，从而实现全过程 BIM 信息集成和智慧建造。

四、BIM应用成效

4.1　BIM技术实施效益

（1）经济效益

使用插件一键生成的相关构件目前能够保证正确率为 80% 左右，并且依托三维对二维的天然优势，在二次结构深化时，可根据机电管线留洞情况对任意圈梁进行避让调整。将使用插件翻模生成的构件，导出至 CAD 并添加底图，经过少量人为处理标注尺寸后，便可进行现场施工使用，目前已能够将整个二次结构深化工作的时间缩短 20% 以上。

BIM 在本项目中通过共享 BIM 中的工程信息实现施工技术、商务、施工各条线工作协作，提高模型利用率，节省重复工作，提升加工效率 30% 以上。通过三维扫描新技术，能够获取更完整全面的数据，从而有效地了解钢构件安装与变形数值，保障施工质量。应用基于 BIM 的智慧建造管理平台掌握工程状态，实现随时随地掌握工程状态，提升项目管理人员管理水平，从而提高项目质量水平，减少安全隐患 10% 以上。

（2）社会效益

1）BIM 作为信息化管理手段，集成了设计、施工过程中各专业的工作。本工程试点将商务管理结合 BIM 模型应用于项目预算条线中，拓展了 BIM 应用的范围，使 BIM 不单单作为应用工具，更是集成了施工、技术、预算条线的建造平台，其为项目提供了协同平台，更为集团层面积累了各专业数据。

2）基于 BIM 的技术或商务管理，需要 BIM 工程师与现场专业负责人员深度参与，前期需要深入了解各条线具体工作的内容，收集各方面的需求，才能使 BIM 应用更为落地。

3）BIM 技术应用的效果很大程度上取决于 BIM 数据是否实时有效，通过制定明确的管理制度，各项工作落实到人，确保及时得到 BIM 技术应用依托的必要数据，这是 BIM 应用成功的关键。

4）BIM-4D 施工流程模拟，主要在于对未知情况进行摸排、各专业之间的交接配合，以及构件安装的行走路线是否有阻碍等问题，另一方面在于针对非专业人员视频能够加强工序理解，或帮助业务繁忙的领导更快地了解项目情况。

（3）其他成果

论文:《基于 BIM 技术在工程造价中的应用》《基于 5D-BIM 技术的施工阶段成本控制与造价管理》。科研报告:《基于 BIM 模型的工程实物量研究》《基于 BIM 技术的商务管理工作流程》《基于算量要求 BIM 建模规范 1.0》。

4.2　BIM技术应用推广与思考

（1）BIM 技术应用存在问题与改进措施

1）问题 1：BIM 应用介入时机将影响项目的开展。BIM 技术应用越早，规则制定越完备，价值越高。如果项目已经施工，很多 BIM 应用将错过最佳时机。介入晚一些的，价值体现不明显，严重的还会导致项目其他成员容易对 BIM 产生疑问，影响 BIM 在公司的推行。

改进措施：BIM 技术的优势集中在，第一，施工前进行模型搭建，可提前发现问题并解决问题，减少返工及材料浪费。第二，将来自多方的工程信息集成在以模型为载体的建造平台上，并形成一个稳定的线上管理体系。本项目实际上 BIM 开展时机已经较为滞后，项目施工过程中并没有能够形成一个良好的线上管理体系，在 BIM 工作开展初期，需与设计建立有效的沟通渠道，明确建议设置公共邮箱，或在统一的管理平台进行资料交互。结构深化需在获得图纸后尽快开展，以便留有足够时间对发现的结构问题进行处理。

2）问题2：BIM不仅仅是一个建模工作，还是信息化集成的载体，是总包BIM管理模式的基础，目前来说，资料管理还处在一个较为被动的情况，各方只是将资料进行整合后上传平台，解决了资料版本混乱，人员之间互相传递文件降低办公效率的问题。

改进措施：根据施工现场需求优化平台用户体验。应将目光聚焦在如何提高工作效率，如何将各专业所做工作进行线上集成处理，降低技术人员在基础工作或重复性工作中所浪费的时间。

（2）可复制可推广的经验总结

基于 5D-BIM 模型的施工阶段造价管理：经过与实际数据校核，工程量误差在 0.2% 以内，产值报表、分建成本只需一键生成，施工台账随报表上报后自动统计、整理、汇总，形成结构性、系统性的台账记录，代替了造价人员在阶段性成本控制中反复的计算、审核、汇总等工作内容，真正意义上的借助 BIM 技术实现自动化、智能化的产值报表、台账生成，节省从业人员的工作时间与精力。

4.3 BIM技术应用展望

技术条线中，BIM 技术在大力推广下已得到了很好的发展，现阶段建筑行业往往存在工期短、施工过程中多次修改等问题。BIM 技术能够提高工作效率，但需更早介入，确保深化及时跟进，提高逆向设计效率，在保证专业性深化设计足够完善的情况下，加强综合性深化设计的应用，改变工程行业普遍存在的“先做碰撞后避让”的现状，避免大规模的墙体开洞、管线改道后与深化设计不符等问题。

经济条线中，BIM 工作还是以成熟算量软件为主体，未能很好地与技术条线模型成果融合，预算员的本职工作充斥着大量的计算、归档、汇总、汇报等内容。并随项目进展，需要定期（每周、月、季度）对当阶段完成项目工程量再次进行复核、计算、核算、校对、审核，耗费了公司相关部门工作人员的大量工作时间与精力。且在不同模型、不同部门之间进行数据采集和传递，往往在主观和客观因素影响下，统计数据失真现象逐渐严重，限制了签证、索赔、二次经济等产出效益工作的开展，故集成化商务管理体系的形成是大势所趋。

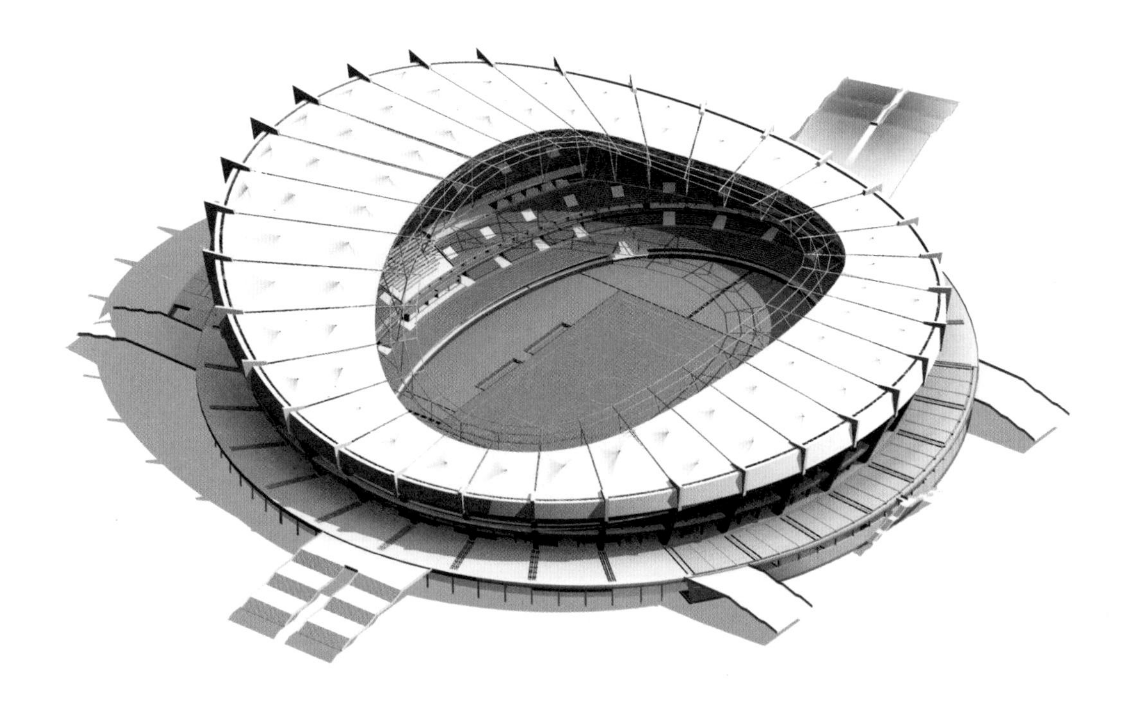

2021年FIFA世俱杯上海体育场应急改造工程

关键词　多阶段应用、设计牵头、文化体育、BIM 参数化建模、BIM 与三维扫描的集成应用

一、项目概况

2019 年 10 月 24 日，国际足联理事会第十一次会议在上海召开，会后宣布中国成为“2021 年世俱杯举办国家”。2019 年 12 月 31 日，经国务院批准，国家体育总局正式通知确定上海为“2021 年 FIFA 世俱杯 8 个主办城市之一”，上海体育场将作为改制后的首届世俱杯开幕式和决赛场地。

本次改建工程是徐家汇体育公园整体改造内容的一部分，同时也是上海体育场整体改造实施的第一阶段，其主要内容包括：（1）满足世俱杯决赛场地 6 万座要求（上海体育场目前实有约 56000 座），观众座席尽可能贴近比赛场芯，拉近观众与球场距离。计划采用一层看台区域抬高搭设钢结构看台，同时运动场芯下挖 1.7m，以此增加观众座席约 16000 座（总数可达到约 72000 座）；（2）在原屋盖钢结构上通过轻质柔性体系，实现跨度 16.5m 的悬挑延伸，以增加屋顶遮雨覆盖面积，提高观众观赛体验；（3）优化观众、运动员、媒体、VIP、VVIP 等流线及功能用房布局；（4）对灯光、草坪、座椅、大屏等体育工艺要进行改造提升。

1.1 工程概况

项目名称	2021 年 FIFA 世俱杯上海体育场应急改造工程
项目地点	徐汇区徐家汇街道漕溪北路 1111 号
建设规模	125321m^2
总投资额	215282 万元
BIM 费用	150 万元
投资性质	社会投资
建设单位	上海久事体育资产经营有限公司
设计单位	华建集团上海建筑设计研究院有限公司
施工单位	上海建工一建集团有限公司

1.2 项目特点难点

（1）资料缺失，还原难度大。既有建筑改造项目，存在原始资料缺失、竣工图与实际建造情况不符的情况。工程竣工图为纸质资料，无 AutoCAD 电子文档。纸质竣工图的扫描件，无法作为底图导入 Revit 中，对现状结构模型的搭建效率存在影响。

（2）改造区域版本杂乱，改造难度大。原施工过程中已进行部分区域改造，造成部分区域结构竣工图重复，版本多且前后顺序混乱。

（3）结构复杂，建模要求高。体育场混凝土结构存在结构体系难度大、结构标高复杂、斜梁斜柱多的特点。体育场屋盖结构为空间网架结构体系，网架环梁呈空间双曲，Revit 无法直接建模，需通过 Dynamo 模块参数化建模。由于结构标高体系复杂，机电施工图在一些复杂位置难以清晰表示，从而造成机电模型建立难度大。

（4）时效性强，需与当前规范融合。由于设计规范的不断更新，设计要求越来越高，设计内容也更为丰富。原有的设计已无法满足当前设计规范的要求，原建筑设计对于机电管线的安装空间预留有限，造成原结构布置局部净高偏低，导致改造后的机电管线布置难度大，容易出现净高不足的区域。在机电各专业改造设计过程中，为保证建筑功能的净高需求，BIM 工程师需协助设计及时调整设计内容和优化管线走向，进行多种机电布置方案对比分析。

二、BIM实施规划与管理

2.1　BIM实施目标

根据现有图纸还原，包括上部屋盖在内的结构模型，在现状结构模型的基础上，与现场三维扫描逆向模型进行复核比对，建立结构改造模型、建筑模型、幕墙模型、机电模型，完成各专业碰撞报告，机电管综净高平面分析报告，对机电净高进行优化，从而满足设计净高需求。

2.2　BIM的实施模式、组织架构与管控措施

该项目由设计方主导，要求 BIM 设计还原结构模型，构建建筑改造模型、机电模型，完成机电净高分析，优化机电设计，满足建筑净高要求，为施工阶段机电深化提供依据，保证后续机电安装的可行性，如图 1 所示。

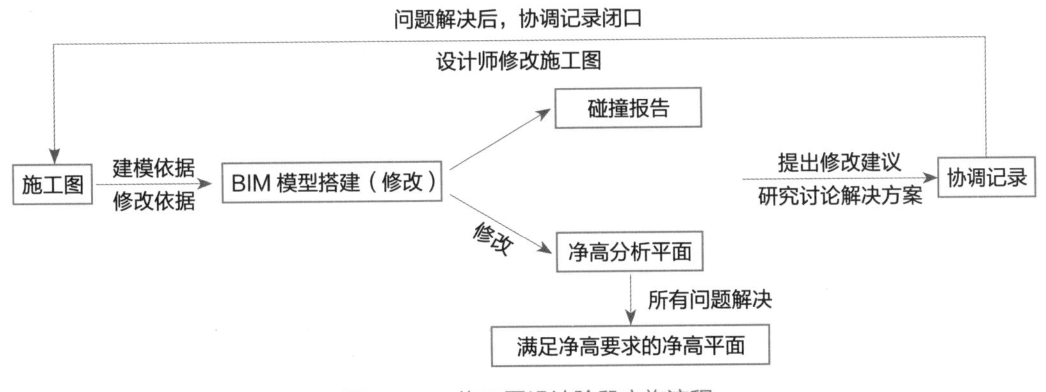

图 1　BIM 施工图设计阶段实施流程

三、BIM技术应用与特色

3.1 BIM应用项目

本项目 BIM 技术应用项如表 1 所示。

项目BIM技术应用项　　表1

<table>
<tr><th>序号</th><th colspan="2">应用阶段</th><th>应用项</th></tr>
<tr><td>1</td><td rowspan="6">设计阶段</td><td>初步设计</td><td>结构专业模型构建</td></tr>
<tr><td>2</td><td rowspan="5">施工图设计</td><td>结构加固改造专业模型构建</td></tr>
<tr><td>3</td><td>建筑专业模型构建</td></tr>
<tr><td>4</td><td>机电专业模型构建</td></tr>
<tr><td>5</td><td>碰撞检测及三维管线综合</td></tr>
<tr><td>6</td><td>净空优化</td></tr>
<tr><td>7</td><td rowspan="2">施工阶段</td><td>施工准备</td><td>施工深化设计</td></tr>
<tr><td>8</td><td>施工实施</td><td>竣工模型构建</td></tr>
</table>

3.2 BIM应用特色

（1）结构现状模型构建

根据原结构设计图纸，在 AutoCAD 中放线定位，根据定位在 Revit 中建立体育场混凝土结构模型。在建模的过程中需逐轴截取剖面，复核图纸中对应结构标高，保证结构的正确性。通过定义项目阶段（拆除和改造），并将阶段过滤器应用到视图和明细表，以显示不同工作阶段期间的项目，使用模型信息数据，管理既有、新建和拆除的内容。钢结构屋盖标高体系复杂，环梁呈空间双曲，加上扫描图纸本身存在的问题，导致在 Revit 中无法直接进行建模。针对以上难点，使用 OCR 技术读取原始扫描图上钢结构屋盖的定位坐标，形成 Excel 表单，再通过 Dynamo 调用表单数据，使用参数化建模形成结构定位点及结构定位线，再根据不同截面尺寸赋予截面，最终形成了整个钢结构屋盖模型，确保模型和图纸的定位数据完全一致，如图 2、图 3 所示。

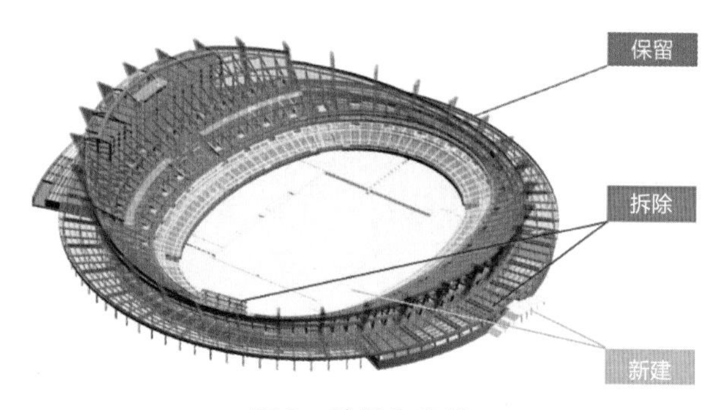

图 2　阶段化建模

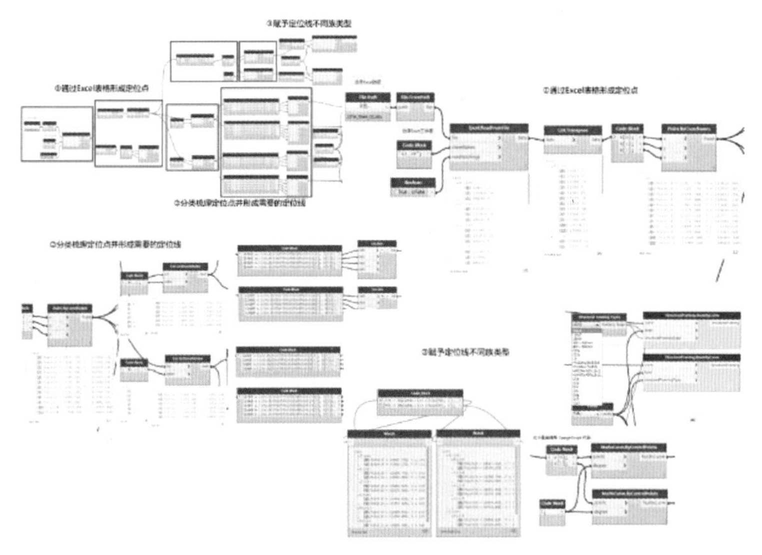

图 3　Dynamo 参数化建模

（2）BIM 与三维扫描技术的结合

由于存在原始资料缺失、竣工图与实际建造情况不符的情况，需要借助三维激光扫描技术对所搭建的土建模型进行校核。因此对现场重点区域进行三维激光扫描得到点云数据，如图 4 所示，在对点云数据进行预处理后形成 RCP 格式的点云，导入 Revit 软件中完成逆向建模，见图 5。将三维扫描模型与根据图纸建立的土建模型进行匹配校核，形成问题报告。

图 4　点云模型

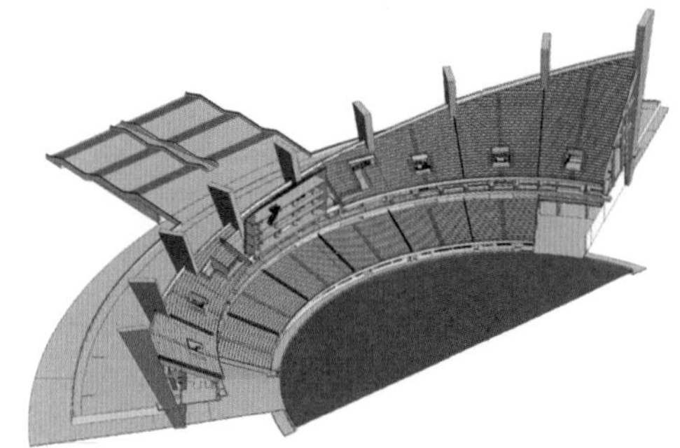

图 5　逆向模型

（3）三维辅助施工图设计与算量

鉴于上海体育场体型复杂，建筑剖面图绘制存在困难，需从三维 Revit 模型中导出所需位置的剖面图，见图 6，进行 2D 施工图辅助设计。在体育场 1 号区 2 层以上酒店与看台之间的大空间区域采用仿清水混凝土涂料，通过模型中导出墙体涂料面积明细表，见图 7，对墙体所需的涂料用量进行估算，辅助算量。

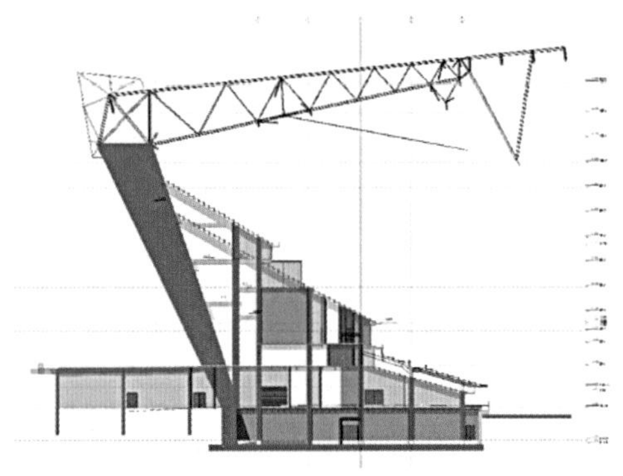

图 6　模型剖面导出

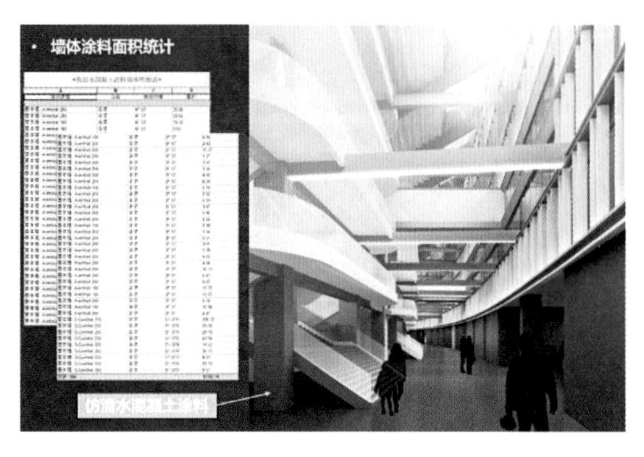

图 7　涂料面积统计

（4）人性化的净高分析平面

以净高分析平面的方式输出净高报告，见图 8。通过设置不同的色块来表达机电安装后的使用空间高度，以鲜明的红色来表示净高不足的区域，随着净高的提高逐渐过渡到黄色，最后过渡到冷色调。使净高的问题区域一目了然，大大提高了协调工作的效率。机电管线复杂区域重点深化，对狭小机房内管线路由进行调整，得到最优排布，见图 9，有效解决隐性问题，提高分析成果的可靠性。

（5）净高优化

由于二维平面设计的局限性，机电各专业施工图纸中存在各专业之间的冲突、管线路由不合理等情况，见图 10，经 BIM 模型整合后可以发现这些平面施工图中的问题以及净高不满足建筑需求的位

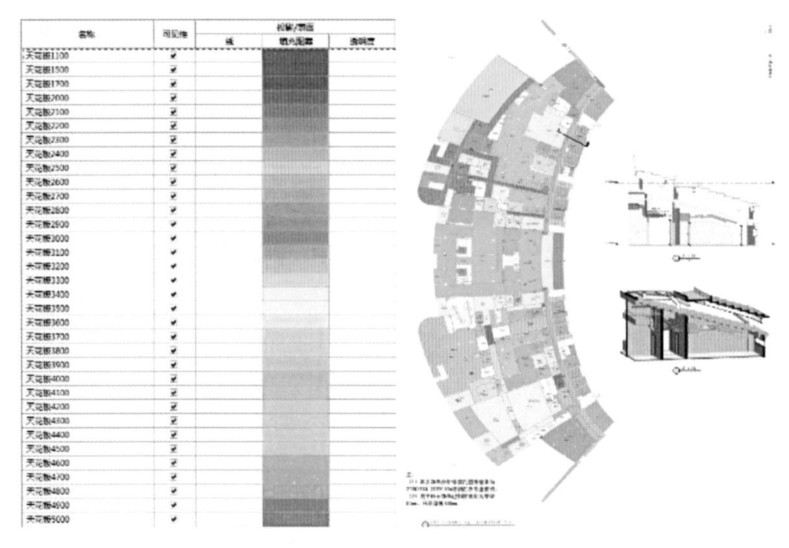

名称	可见性	投影/表面		
		线	填充图案	透明度
天花板1100	✔			
天花板1500	✔			
天花板1700	✔			
天花板2000	✔			
天花板2100	✔			
天花板2200	✔			
天花板2300	✔			
天花板2400	✔			
天花板2500	✔			
天花板2600	✔			
天花板2700	✔			
天花板2800	✔			
天花板2900	✔			
天花板3000	✔			
天花板3100	✔			
天花板3200	✔			
天花板3300	✔			
天花板3400	✔			
天花板3500	✔			
天花板3600	✔			
天花板3700	✔			
天花板3800	✔			
天花板3900	✔			
天花板4000	✔			
天花板4100	✔			
天花板4200	✔			
天花板4300	✔			
天花板4400	✔			
天花板4500	✔			
天花板4600	✔			
天花板4700	✔			
天花板4800	✔			
天花板4900	✔			
天花板5000	✔			

图 8　净高分析平面

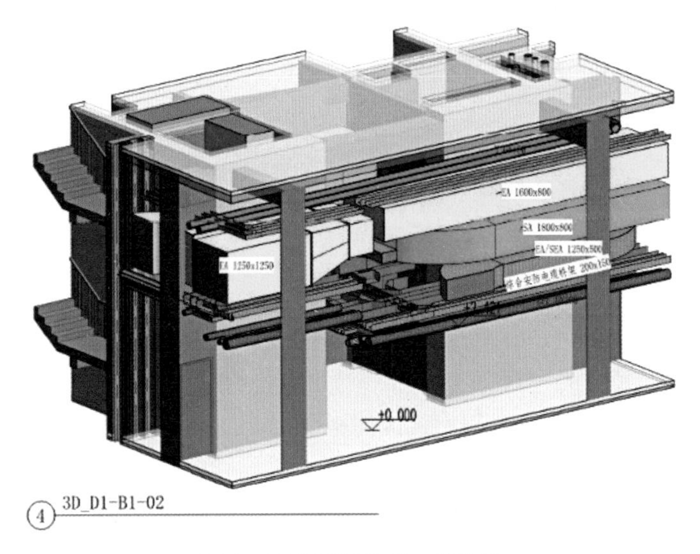

图 9　局部区域管综三维轴侧

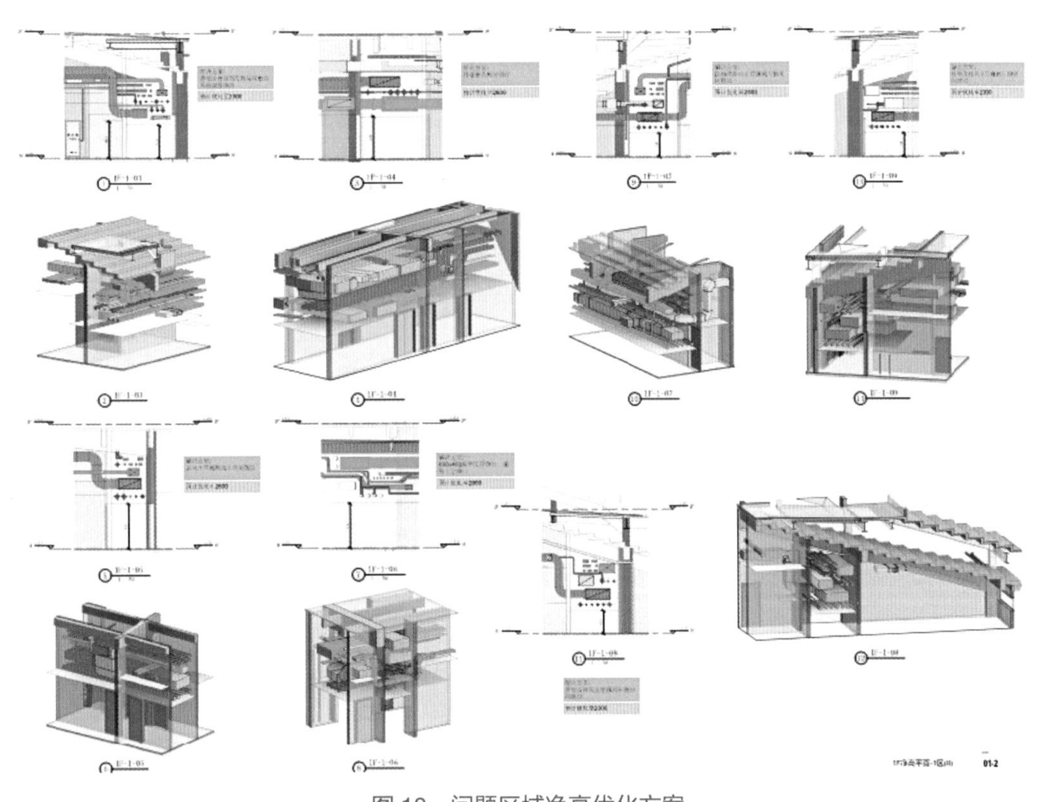

图 10　问题区域净高优化方案

置，逐一与设计师配合协调，提出净高优化方案以及优化后预计净高。设计师根据优化建议修改图纸内容后反馈 BIM 进行复核，最终得到满足建筑净高要求的管线布置方案以及净高分析平面。

四、BIM应用成效

4.1 BIM技术实施效益

（1）经济效益

由于本项目处于施工阶段，对于施工阶段经济效益的量化存在一定困难，先对本项目现阶段发现问题数量进行统计，如表 2 所示，按平均每一个碰撞点增加设计变更费用 6000 元来估算。

经济效益估算　　表2

BIM分析工作	发现问题数量	经济效益	主要经济指标
设计阶段复核解决设计问题	196	117.6 万元	平均每一个碰撞点增加设计变更费用 6000 元测算
施工阶段各专业问题（至今）	121	72.6 万元	
施工阶段管线综合问题（至今）	60	36 万元	

（2）社会效益

BIM 的应用不仅仅是技术层面的工作，更涉及管理方式的转变。根据“2021 年 FIFA 世俱杯上海体育场应急改造工程”项目实际情况，结合国家和上海市关于 BIM 技术应用的相关文件，本项目 BIM 技术应用的社会效益在以下几个方面突显：

1）通过深度应用 BIM 技术，从施工图设计到专项和深化设计，进行三维参数化设计，并通过 BIM 模型进行传承。通过剖切 BIM 三维模型生成二维图纸，再加以深化，从而全面、正确地反映复杂的造型信息，体现模型的可视化、协调性及可出图性，再利用冲突检测功能进行校核，减少建筑设计中碰撞及错误，提升建筑品质。

2）BIM 在设计阶段运用的三维激光扫描技术，为既有建筑改造设计阶段获取建筑的各项参数以及协同设计提供一种高效的方法，充分展现了 BIM 技术的先进性和优越性。

3）基于 BIM 模型提取相关工程量，可提高数据的准确度，对材料采购作出合理的计划，减少浪费。

4）通过三维模型的可视化施工模拟，可在一定程度上形象地理解施工进度。在一些特殊的施工环节，通过建立虚拟的施工过程时间维度，以实现对施工过程管理的预判，即通过模型的有效使用，达到对工程建造过程的初步管理。

5）通过本项目的 BIM 应用实践，让 BIM 技术人员充分了解了既有建筑改造项目的 BIM 应用特点以及 BIM 应用对于改造设计施工的重要性，培养了一批年轻的 BIM 应用和管理复合型人才。

4.2 BIM技术应用推广与思考

（1）BIM 技术应用存在问题与改进措施

1）问题 1：BIM 软件与其他软件的数据转换与兼容问题。

改进措施：制定各阶段的建模标准，将统筹规划并考虑主设计阶段、专项设计和深化设计间的建模软件的可兼容性，总结模型间数据转换的优缺点，提出模型传递和转换时的注意事项，提升模型整合的协调性。

2）问题 2：由于模型信息量巨大，设备管线又是相互连接、相互影响，在讨论局部区域管线排布方案时需将连接的管线断开，等方案确定后再连接，各方案对比展示存在一定困难。

改进措施：制定管综排布问题目录，针对各个问题尝试采用设计选项功能进行方案对比。

3）问题 3：紧凑的建设工期与设计变更 BIM 建模所需时间相对立。

改进措施：综合考虑建设工期与 BIM 建模时间的矛盾，权衡进度目标与 BIM 价值间的平衡点，策划并明确进行 BIM 建模和设计变更类别，使 BIM 价值最大化。

（2）可复制可推广的经验总结

1）既有建筑改造项目阶段化模型管理

通过定义项目阶段（拆除和改造），并将阶段过滤器应用到视图和明细表，以显示不同工作阶段期间的建筑状态，使用模型信息数据管理既有、新建和拆除的内容。全过程展现改造前、改造中、改造后的建筑情况，具有改造过程可追溯、新建构件可统计、拆除构件可计量等优势。

2）既有建筑改造项目与三维激光扫描技术结合

三维扫描测量结合 BIM 软件，将调研资料数字化，实现理性设计的过程，提高资料获取工作效率、准确性的同时，也能保证调研结果的客观性。基于扫描结果及历史资料可通过 BIM 软件生成既有建筑改造模型底图，并借助逆向工程手段生成模型，在改造过程中将设计与其进行逆向比较，是一种更为便捷、更为准确的测绘方式。

3）复杂空间结构 Dynamo 实现

由于 Revit 相关插件只能解决特定问题，且插件的开发周期成本等问题难以应付短时间项目的需要，Dynamo 弥补了这个空白。在 Dynamo 被 Autodesk 引入之后，极大地提高了 Autodesk Revit 图元创建和数据管理能力，提高了工作效率，降低了建模强度，丰富了软件的可能性。

4）一目了然的净高分析平面

通过设置不同的色块来表达机电安装后的使用空间高度，以鲜明的红色来表示净高不足的区域，使净高的问题区域一目了然，大大提高了协调工作的效率。对于净高不足的区域，针对性提供管综剖面和轴测图，结合净高分析平面可以快速定位到问题位置，了解问题的症结所在。

4.3 BIM技术应用展望

一般意义上，BIM 有四大核心技术，分别是可视化技术、参数化技术、模拟化技术和平台化技术。可视化技术，帮助业主实现从图纸到模型，实现设计、施工交付从二维到三维的转换过程；参数化技术是利用集成在模型里大量的工程数据，帮助业主做精确统计和计算分析，实现精确建造的目的；模拟化技术就是把建筑过程和结果前置，提前发现问题，优化设计、施工和管控，这是对传统工程建设和管理方法的颠覆性改变，极大地提高了工程项目的建造水平和管控水平；平台化技术解决的是工程项目开发、设计、施工、运维等多方协同的关键问题，能够极大提高协同效率和交互成本，也是工程建设数字化转型的关键一环。随着 BIM 技术的应用深化，BIM 逐步与其他信息技术融合，产生了更大的应用价值，比如 BIM 与 VR、AR、机器人、无人机、GIS、大数据、物联网、云计算等融合应用，逐渐成为 BIM 技术应用的趋势。因此，BIM 技术未来可以更好地实现工程建设全过程的精确设计建造和全过程的流程优化。

浦东新区大团镇17-01地块征收安置房项目

关键词　多阶段应用、业主牵头、保障房项目、装配式建筑、BIM 协同管理平台、二维码跟踪 PC 构件、模拟施工

一、项目概况

1.1 工程概况

项目名称	浦东新区大团镇 17-01 地块征收安置房项目
项目地点	东至南团公路，南至永旺路，西至通流路，北至永晨路
建设规模	101000.37m^2
总投资额	153928 万元
BIM 费用	400 万元
投资性质	社会投资
建设单位	农工商房地产集团汇慈（上海）置业有限公司
设计单位	上海城乡建筑设计院有限公司
施工单位	上海域邦建设集团有限公司
咨询单位	上海城乡建筑设计院有限公司

1.2 项目特点难点

（1）装配式构件精度高。预制装配式结构对 PC 构件精度要求较高，需要保证内部钢筋、预埋件、预留孔洞及机电相关预留管道全部精确到位。构件与构件之间的拼接关系、碰撞等都需要在构件建立完成过程中充分考虑，保证 BIM 模型的准确性和可用性。

（2）安装精度要求高。预制装配式结构在进行吊装的时候对于精度的要求较高，需要保证固定件连接的可靠性。而且对于施工人员的要求较高，必须要严格依据设计图纸进行操作。另外对于施工人员需要进行严格把控，必须具备一定的专业知识，保证施工的顺利完成。

（3）装配式构件数量多，各环节追踪管理难。装配式建筑不同于传统建筑，含有大量的 PC 构件。从工厂运输到工地现场，到每一栋楼每一层，直至每一块构件，如何有效得像物流一样，对每一块构件进行有效记录、跟踪、统计、把控、安装等，都有极高的要求。

（4）工期短，难控制。常规保障房项目工期较紧张，如何在较短的工期内完成项目建造与交付运营，对于项目参与任何一方都是巨大的挑战。更少的变更、更少的重复工作、更高效的协调、更高的生产效率是有效控制工期的途径，且需要有效的管理手段和信息技术配合。

二、BIM实施规划与管理

2.1 BIM实施目标

在预制装配式建筑整个过程中，应对各阶段层层把控，并全局统筹协调，保证整个设计、深化施工和现场实施阶段都能相互衔接，保证模型延续及数据传递能在各阶段使用。各阶段应采用统一的技术标准，包括建模标准、命名规则、协同方式等，保证各阶段模型能逐阶段传递，防止各做各的或者重复建模等浪费时间成本的工作。在管理方面采用同一个 BIM 平台进行数据整合、资源共享，并且各参与方在同一个平台进行协同工作，以此保证各阶段的质量最终达到预期成果。做的四个“同一”，同一家咨询单位、同一套技术标准、同一个 BIM 模型、同一个 BIM 平台。

2.2 BIM的实施模式、组织架构与管控措施

本项目以建设单位作为主导方，同时在 BIM 咨询单位的技术支持下开展 BIM 技术应用。建设单位在工程项目管理中占主导地位，是联系工程项目各参与方的中心，是工程项目的总负责方，是重要的责任主体。建设单位通过 BIM 技术协同平台汇总由不同阶段、不同专业的项目团队提供相关建筑工程信息，消除工程项目各参建单位之间的“信息孤岛”，确保各参建单位能及时快速地获取并反馈各自所需的相关工程信息。建设单位利用 BIM 模型将汇总的各项工程信息进行整理和储存，便于在项目全过程中，信息随时传递共享。

项目组织结构采用项目领导层、项目管理层以及项目实施层的组织方式，采用分层次的协调管理和项目经理负责制的管理体系来实现组织保证，明确各机构职责，建立工程建设过程中的各项 BIM 管理制度，确保在 BIM 技术的协同下工程圆满、顺利完工。具体 BIM 项目管理组织结构如图 1 所示：

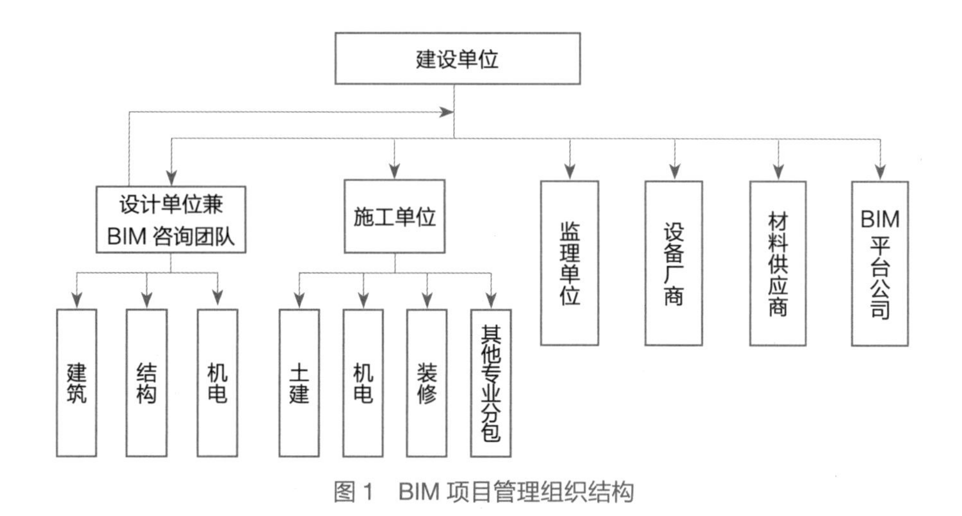

图 1　BIM 项目管理组织结构

三、BIM技术应用与特色

3.1　BIM应用项

本项目 BIM 技术应用项如表 1 所示。

项目BIM技术应用项　　表1

序号	应用阶段		应用项
1	设计阶段	方案设计	设计方案比选
2		初步设计	建筑结构专业模型构建
3			建筑结构平立剖面检查
4		施工图设计	各专业模型构建
5			碰撞检测及三维管线综合
6			竖向净空优化
7			虚拟仿真漫游
8			建筑专业辅助出图
9	构件预制阶段	构件预制阶段	预制构件深化建模
10			预制构件的碰撞检查
11			预制构件材料统计
12			预制构件安装模拟
13	施工阶段	施工准备	施工深化设计
14			施工方案模拟
15			构件预制加工
16		施工实施	虚拟进度和实际进度对比
17			工程量统计
18			设备与材料管理
19			质量与安全管理
20			竣工模型构建
21	其他增值服务项		BIM 软件操作培训提升团队技术能力
22			集装箱办公室全景应用辅助方案评审
23			户型 VR 可视化展示辅助方案评审
24			BIM 室外综合管网应用辅助施工

3.2 BIM应用特色

（1）方案比选

建立总体方案体量模型与单体户型模型，对总体不同布局方案各指标进行推敲比选（如建筑排布、配套设施、日照效果等）如图 2、表 2 所示。并对单体房型进行优化比选（如房间功能布置合理性、空间利用率、入口布置效果、装配式构件组合与拆分的合理性等）。通过 BIM 模型可视化功能完成方案的评审及多方案比选更加直观，各部门、各专业之间沟通更加便捷，从而提升评审效果，节约评审时间。

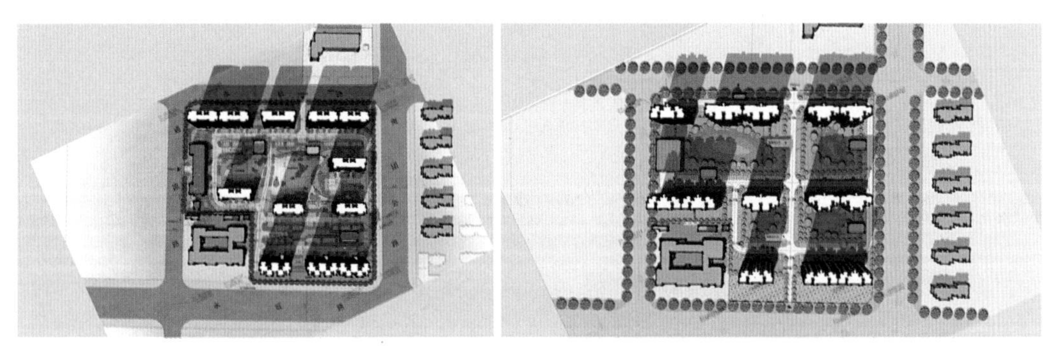

方案一　　　　方案二

图 2　方案比选模型

方案比选内容　　　　表2

比选内容	方案一	方案二
整体布置	错落布置，整体效果好	均衡布置，整体变化略显单一
入口表现	入口视野开阔，大面积绿化，视觉效果好	入口穿透，视觉效果狭窄
日照效果	各楼错落排布，日照更充足	各楼板式排布，日照稍受影响
比选结果	★★★★★	★★★

（2）户型优化

在户型优化中，除了房间功能布置合理性、空间利用率及美观性方面，对于 PC 建筑更重要的是户型的模块及标准化，减少外墙构件及楼板构件种类，提高建造效率，实现功能性与经济性的统一。因此在方案设计阶段应充分为后续深化及施工考虑。PC 设计方案制定阶段就应该提前做好相应措施，见图 3。

（3）碰撞检查

对设计阶段 BIM 模型和预制构件阶段 BIM 模型，进行碰撞检查，见图 4、图 5。主要检查地下

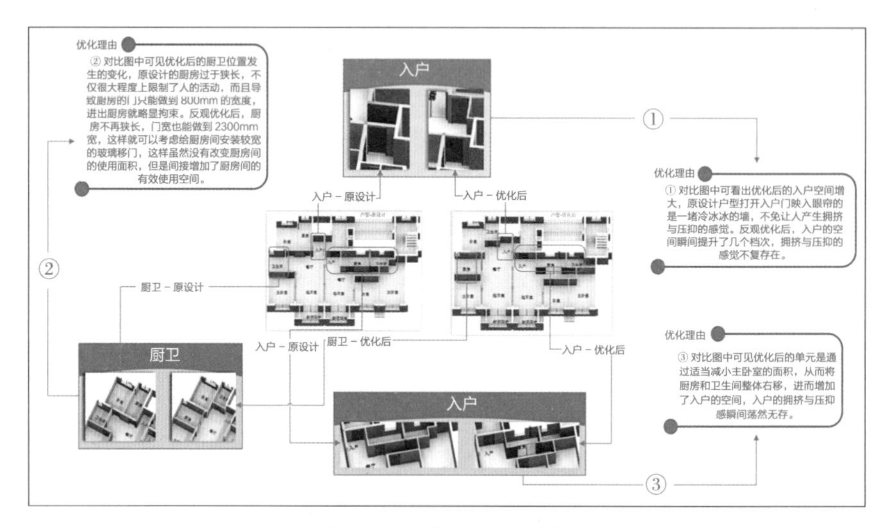

图 3　户型优化设计方案

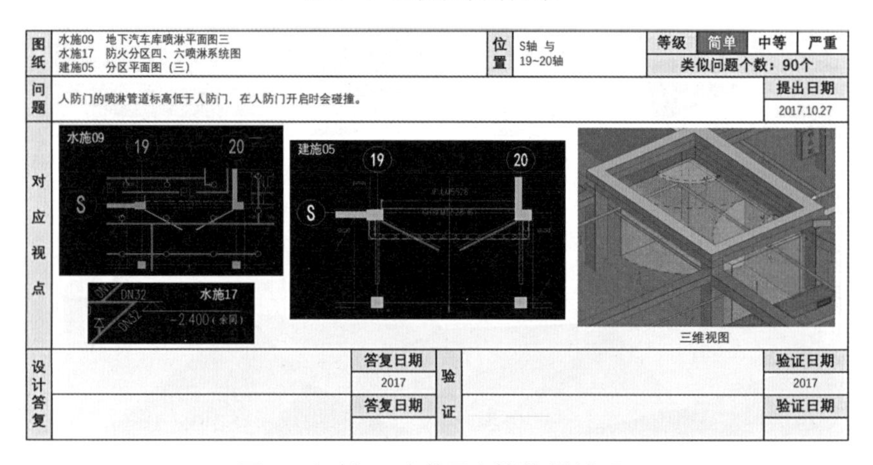

图 4　人防门开启范围内管道碰撞问题

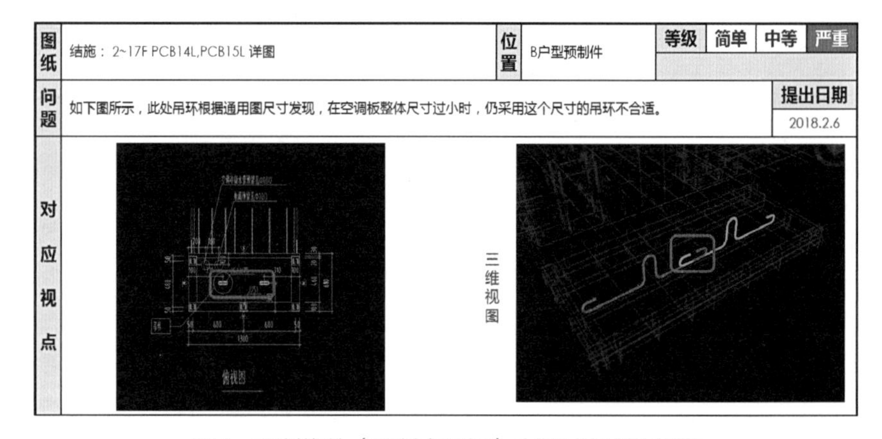

图 5　预制构件（预制空调板）内部吊环碰撞问题

车库内管线、建筑、结构的碰撞问题和预制构件安装、内部的碰撞问题。通过提前发现问题，来规避现场的返工，增加工作效率，节约建造成本。

1）地下车库碰撞检查

2）预制部分碰撞检查

（4）管综优化

三维管线综合的主要目的是应用 BIM 软件检查施工图设计阶段的碰撞，完成建筑项目设计图纸范围内各种管线布设与建筑、结构平面布置和竖向高程相协调的三维协同设计工作，见图 6、图 7，以避免空间冲突，尽可能减少碰撞，避免设计错误传递到施工阶段。

1）地下车库管综优化

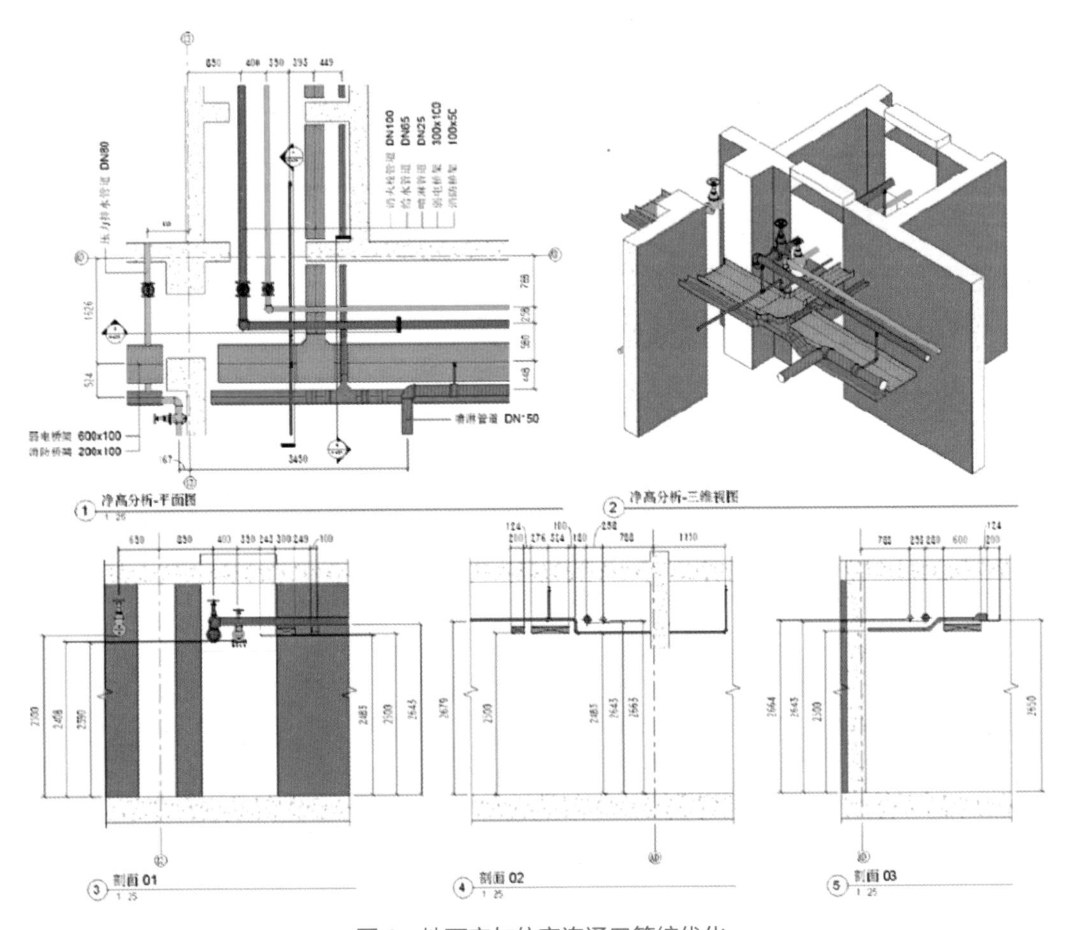

图 6　地下室与住宅连通口管综优化

2）室外综合管网管综优化

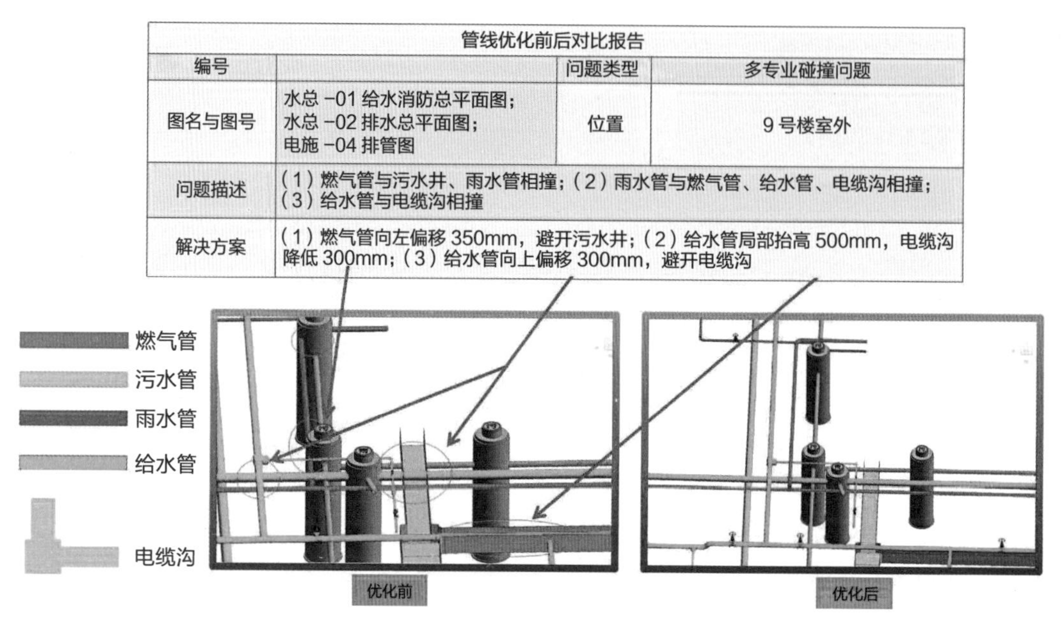

管线优化前后对比报告			
编号		问题类型	多专业碰撞问题
图名与图号	水总 –01 给水消防总平面图； 水总 –02 排水总平面图； 电施 –04 排管图	位置	9 号楼室外
问题描述	（1）燃气管与污水井、雨水管相撞；（2）雨水管与燃气管、给水管、电缆沟相撞；（3）给水管与电缆沟相撞		
解决方案	（1）燃气管向左偏移 350mm，避开污水井；（2）给水管局部抬高 500mm，电缆沟降低 300mm；（3）给水管向上偏移 300mm，避开电缆沟		

图 7　室外综合管网管综优化

（5）施工方案模拟

通过对施工方案进行模拟（如图 8、图 9 所示塔吊布置方案、施工场地布置方案、预制构件吊装安装方案等），验证施工方案的合理性，避免后期整改返工。

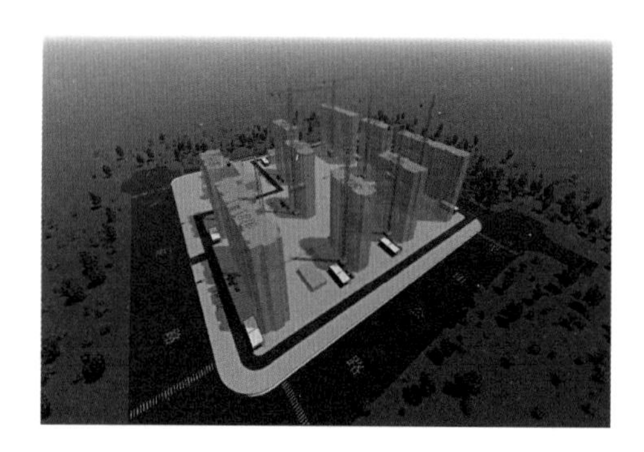

图 8　施工场地方案模拟

图 9　预制构件吊装模拟演示动画

（6）预制构件复杂节点模拟安装

在预制构件安装时，如图 10、图 11 所示，对复杂节点进行模型细化。把预制构件内部的钢筋、预埋件、孔洞等进行深化建模，验证预制构件安装时的可行性，避免钢筋之间碰撞、钢筋和出浆孔套管碰撞等问题。

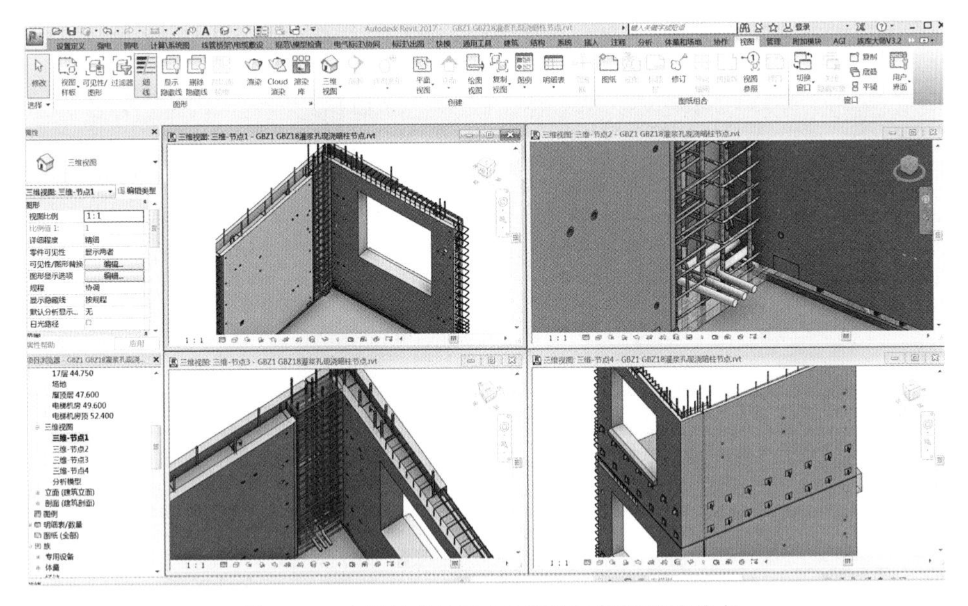

图 10　B 户型转角位置 PC 灌浆孔现浇暗柱节点

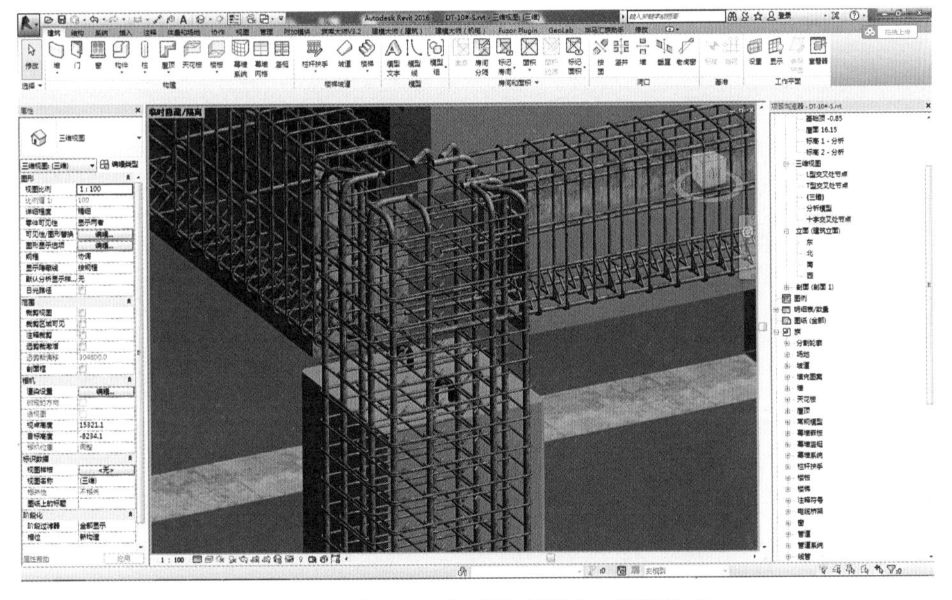

图 11　预制梁、柱与现浇段搭接处钢筋节点

（7）BIM 协同管理平台

为了更好地将 BIM 技术落地，让现场所有参建方管理人员都能应用 BIM 技术，光明地产第一事业部定制了一套属于自己的 BIM 协同管理平台。BIM 平台将复杂的模型轻量化，能轻松地在电脑及手机端打开，让现场人员随时能调取 BIM 模型，进行协同管理。主要功能模块如图 12～图 14 所示，有模型查看模块、问题协同模块、PC 构件跟踪模块、二维码模块、资料模块等。

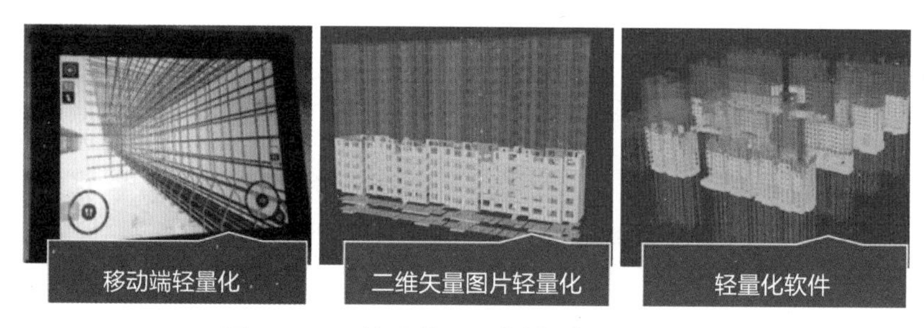

图 12　BIM 协同管理平台模型轻量化技术

图 13　出厂前扫描预制构件二维码、现场安装后扫描二维码

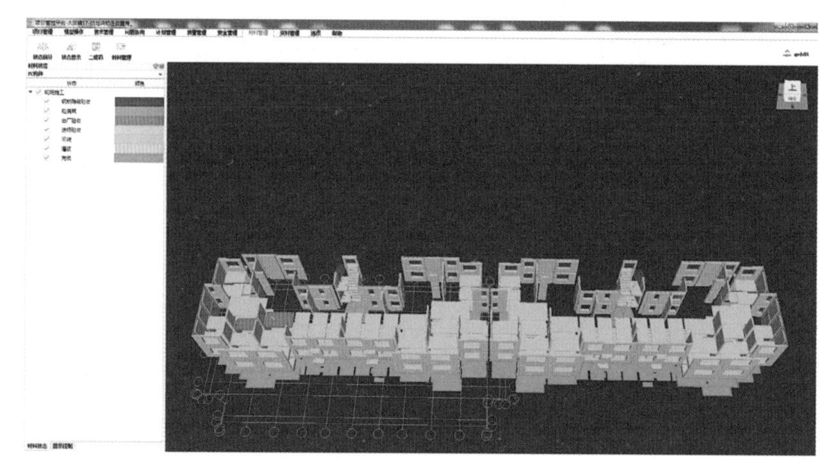

图 14　BIM 平台对预制构件的跟踪通过颜色区分预制构件的施工状态

四、BIM应用成效

4.1 BIM技术实施效益

（1）经济效益

在建设中引进 BIM 技术可以避免在设计、施工中的信息零碎化、孤立化；形成各参建单位的信息交互平台；进行碰撞检查、空间管理、工序进度管理，改进和弥补设计施工中的某些不足。

管理：在地下车库中，管线碰撞冲突十分普遍，极易因变更返工造成材料浪费以及进度损失，在利用了 BIM 技术后，项目实施人员将减少返工率，估计为 13%。

工期：工程进度，是施工项目管理的重点管理目标，由于不易于量化测算，所以对工程进度的影响作用估计为 5%。

成本：工程量的计算，能将传统计算 3%～5% 的误差，降低到 2% 左右。

BIM 技术应用对于经济成本和时间成本的节省，主要体现在地下车库碰撞检测、管线优化、预制部分碰撞检测、预留点位孔洞复核等部分，具体数据见表 3。

经济成本明细表　　表3

大团镇17-01地块		
BIM 应用项	节约时间（天）	节约成本（万元）
地下车库碰撞检测	24	37.5
地下车库与连通口处管线优化	18	84
预制部分碰撞检测	32	49.5
预留孔洞复核、管线优化	9	9.7
合计	83	180.7

（2）社会效益

具体社会效益见表 4。

社会效益明细表　　表4

应用阶段	社会效益
设计阶段	使设计图纸更加经济、合理、准确，提高设计效率，利用模型进行碰撞检测，减少后期施工阶段的修改和变更
构件预制阶段	精确复核预制率，3D 模型指导预制构件生产，控制预制构件的质量和体积，能够进行拼装模拟，提高施工效率，避免返工

续表

应用阶段	社会效益
施工阶段	指导施工准备和施工阶段，虚拟模拟施工，及时发现施工过程中存在的问题，及时修改施工方案，使其能够按预期进度施工
BIM 协同平台	信息整合：从项目设计开始到构件预制，到施工，到竣工的信息资料在平台中汇集整合； 全流程协同工作：不同参建单位、不同专业的参建人员，在平台中协作共享，共同进步； 精细化管理：全程动态管理，实时把控项目进度，一切操作具有可追溯性； 提升各级管理层对项目的管控：减少管理层去现场的时间成本，能够利用碎片时间进行管理
人才培养	建立企业级 BIM 人才培养机制，定期展开 BIM 基础知识培训和 BIM 协同管理平台操作培训；部分员工已取得 BIM 等级证书，建立企业 BIM 团队及储备 BIM 人才
质量安全管理	BIM 模型数据与平台结合，实时跟踪工程项目实施过程中的现场问题，利用 BIM 平台发现问题，及时在 BIM 平台中提出，通知相关负责人做出整改，做到及时发现、及时整改、及时核查。利用 BIM 信息化技术有效提升设计阶段图纸质量，减少施工阶段的现场问题及质量安全有效可控

（3）其他成果

本项目在第三方软件公司标准平台的基础上，结合公司内部的管理模式和施工现场实际管理流程，研发了企业级的 BIM 协同管理平台，并成功取得计算机软件著作权登记证书，见图 15。

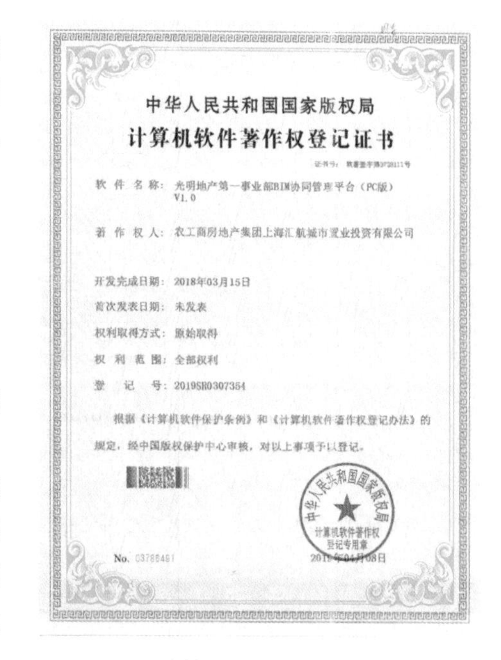

中华人民共和国国家版权局

计算机软件著作权登记证书

软 件 名 称：光明地产第一事业部BIM协同管理平台（PC版）V1.0

著 作 权 人：农工商房地产集团上海汇航城市置业投资有限公司

开发完成日期：2018年03月15日

首次发表日期：未发表

权利取得方式：原始取得

权 利 范 围：全部权利

登 记 号：2019SR0307354

根据《计算机软件保护条例》和《计算机软件著作权登记办法》的规定，经中国版权保护中心审核，对以上事项予以登记。

计算机软件著作权登记专用章

No. 03788491

2019年04月08日

图 15　计算机软件著作权登记证书

4.2　BIM技术应用推广与思考

（1）BIM 技术应用存在问题与改进措施

1）问题 1：项目整体周期比较长，连续性跟踪管理较难实现。

改进措施：设定项目 BIM 专员职位，负责项目整个过程的监督和实施，并提供专项资金供 BIM 人员保障收入。结合 BIM 管理平台，在各环节中制定各部门的责任制度，提升 BIM 重视程度，不同阶段均需要及时积极配合 BIM 工作。

2）问题 2：部分施工单位技术人员 BIM 技术能力有限，BIM 准确性、落地性难以保证。

改进措施：业主牵头，各部门 BIM 关键位置必须设置有 BIM 技术能力的人员，定期组织人员培训，通过奖励机制对能力突出的 BIM 技术人员给予奖励，提升 BIM 应用能力和 BIM 服务的积极性。

3）问题 3：BIM 好处众多，但部分人员对 BIM 还是存在误区，特别是认为 BIM 增加工作量，没有 BIM 一样设计、一样造房子。

改进措施：加强 BIM 的宣传力度，定期组织 BIM 新技术的考察参观学习等，打破传统观念，提升 BIM 新技术的理念及学习 BIM 新技术带来的实际效益。

（2）可复制可推广的经验总结

在建设中引进 BIM 技术可以避免在设计、施工中的信息零碎化、孤立化；形成各参建单位的信息交互平台；进行碰撞检查、空间管理、工序进度管理、改进和弥补设计施工中的某些不足。通过本项目积累了大量 BIM 管理经验，BIM 技术储备、BIM 参数化族库等为后续项目 BIM 应用提供了宝贵的经验。

其中 BIM 协同管理平台价值的可延续性为以下几点：

1）信息整合：从项目开始到设计、施工、竣工的信息，在平台中汇集整合，信息之间互相关联。

2）精细化管理：全程动态管理，实时把控项目进度，一切操作具有可追溯性。

3）提升各级管理层对项目的管控：减少管理层去施工现场的时间成本，进行碎片化管理。

4）全生命周期协同管理：不同参建单位、不同专业人员在项目的整个建设周期中协作共享，共同提高。

5）BIM 项目数据库的积累：在各阶段积累 BIM 数据库，包括 PC 构件库、三维模型户型库、施工节点三维数据库，形成企业 BIM 主库，为后续项目提供可复制的大量模型数据资源。

6）BIM 技术人才的积累：形成可复制的企业 BIM 人才培养机制，定期展开 BIM 基础知识培训，为后续项目提供技术人才得到保障。BIM 技术团队在未来项目也能快速上手，减少二次培训和学习的人力成本。

7）BIM 管理经验的积累：通过 BIM 精细化管理，实时把控项目进度，提升各级管理层对项目的管控。并为后续项目打下基础，让管理更有效，节约管理成本，发挥 BIM 的更大优势。

4.3 BIM技术应用展望

本项目在各阶段通过使用 BIM 技术和多维度的管理手段，提高深化设计图纸的质量，减少图纸中错漏碰缺的发生，使设计图纸切实符合施工现场操作的要求，并能更进一步辅助工程施工管理。同时应用 BIM 技术，建立完整的工程模型和数据库，并结合项目实际需求发挥 BIM 落地性，体现 BIM 真正的实用价值。

BIM 技术的可视化、协调性、模拟性、优化性、数据性等功能，可促进建筑业生产方式的转变。运用 BIM 技术从源头上提高设计水平，把控细节。对关键环节精准算量，减少材料的浪费，有效控制成本。通过预制构件碰撞模拟，辅助 PC 施工，做质量安全底线的“守护者”。依托 BIM 协同管理平台，实现项目“事前、事中、事后”管理，形成监管闭环，提高了各参建方协同工作的效率，让 BIM 技术真正落地。在保障房项目上的实践经验和总结，可以复制、推广到商品房项目、特色小镇项目等更加复杂的工程项目，从而推动整个产业链的转型升级，具有辐射带动效应。

上海市第六人民医院科研综合楼全过程项目

关键词 多阶段应用、业主 + 咨询牵头、医疗卫生、BIM 与医院后勤一站式管理的结合

一、项目概况

1.1 工程概况

项目名称	上海市第六人民医院科研综合楼全过程项目
项目地点	上海市徐汇区宜山路 600 号
建设规模	48080m^2
总投资额	3.5 亿元
BIM 费用	193 万元
投资性质	政府投资
建设单位	上海市第六人民医院
设计单位	上海市卫生建筑设计研究院有限公司
施工单位	中国建筑一局（集团）有限公司
咨询单位	上海今维物联网科技有限公司
运营单位	上海市第六人民医院

1.2 项目特点难点

上海市第六人民医院的科研综合楼主要以国家生物样本库、研究所和实验室功能为主，拟建 18 层高的高层建筑。本工程采用现浇钢筋混凝土框架—剪力墙结构体系，梁板式屋面。根据建筑使用功能的重要性，本工程为乙类建筑，符合本地区抗震设防烈度提高 1 度的要求。建筑结构的设计使用年限为 50 年，地基基础设计等级为甲级。

（1）BIM 人员与设计师、配合单位及配套供应商协同问题多。在设计过程中，BIM 人员需与设计师时常沟通图纸中的疑问。在深化设计过程中，设计院内部对技术难点、关键点的沟通交流存在一定探讨时间，此过程极易影响整体深化进度。同时，图纸送审过程中，无法及时与设计院各专业设计师进行沟通，影响审核通过时长。

（2）施工流线作业布置分析难度高。若有大型设备设施进场，重点综合考虑进场路线，需使用 BIM 软件优化进场路线。施工吊装需考虑新建建筑与周边环境，避免吊装机械与周边发生擦碰。

（3）医疗系统功能多，安装要求高。新建楼内医疗系统复杂度高，涉及众多机电系统，设备复杂、分布区域广泛。机房安装工程要求高，各系统内外部的管理界面复杂。

（4）运维平台对接隐形问题多。项目竣工前需将所有 BIM 模型提交到运维管理平台，运维管理平台需将院内设备设施资料及厂家信息导入平台。由于目前运维管理平台实施方案尚未确定，届时模型与平台的数据打通可能会产生一些技术难点。

（5）医院建筑复杂，重点难点部位多。由于医院建筑的复杂性和特殊性，机房、管井、坡道、走廊、屋面、地下一层为施工的重点难点部位。

二、BIM实施规划与管理

2.1 BIM实施目标

BIM 的核心是综合冗杂的建筑信息，通过建立信息模型辅助建设方、设计单位、承包商等的沟通和交流，改变传统的以建设方为中心的协调模式，使得管理工作更高效，决策更科学。以阶段划分，BIM 技术应用包含施工准备阶段（重点施工方案模拟比选、工程量计算、碰撞分析）、施工阶段（BIM 工程量、4D 模拟、重大设计变更跟踪、施工现场辅助管理与跟踪、竣工模型整合）、竣工及交付阶段（结算 BIM 工程量计算、运维模型处理）、运维阶段。

2.2 BIM的实施模式、组织架构与管控措施

如图 1 所示，业主驱动 +BIM 咨询单位全程参与，可在项目早期阶段将主要的施工管理、设备厂商、材料供应商、专业分包单位等聚集到一起，与设计方和业主一起共同将质量、美学、建造可能性、经济可行性、及时性及无缝流程融入设计的生命周期管理，并实现最佳组合。基于 BIM 驱动模式，改变传统的医疗建筑管理，在协同概念的工作方式下，使用者不仅可以在规划阶段身临其境地体验未来成果，并且每个阶段的模型都可以为未来的资产与设备管理、运营管理提供支持。

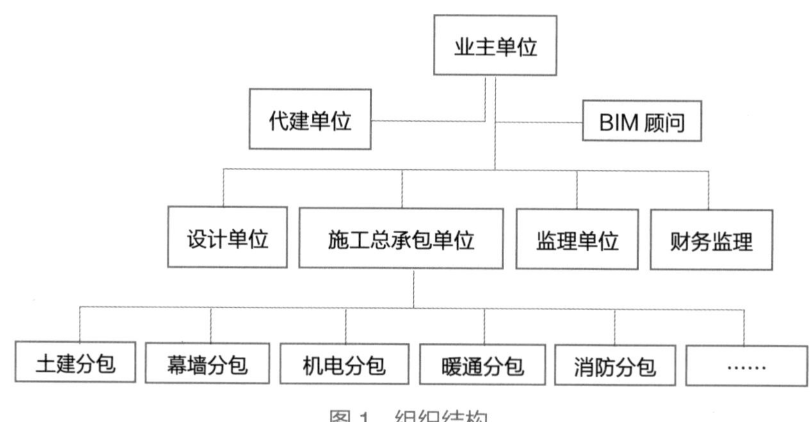

图 1　组织结构

三、BIM技术应用与特色

3.1 BIM应用项

本项目 BIM 技术应用项如表 1 所示。

项目BIM技术应用项　　表1

<table>
<tr><th>序号</th><th colspan="2">应用阶段</th><th>应用项</th></tr>
<tr><td>1</td><td rowspan="7">设计阶段</td><td rowspan="7">施工图设计</td><td>基于 BIM 技术的方案虚拟漫游展示</td></tr>
<tr><td>2</td><td>基于 BIM 技术的三维信息模型搭建</td></tr>
<tr><td>3</td><td>基于 BIM 技术的图纸优化</td></tr>
<tr><td>4</td><td>基于 BIM 技术的机电管线综合</td></tr>
<tr><td>5</td><td>基于 BIM 技术净高空间验证</td></tr>
<tr><td>6</td><td>基于 BIM 技术的精装修方案配合</td></tr>
<tr><td>7</td><td>BIM 技术在设计阶段的价值及优势</td></tr>
<tr><td>8</td><td rowspan="6">施工阶段</td><td rowspan="3">施工准备</td><td>基于 BIM 的施工场地管理</td></tr>
<tr><td>9</td><td>专项施工方案的模拟</td></tr>
<tr><td>10</td><td>基于 BIM 技术的施工进度模拟</td></tr>
<tr><td>11</td><td rowspan="3">施工实施</td><td>基于 BIM 技术的施工现场配合</td></tr>
<tr><td>12</td><td>基于 BIM 的竣工模型</td></tr>
<tr><td>13</td><td>辅助业主单位进行竣工验收及竣工决算</td></tr>
<tr><td>14</td><td rowspan="3">运维阶段</td><td rowspan="3">运维</td><td>空间管理模块</td></tr>
<tr><td>15</td><td>机电设备维护管理</td></tr>
<tr><td>16</td><td>后勤设备运维管理</td></tr>
</table>

3.2 BIM应用特色

BIM 与医院后勤一站式管理的结合：

医院后勤保障工作是管理的重要组成部分，后勤保障工作的好坏直接关系到工作能否顺利进行以及职工工作的积极性和稳定性。随着医院规模不断扩大，业务科室不断增多，大批高端设备将投入使用，自动化程度不断更新，而后勤保障技术却持续落后、设备维修工作滞后，存在的问题不断增加，难以适应快速发展的需求。运用现代信息技术手段，可利用网络实现运维管理活动，再造运维管理业务流程，促进制度建设，落实经济责任，对运维实行动态化精细化监管，推进运维的合理配置，适度维修维护和有效利用，提高工作效率，改善服务质量等，都是目前运维管理所面临的和亟待解决的难题。

为了更好地解决如上难题，BIM 团队提供了专门针对运维管理的整体解决方案。在该解决方案中，采用了多项先进的软件信息技术，这其中包括：GIS 地理信息系统、BIM 系统，以及 FM 设施资产、空间管理等，目的是最终提供一套快捷、高效和实用的可视化运维管理解决方案。多维度应用端界面及功能见图 2。

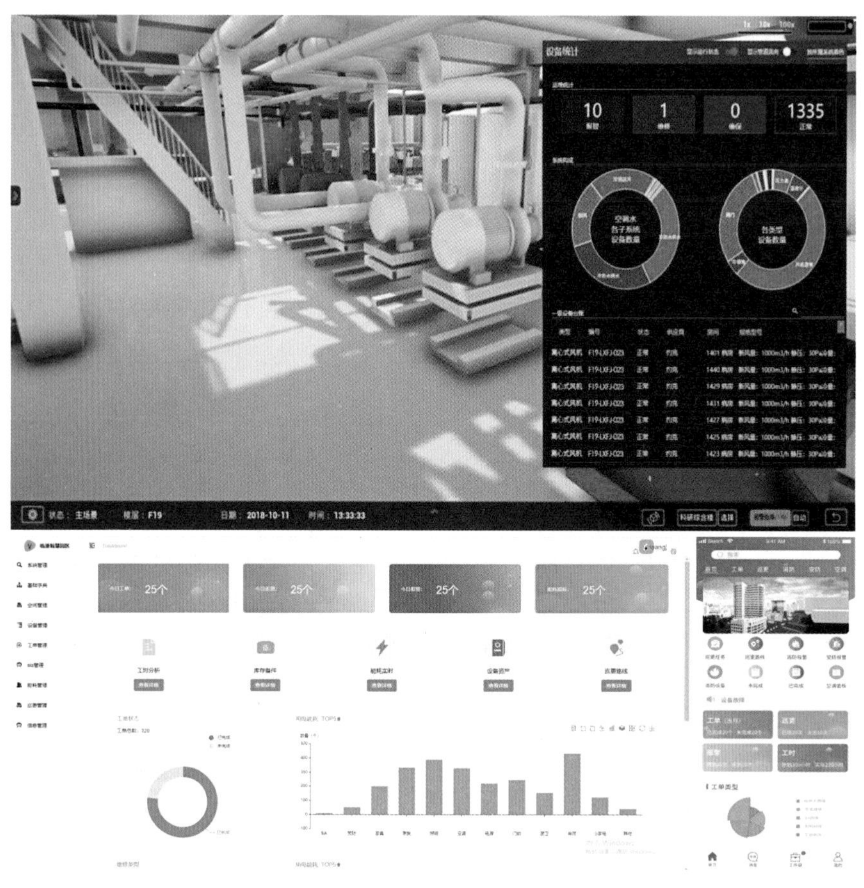

图 2　多维度应用端界面

1）导入施工进度表。导入项目计划 Project 施工进度表，将按流水段工作面与计划工期相关联，实时更新计划时间与实际时间内的模型颜色，进行对比，分颜色显示当前施工状态，并将进度情况通过手机短信的方式推送给管理各方，有效地把控整体的施工进度，保证工程的顺利完工。

2）现场管理。基于移动端对现场的管理，通过软件平台，利用 iPad 配合现场施工技术人员针对现场施工的情况进行施工可视化指导，辅助监理单位运用平台进行施工管理与检查，共发现了 157 处因施工不过关的质量问题。

3）辅助业主单位进行竣工验收及竣工决算。由于竣工模型与施工现场一致，以及项目实施过程所有的项目资料在管理平台中，因此可以完全依靠 BIM 技术进行竣工验收。BIM 竣工模型包含项目中的信息数据，利用 BIM 技术的快速化算量的优势，及时进行竣工决算。

4）效率提升。通过推行后勤设备设施预防性维护措施，全面提升后勤人员工作效率。主要做法是针对楼宇运维环节，通过规范设备设施及空间的分类、统计、编码，对设备价值部件进行识别，通过设定、监测，调整设备、系统的运行状态，改进维护保养策略，避免设备故障的发生，从而保证空间环境的安全、舒适、健康。医院通过实施设备设施的预防性维护管理以及应用基于 BIM 的医院后勤信息化，不仅可以合理地进行人员岗位设置和及时有效调整，而且还可以延长医院后勤设备的安全使用周期，改善医患人员工作与就诊体验，真正达到一岗多能，预防为主，节约成本，提升效率。

四、BIM应用成效

4.1　BIM技术实施效益

（1）经济效益

1）基于 BIM 的算量软件，能快速地进行工程量的计算，并生成符合国家标准和地区标准规范的报表。在项目中利用 BIM 技术对建模的工程量与招标清单工程量进行对比，有效地将工程量误差控制在 3% 以内。

2）在 BIM 施工期内共解决 1916 个碰撞问题，生成碰撞报告 8 份，共 235 页。通过碰撞检查，BIM 帮助总包及专业分包单位在实施过程前发现问题，及时与设计院沟通，对相关部门进行合理调度，消除误差，优化施工图的准确度，保障设计质量，降低施工过程中的返工，控制工程造价。

3）优化场地布置、钢筋棚移动等临时设施的摆放，更好地利用有限的施工场地。合理调度泥浆车、渣土车等协同施工模拟演示，辅助现场施工组织安排。基于 BIM 的场地布置情况下，在原计划施工工期的基础上，缩短桩基结构施工的工期 13 天。

4）随着现代化的发展和人们对医院的各个设备要求越来越高，采用医院原本的人力、物力资源来维持运行成本和其管理的模式已经跟不上现代化医院发展的要求。随着后勤运维的工作量的不断增加，人员需求也在增加。通过近年来科技的发展，基于 BIM 一站式后勤运维管理系统解决了无数后勤人员的难题，后勤人员人数不但没有增加，而且进行了优化精简，这样一方面可以控制后勤的人员成本，增加医院的效益，另一方面还可以最大限度地节约人力资源。

（2）社会效益

通过本项目 BIM 技术的实施，医院培养了一批用 BIM 技术做项目管理的中层领导干部。经常组织单位后勤及基建管理人员学习 BIM 技术，鼓励中层领导进行 BIM 技术的全国考试，在平时的管理工作中也要求各参加单位用 BIM 技术提供项目服务，要求各参建单位指派专业 BIM 人员配合业主和 BIM 顾问单位做好 BIM 技术管理工作。在施工阶段要求各参建方要基于 BIM 平台进行统一管理和技术交流，减少沟通成本，提高工作效率，保障工程顺利完工。在医院后勤运维阶段，院方专门聘请了专职人员对接 BIM 智能运维管理平台的管理工作，对新招的员工做了 BIM 智能运维管理平台的学习和培训。针对医院后勤外包劳务团队，医院领导也要求相关技工人员在平时的工作中用第三方咨询单位提供的基于 BIM 的手机 App 进行日常的维修维护工作。做到医院后勤闭环式的管理模式，为医院做大数据分析和决策提供了数据基础。本项目还获得了“建医界杯”三等奖、“上海市首届 BIM 技术应用创新大赛”最佳运维应用奖、“筑医台”现代医院建设解决方案大赛优秀奖、“上海市浦东新区 BIM 技术应用创新劳动和技能竞赛”创意方案二等奖等数十项医院和 BIM 行业协会大奖。同时针对本系统平台，院方还申请了多个模块的软件著作权和专利，在报纸和医院行业论坛发表了诸多相关论文。

（3）其他成果

1）本项目顺利通过了上海市第二批 BIM 试点项目的验收。

2）基于 BIM 一站式医院后勤管理中智慧消防、智慧能耗、安防管理等几十个功能模块申请了软件著作权。

3）“BIM 在医院建筑全生命周期中的应用”被收编在《智慧医院建筑与运维案例精选》一书中。

4）《上海六院科研综合楼基于 BIM 一站式医院后勤管理》论文被“筑医台”放在医院后勤管理部分进行发表。

5）2019 年度，该项目荣获“上海市首届 BIM 技术应用创新大赛”最佳运维应用奖（建筑类运维管理唯一获奖项目）。

6）2019 年度，上海市医院协会长三角建设论坛，“智慧医院建设与运维”获优秀案例奖。

4.2　BIM技术应用推广与思考

（1）BIM 技术应用存在问题与改进措施

1）问题 1：BIM 人员与设计师、配合单位及配套供应商协同困难。在设计过程中，BIM 人员需与设计师时常沟通图纸中的疑问。在深化设计过程中，设计院内部对技术难点、关键点的沟通交流存在一定探讨时间，此过程极易影响整体深化进度。同时，图纸送审过程中，无法及时与设计院各专业设计师进行沟通，也可能影响审核通过时长。

改进措施：设计阶段将BIM设计团队办公地点设在设计院，与设计人员进行同步作业，便于对图纸疑问点进行沟通，针对设计变更、技术难点、关键点进行交流，还可以减少图纸送审的时间。全过程介入，特别是前期图纸审核和各单位充分交流，把问题解决在施工之前。

2）问题2：业主对BIM的价值理解不透彻，让施工总包单位来做BIM咨询工作，让总包单位“既当裁判员又当运动员”，项目实施过程中蒙混过关，项目竣工时业主要求施工总包单位提供竣工BIM模型，然而无法提供，存在所有数据造假问题。

改进措施：一方面需要对业主灌输第三方单位做BIM咨询的必要性，另一方面需要有关部门将BIM咨询作为工程必须项单独招标，或者将BIM咨询放在造价咨询中一起发包。

3）问题3：当BIM竣工提交后做BIM运维管理时，各个分包商不肯将各子系统接口免费开放给业主单位，导致BIM运维管理很难推行下去。

改进措施：让第三方咨询单位全过程参与到项目咨询服务中去，在业主专项分包发包时，参与分包的招标文件的编写。

（2）可复制可推广的经验总结

1）BIM在医院建筑运维阶段具有重要价值，可应用多个领域。医院现有运维管理方式和医疗卫生新的发展要求极不匹配，BIM的应用不仅能解决建设阶段问题，更重要的是对运维发挥重要价值，有助于解决医院运维的“可视化”问题，保证信息的真实性、完整性、共享性，预警安全隐患以及有效进行突发事件管理，降低能耗以提高运维阶段管理质量与效率，提高运维管理人员的管理质量和决策效率等。可在设施的可视化展示、监控和维护管理、空间的使用和改造管理、智能检修辅助和应急管理、数字资产和人员培训管理等领域发挥重要作用。

2）运维导向的医院建筑BIM的数据处理是BIM应用的新要求。BIM的应用将引发对医院后勤管理理念的根本性转变，也会对现有BIM应用带来新的启发。采用设施管理和数字化资产理念，重新对BIM的数据进行界定，即通过运维导向的医院建筑BIM数据处理，形成智能运维辅助及医院数字化资产。为了实现该目的，运维导向的BIM数据要求和数据转换及对接方法的研究就成了关键问题，上海市第六人民医院的探索对该方面具有借鉴和参考作用。

3）“基于BIM技术的医院后勤运维管理平台开发”，需要集成多种技术，探索新的开发和应用方式。落实到最终工具上，由于目前尚无成熟的商业化产品，自主个性化开发成为一个重要模式。通过上海市第六人民医院的实践，对该平台的开发具有一定的认识。包括平台设计需要进行顶层设计，平台的功能必须和现有后勤智能化平台相结合，和BIM相结合，和医院未来的需求相结合，和行业大数据趋势相结合，和未来的技术发展趋势相结合。在技术的选择上，需要考虑多种技术的集成，需要成熟技术和前沿技术的结合，需要研发和应用相结合。在开发思路上，需要构建开放式框架，做好和既有系统的衔接关系，组建集成的开发团队，通过试点、优化的迭代开发方式进行不断完善。平台的开发同时也将和标准制订及指南开发等同步推进，以实现组织、管理和软件的同步实施。

4.3 BIM技术应用展望

通过本项目的实施，BIM 技术对于企业而言，是一种很好的管理手段，而不是一个工具。在项目设计、施工及运营阶段对业主的管理都很有价值，在项目前期可以帮助业主做项目评估、进度和质量的控制、成本的核算等，而在项目竣工后，在后期运维阶段对业主的价值更大，让业主的管理更高效、更简便、更科学。保障了医院日常的运营，让医院可以把更多的精力放在救死扶伤的工作中去，也让患者有了一个更好的就医环境。因此 BIM 技术必须要业主牵头，在项目设计、施工及运营阶段全过程中使用，成为项目管理和后勤管理的好帮手。

上海市青浦区赵巷镇新城一站大型社区63A-03A地块项目

关键词　多阶段应用、业主牵头、住宅商品房、智能化工厂生产、BIM 信息化管理、量审核配合、三算对比分析

一、项目概况

1.1 工程概况

项目名称	上海市青浦区赵巷镇新城一站大型社区 63A-03A 地块项目
项目地点	本工程位于青浦新城东部，属于上海市青浦区新城一站大型社区的规划范围，基地北侧是城市次干道规划四路，南侧是北淀浦河路，东侧是规划五路，西侧毗邻配套学校。
建设规模	总建筑面积 83215.35m^2
总投资额	100000 万元
BIM 费用	500 万元
投资性质	社会投资
建设单位	上海宝悦房地产开发有限公司
设计单位	华建集团华东建筑设计研究院有限公司
施工单位	浙江宝业住宅产业化有限公司

1.2 项目特点难点

（1）基础开挖深、难度大：普遍开挖深 6m，局部车库区域开挖深 8m。

（2）施工场地狭小：钢筋、木工加工场地无法固定设置，材料堆放场地紧张，需用 BIM 手段合理布置场布。

（3）PC 结构施工节点复杂：钢筋绑扎、穿插难度较大；截面尺寸大，自重大，模板支撑体系要采取特殊措施；混凝土亦属于大体积混凝土施工，对施工作业专业人员技术要求高，BIM 需前置大量的工作。

（4）工期要求紧，质量要求高：必须使用信息化手段组织协调好工期、安全与质量的关系，采取具体措施，确保对约定工期的实现。

（5）科技创新、新技术应用多且信息量大：参建方多，需跨地域，信息有效传递难度大。

二、BIM实施规划与管理

2.1 BIM实施目标

（1）工期：项目整体工期比计划工期节约 10%。

（2）成本：减少图纸问题变更导致的成本增加，大幅减少施工浪费，做到项目精细化管理。

（3）质量：避免项目返工 95% 以上，达到验收一次合格。

（4）绿色建筑：降低现场能耗，严格控制现场环境污染。

（5）提高生产力：智能化管理现场。

（6）PC+BIM 科技创新应用研究：争取专利 2 项、论文 6 篇、课题 2 项研究的发表。

2.2 BIM的实施模式、组织架构与管控措施

在本项目中，管理层由宝业集团（上海）公司总经理担任项目总指挥，宝业上海研究院院长担任项目总监，BIM 所所长亲自担任项目经理；实施层配备有 BIM 平台管理员 1 名、BIM 土建工程师 3 名、BIM 安装工程师 3 名、BIM 驻场顾问 2 名；BIM 实施模式及组织架构模式如图 1、图 2 所示。

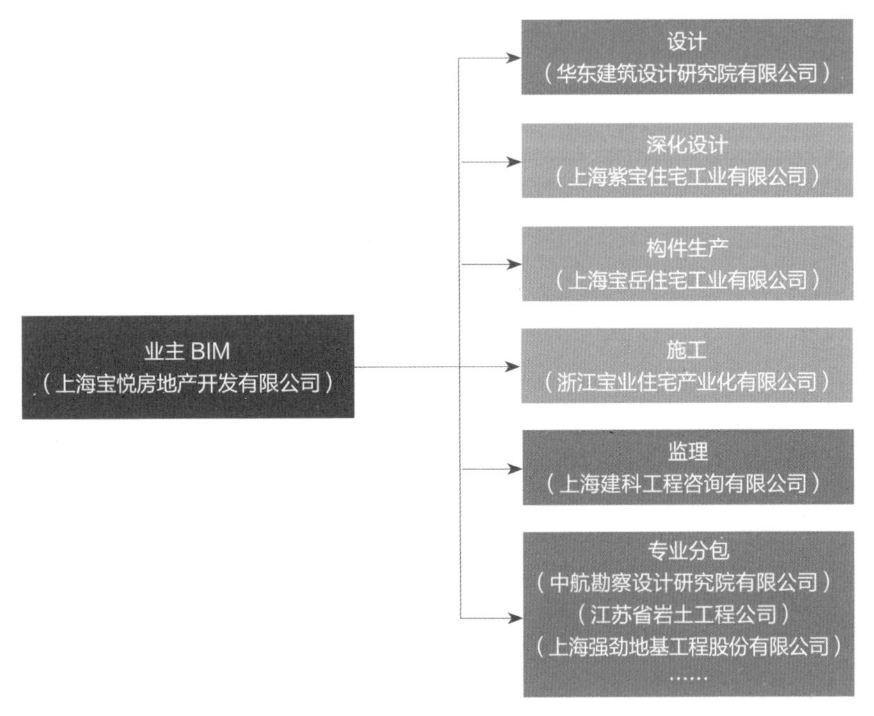

图 1　BIM 实施模式

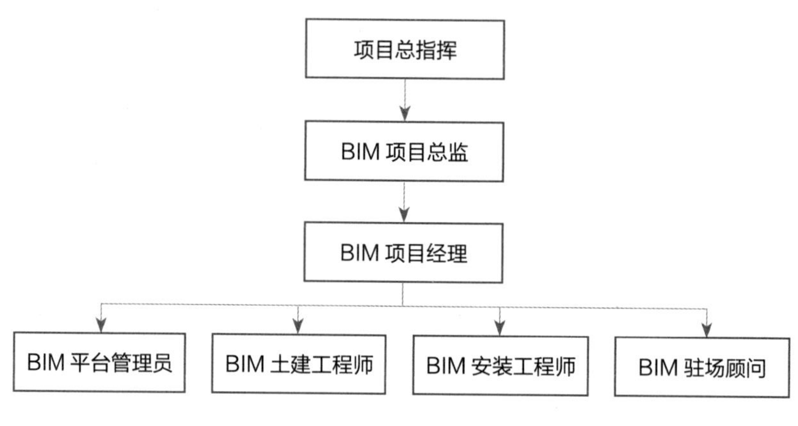

图 2　组织架构模式

三、BIM技术应用与特色

3.1　BIM应用项

本项目 BIM 技术应用项如表 1 所示。

项目BIM技术应用项　　表1

序号	应用阶段		应用项
1	设计阶段	方案设计	户型分析
2			能量分析
3			建筑外立面方案筛选
4		初步设计	3D 协调设计
5			辅助施工图出图
6			辅助节点深化设计
7		施工图设计	深化设计
8			多专业碰撞检测
9			工程量统计
10			预留孔洞定位
11			管线综合指导

续表

序号	应用阶段		应用项
12	施工阶段	施工准备	场地动态布置
13			施工进度模拟
14			预制构件库加工
15			土方开挖及围护结构分析
16		施工实施	预制构件库二维码管理
17			复杂节点工艺
18			管线综合指导
19			5D 成本进度审核
20			三算对比分析
21			资料信息集成管理
22	竣工阶段		量审核配合
23			竣工模型搭建与信息集成

3.2 BIM应用特色

（1）可复制可推广的双面叠合剪力墙体系

本项目装配式结构体系为双面叠合剪力墙体系，其构件类型包括双面叠合剪力墙、叠合楼板等，BIM 技术作为不可或缺的部分，在该体系研发、设计、生产、施工等各个环节提供了多方面、多维度的技术支撑，见图 3。

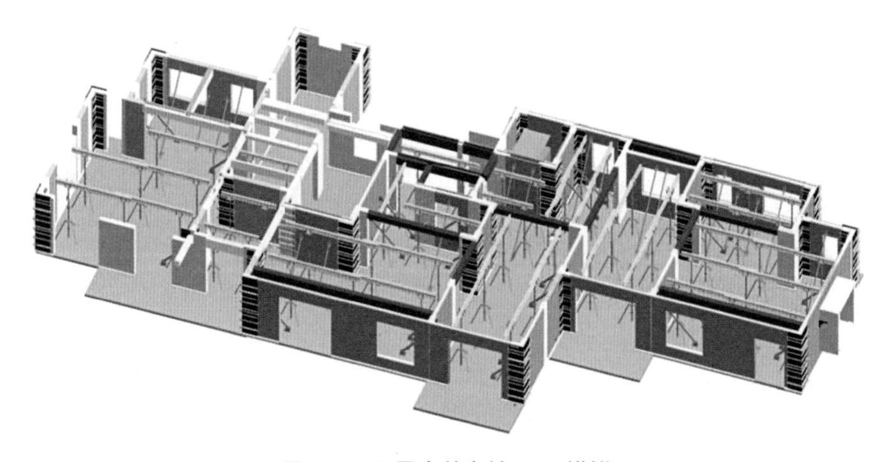

图 3 双面叠合剪力墙 BIM 模拟

在数字化设计中结合该结构体系的特点，同时结合 BIM 技术三维可视化的特点，充分考虑不同专业工程在该结构休系中的协调配合，以及全面考虑生产、施工的可行性，优化比选出最佳可行设计方案；在构件生产阶段，将生产数据对接工厂智能化生产平台，实现对构件生产质量及进度的精准把控，同时按照现场施工需求合理安排构件进场时间；施工阶段利用 BIM 技术模拟复杂节点施工工艺流程以确定施工方案，并搭建该结构体系实体样板进行检验和优化，保证后期施工质量。

在 BIM 技术与现场实际相结合的不断探索和优化之下，本项目最终形成了双面叠合剪力墙体系较为全面的设计、生产、施工实施应用指南，为该结构体系的推广、复制提供可靠的技术基础。因双面叠合剪力墙体系具有更好的整体性、优异的防水性，设计施工适用性高，边缘约束构件定型化、模数化、标准化，经济优势突出，具有高质量、低污染等性能特点，未来将在更多项目中得到运用。

（2）数字化设计及工厂智能化生产

深化设计阶段运用 Allplan 软件完成三维可视化、参数化设计，利用三维模型直接出图，云端数据库将构件设计图纸以数据形式传输到工厂，设计数据经过主控计算机读取后，控制自动机械手放线支模，随后由全自动流水生产线完成构件生产，实现了从设计到生产环节信息数据的无缝传递，实现预制构件工业化智能生产，降低人力成本，见图 4。

在材料方面，基于 Allplan 软件参数化建模的特点，深化设计工作完成后即可导出对应预制构件所需要的材料清单，包括预埋件的类型及数量、所需钢筋的类型及数量等，在精确控制材料用量

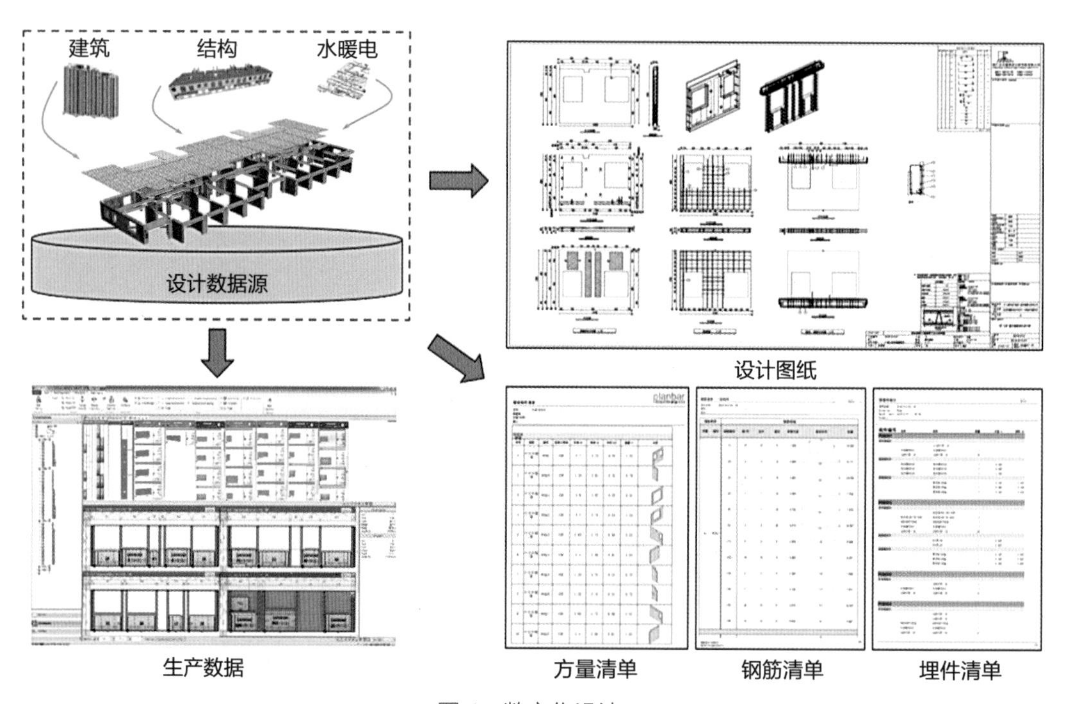

图 4　数字化设计

避免材料浪费的同时，材料清单也为生产量审核配合提供了信息数据依据，便于预制构件生产成本管控。

（3）BIM 信息化管理平台

如图 5 所示，本项目基于 BIM 技术的运用和实施，开发了适用客户端及移动端的全生命周期 BIM 信息化项目管理平台，其功能模块涵盖研发设计、预制生产、物流运输、工程进度、质量管控、业务员承接等六大方面，有效提升了各参建方跨专业、跨区域协同工作效率，也有效避免了各参建方信息不对称造成的工期延误，人力、材料等资源浪费。

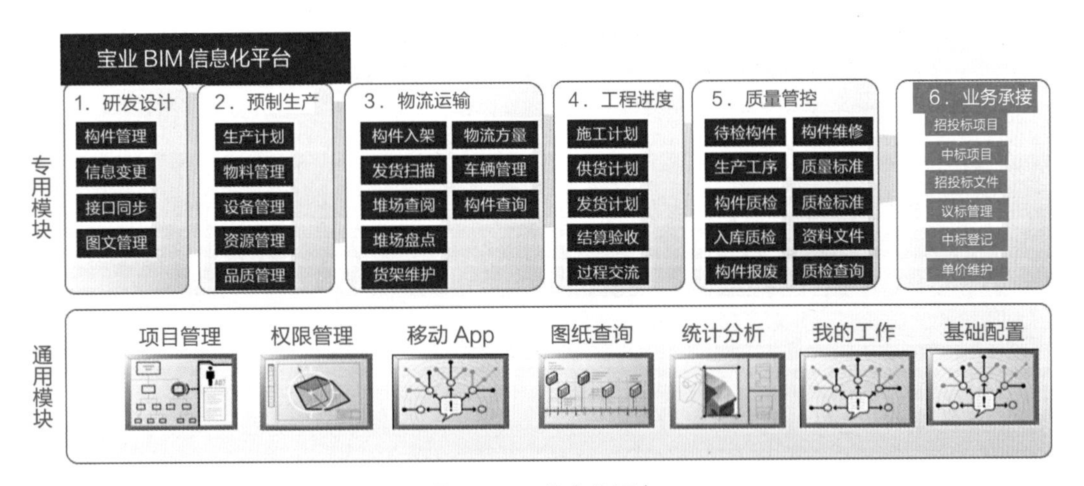

图 5　BIM 信息化平台

四、BIM应用成效

4.1　BIM技术实施效益

（1）经济效益

本项目 BIM 技术的运用，在全面的前期策划以及运用过程中严格把控的条件之下，取得了较好的经济效益，主要体现方面为成本管控、数字化设计、碰撞检测、施工模拟、智能化加工生产、BIM 信息化管理。

1）成本管控：构件生产方面，通过深化设计软件 Allplan 导出材料清单，作为成本预算的依据，后期将其与实际采购量清单进行对比，即完成材料用量的审核，通过分析和总结后可为后续项目的生产提供指导；在工程造价方面，在项目设计阶段、施工图阶段、竣工阶段分别使用对应阶段三维模型完成工程量的统计并导出清单，进行三算对比，计算出工程项目的利润和成本，提升成本管控效率，最终减少 70% 以上的签证变更，相比预期提升 5%。

2）数字化设计：深化设计阶段运用 Allplan 软件进行三维可视化设计，基于特定的装配式设计思路，进行预制构件的拆分及其内部钢筋排布、线盒点位预留，设计完成后即可利用模型出图，相比 CAD 二维深化设计的方式，降低了人力成本，深化设计效率高且质量可控。

3）碰撞检测：通过各专业工程的协同设计，对各专业工程内容进行碰撞检测，在本项目中检测发现碰撞点 800 个，按照每个碰撞点施工处理费用为 180 元，则通过碰撞检测节省合计 144000 元的施工措施费；检测发现预留点位调整 1300 处，以 80 元标准计算，节省合计 104000 元。

4）施工模拟：在本项目中主要运用在场布动态布置、施工进度模拟、复杂工艺节点及技术模拟；以三维的方式协助各阶段动态施工部署，提前发现问题，同时优选出最佳施工方案，有效避免不合理施工部署造成人力、材料、机具设备的浪费；最终缩短施工工期 15%。

5）智能化加工生产：预制构件工厂通过搭建智能化生产平台，无缝对接深化设计阶段设计成果数据，实现了预制构件的精细化加工生产，减少了建筑材料的浪费；对于设计变更，能够快速做出有效响应，调整生产信息数据，避免生产设计错误的预制构件。最终实现控制项目返工率 5% 以下，构件质量及外观观感也得到保障，减少了不必要的维修费用。

6）BIM 信息化项目管理平台：通过搭建和使用 BIM 信息化项目管理平台，在提升项目协同效率的同时减少人员管控成本，各参与方通过平台实时共享项目最新数据信息，避免信息不对称造成的时间、材料、人力成本浪费。

（2）社会效益

本项目结构体系为装配式结构体系——双面叠合剪力墙体系，在该体系的研发、设计、生产以及施工过程中 BIM 技术的应用均发挥着关键作用，最终本项目被评选为 2016 年全国装配式建筑科技示范项目，同时荣获上海市建设工程白玉兰奖、二星级绿色建筑设计标识证书等荣誉；作为示范项目，本项目累计接待政府、建设单位、设计单位、生产单位、总包单位等 200 余次。

在人才培养方面，本项目实施过程中将 BIM 技术应用人员分为三个层次，一是专业建模人员和项目管理人员，二是基层数据采集和使用人员，三是中高层数据分析决策人员。并对这三类人员进行分层次培训。

通过对应用人员的培训和在项目中的实际演练，专业建模人员的识图能力和软件操作效率有了质的提升，在实施过程中也不断巩固和强化了自身的专业知识和技能；项目管理人员通过本项目深入理解了 BIM 技术的运用，更新了管理的理念，也具备了对软件的基础操作的能力，能够运用 BIM 技术进行更加全面的施工部署；中高层数据分析决策人员通过本项目积极探索 BIM 技术的应用方向和实施规划，形成了能够指导后续工程项目 BIM 技术应用实施的宝贵经验。

在对本项目 BIM 技术运用经验进行分析与总结后，完成了上海市总站课题《编制装配式建筑设计、生产、施工 BIM 技术指导手册》研究报告，发表了 BIM 技术有关论文 6 篇于《住宅科技》期刊，此外，开发完成两项可适用于客户端和移动端的基于 BIM 技术的信息化项目管理软件，全面提升了项目各参建方的协同工作效率。

（3）其他成果

发表论文 6 篇：装配式建筑项目案例介绍（《住宅科技》2015-10）；BIM 技术在工业化售楼处机电安装中的实践（《住宅科技》2016-03）；BIM 技术在装配式建筑电气系统中的应用（《住宅科技》2018-01）；基于 BIM 技术的上海某项目装配式设计（《住宅科技》2018-03）；BIM 技术在工业化住宅机电安装中的实践（《住宅科技》2018-04）；预制双面叠合墙板在地下室中的应用（《住宅科技》2019-01）。

科研课题 2 项：上海市建筑建材市场管理总站课题《装配式混凝土建筑设计、生产、施工 BIM 技术指导手册》；国家"十三五"课题《装配式混凝土工业化建筑高效施工关键技术集成与示范》。

专利 5 项（实用新型专利 4 项、发明专利 1 项）：一种预制叠合楼板预埋线盒及其安装方法（发明专利）；一种双向密拼叠合楼板连接节点结构（实用新型专利）；一种地下预制叠合墙板与现浇框架柱接缝处的防水节点结构（实用新型专利）；一种地下预制叠合墙板中间拼缝处防水节点结构（实用新型专利）；一种地下预制叠合墙板转角墙防水节点结构（实用新型专利）。

软件著作权 2 项：全生命周期 BIM 信息化项目管理平台；全生命周期 BIM 信息化项目管理手机 App 软件 V1.0。

4.2　BIM技术应用推广与思考

（1）BIM 技术应用存在问题与改进措施

1）问题 1：开发的全生命周期 BIM 信息管理平台偏重于预制构件生产的管控，有待与工程项目管理结合。

改进措施：积极探索管理平台在设计、施工、运维三个功能模块的延伸和突破。对于设计阶段，可开放工厂生产技术介绍端口以及协同模块，帮助设计团队了解生产工艺等情况以优化设计内容，保证构件的生产质量；对于施工阶段，可与现行智慧工地平台等项目管理软件相互联动，按需开发相应的功能模块，通过两者之间数据的传递以实现生产数据与施工工程信息数据的相互配合，帮助现场管理人员提升对施工质量、进度的管控；对于运维阶段，可针对 BIM 技术的优势开发便于项目运维管理的功能模块，指导设备维修、资产清单统计等。

2）问题 2：机电相关专业工程在建模时，未确定实际使用品牌，而不同品牌材料和设备的差异会影响模型与实际工况的准确度，最终对三维模拟效果产生影响。

改进措施：动态调整模型中的信息数据，优化各类设备族文件外观与实际设备外观相符，并及时进行调整。

3）问题 3：本项目实施周期长，参与人员流动性高，相关阶段性成果文件存储无序或缺失。

改进措施：可开发公司级信息数据库，统一要求文件命名及存储规则，定期更新上传。

（2）可复制可推广的经验总结

1）数字化设计：数字化设计具三维可视的优势，可以实现参数化设计、多专业协同设计等，可以在设计阶段解决部分碰撞问题，并导出生产材料清单。同时在预制构件深化设计工作中也具有显著成效，其中运用 BIM 技术软件进行深化设计，能够实现设计阶段多专业协同设计、三维可视、模型出图、可导出材料清单等，提升设计效率，便于生产材料的加工准备及数量审核，可作为工程项目推广、复制的 BIM 技术应用点。

2）管线综合排布：管线综合排布主要为室外综合管线排布和地下车库室外管线排布。运用 BIM 技术可直观反映出不同专业对象之间的空间位置关系。通过优化调整可实现地下室管线综合支架的设计，在提前解决各专业之间碰撞问题的同时，提高管线布置有序性以及净空高度，从而提升观感和空间体验。对于室外综合管线布置来说，BIM 技术让设计及管理人员在保证管道功能需求的同时，结合项目景观工程效果来进行设计布置，可以实现井盖隐藏于绿化这一目标，避免出现于小区人行道路上而造成安全隐患。

3）施工模拟：运用 BIM 技术进行施工模拟，主要分为场地动态布置模拟、施工工艺模拟、复杂节点施工模拟、施工进度模拟。其中前三者对工程项目施工质量、进度管理有较好的辅助作用。通过场地动态布置模拟、施工工艺模拟、复杂节点施工模拟，能够引导管理人员以具体的视角发现以往容易忽视的问题，辅助优化和比选相关施工技术方案，有效保证施工质量和项目工期进度要求。施工模拟在项目开工初期的土方开挖阶段、装配式结构施工阶段、场地观摩通道及路线规划等方面具有良好的应用成效。

4）BIM 项目管理平台：对于建筑工业化项目，搭建能够承载预制构件生产信息、堆场信息、物流供应情况的管理平台，可以在更好地管控工厂生产质量，有序管控构件堆场存量的同时，按照项目需求保证预制构件供应，保证工程项目的工期要求。对于预制构件工厂来说，拥有一个适合的 BIM 项目管理平台具有至关重要的意义。

4.3 BIM技术应用展望

经过近些年来国家政府的不断推广和支持，BIM 技术已逐渐为大众所接纳。目前，各种全新的功能开始出现，各类“BIM+”的功能也在被不断探索，但是抓住 BIM 技术真正解决问题的核心，合理、高效地运用 BIM 技术才是未来的关键。相关工作人员要以实际工程项目为试炼场，不断强化自身专业技能，不能单纯掌握建模软件操作，要思考怎样运用 BIM 技术有利于辅助项目相关工作的顺利实施，为其带来最佳的效益，减少不必要的资源、人力浪费。在项目的各个阶段，需要优化模型在不同功能软件中的传递性，避免在不同软件中重复建模导致不必要的浪费。在工程项目管理方面，目前BIM技术已应用于各类项目管理协同平台，成为项目信息数据的三维载体，并在工程项目的质量、安全、进度管理等方面已取得较好的效益。在与预制构件工厂生产信息对接后，也使得装配式工程质量、进度有了更充分的保障。

未来BIM技术需要继续加强运维阶段相关功能的探索，为工程项目运维管理提供合适的、全面的解决方案，从而为CIM技术发展奠定坚实的基础。

下篇
市政类

全生命周期应用 —— 北横通道新建工程
上海轨道交通17号线工程
淀东水利枢纽泵闸改扩建工程

多阶段应用 —— 石洞口污水处理厂提标改造工程
上海松江南站大型居住社区综合管廊一期工程项目

北横通道新建工程

关键词　全生命周期应用、业主主导、市政道路、正向设计、倾斜摄影、BIM 协同管理平台

一、项目概况

1.1 工程概况

项目名称	北横通道新建工程
项目地点	西起北虹路，东至内江路，贯穿上海中心城区北部区域。
建设规模	北横通道西起北虹路，东至内江路，贯穿上海中心城区北部区域，全长19.1公里，是国内目前规模最大的以地下道路为主体的城市主干路，全线工程涉及盾构法隧道、高架道路、立交改造、明挖基坑、地面道路改扩建等内容。
总投资额	2062400万元
BIM费用	1100万元
投资性质	政府投资
建设单位	上海城投公路投资（集团）有限公司
设计单位	上海市政工程设计研究总院（集团）有限公司、上海市城市建设设计研究总院（集团）有限公司、上海市隧道工程轨道交通设计研究院
施工单位	上海隧道工程有限公司、上海建工集团股份有限公司
咨询单位	上海城建信息科技有限公司

1.2 项目特点难点

北横通道工程建设包括高架桥、下立交、明挖段及工作井土建施工、盾构推进施工、隧道内部结构施工、机电安装、隧道装修、景观设计、竣工验收等程序，涉及设计、施工、监理、第三方监测等众多单位，影响工程安全、质量、进度、投资控制等多个目标的项目建设，特点难点包括：

（1）投资大、线路长、影响范围广、工期紧。现有的建设管理模式难以满足北横通道工程的管理需要。

（2）沿线的建构筑物复杂。沿线主要相关控制建筑共计85处，距离隧道最近的约为1.05m；主要相关控制构筑物共计16处；沿线主要穿越轨道交通共计11处，下穿规划15号线时最小净距仅为3.83m，已建1号线区间，最小净距为4.0m；穿越河道共计12处。

（3）施工期交通组织难度大。沿线经过多个中心区域，交通流量大，离居民区近，施工期交通组织难度大，环境保护要求高。

（4）建设参与方和相关方多、信息交互量大。工程建设参与方有勘察、设计、施工、供应商、监理、第三方监测检测等，同时工程与交通、消防、公安、市政管线公司、轨道交通等多家单位相关，工程信息总量庞大、交互需求紧迫。

二、BIM实施规划与管理

2.1 BIM实施目标

本项目以实现北横通道全生命周期的 BIM 应用，充分发挥 BIM 价值，有效控制和管理工程建设的质量、进度、成本和安全，提升北横通道项目的精细化管理水平，提高工程管理和决策效率，减少返工浪费，保证工期，提高工程质量和投资效益为总体应用目标。同时为类似的市政工程推进 BIM 技术提供示范基础。

2.2 BIM的实施模式、组织架构与管控措施

北横通道 BIM 技术应用采用业主主导、专业咨询、各方参与的模式。各方基于 BIM 实现模型唯一、数据共享，以此达到出效率、提升质量和控制成本的目标。各家设计院和施工单位内部建立 BIM 团队进行辅助设计和施工应用，BIM 咨询团队负责建立项目级实施标准，指导、规范各方 BIM 团队的成果和应用过程，并进行模型审查，确保模型质量和交付进度；BIM 咨询团队亦负责搭建北横通道基于 BIM 的可视化和项目管理平台，使得各参与方在统一平台上进行信息互换和交流，便于业主方的项目管理工作。

三、BIM技术应用与特色

3.1 BIM应用项

本项目 BIM 技术应用项如表 1 所示。

项目BIM技术应用项　　表1

序号	应用阶段		应用项
1	设计阶段	方案设计	虚拟仿真漫游
2			场地分析
3			设计方案比选

续表

序号	应用阶段		应用项
4	设计阶段	初步设计	各专业模型建立
5			管线搬迁与道路翻交模拟
6			场地仿真
7		施工图设计	各专业模型建立
8			工程量计算
9			虚拟仿真漫游
10			竖向净空优化
11			碰撞检测及三维管线综合
12			正向设计
13	施工阶段	施工准备	施工深化设计
14			交通组织模拟
15			施工设施模型深化
16			施工筹划模拟
17			施工方案模拟
18			构件预制加工
19		施工实施	虚拟进度与实际进度比对
20			设备与材料管理
21			工程量统计
22			质量和安全管理

3.2 BIM应用特色

（1）方案设计阶段

杨树浦港周边环境无人机倾斜摄影建模：

北横东段杨树浦港沿周家嘴路，从兰州路至黄兴路，间距较短但设立两个工作井，对前期勘察规划有较高的要求。利用无人机倾斜摄影建模，见图 1，从拍摄到精修完成杨树浦港周家嘴路从兰州路至黄兴路全长约 700m 的高精度模型仅需 2 周，获得符合现状的周边环境模型一套，极大地加快了建模速度，且比测绘院数据更为准确，道路标线、人行道等边界清晰。通过与平台结合，检查各类规划线与环境的碰撞情况，提前发现需征拆迁的地块，避免延误工程进度。

（2）初步设计阶段

隧道内行车安全分析：

北横通道地下隧道空间受限、线形条件复杂，做好线形设计及行车安全保障工作十分必要。传统

图 1　杨树浦港全景

的道路安全评价方法多数针对已建道路，然而针对待建道路只能采用规范复核检查和专家经验结合的方法。

通过 BIM 结合同济大学的驾驶模拟仿真平台融合交通仿真系统，见图 2，较为真实地再现道路交通环境，使事前评价成为可能，在道路设计阶段就可对道路安全进行预先评价。本项目第一次尝试 BIM 与专业分析模拟设施结合，在交通安全方面有了一定的突破，为后续复杂工程交通安全评价提供了一种可行的解决方案。

图 2　隧道内模拟驾驶成果

（3）**施工图设计阶段**

1）中山公园工作井机电正向设计

北横通道 BIM 基本处于翻模阶段，尤其是在机电专业上，难免会有错漏碰缺的发生，设计预留预埋与实际施工存在问题。为更好发挥 BIM 的优势，通过专业设计人员直接进行三维可视化设计，见图 3，从源头上解决管线碰撞，降低专业间协调次数，提高设计质量，避免后期变更，减少施工返工，确保项目顺利实施。

2）圆隧道全专业快速建模

北横通道地下隧道长约 5km，部分路段纵坡超过 5.5%，并且存在较小半径平曲线和大纵坡的组合，线形条件复杂，通过手工方式建立隧道模型及布置机电箱柜极为困难。通过 Dynamo 程序，以隧道中心线为基准，实现自动化错缝管片排布、内部结构自动排布、机电箱柜与路面或大地基准面平齐排布、机电管线自动生成等全专业快速建模，见图 4。通过自动化建模，极大地加速了建模效率及精度，节约了时间及人力成本。

（4）**施工准备阶段**

1）北虹路立交交通组织模拟

北虹路立交段交通疏解情况比较复杂，在先前根据设计院提供的模型及根据交通疏解方案建立的

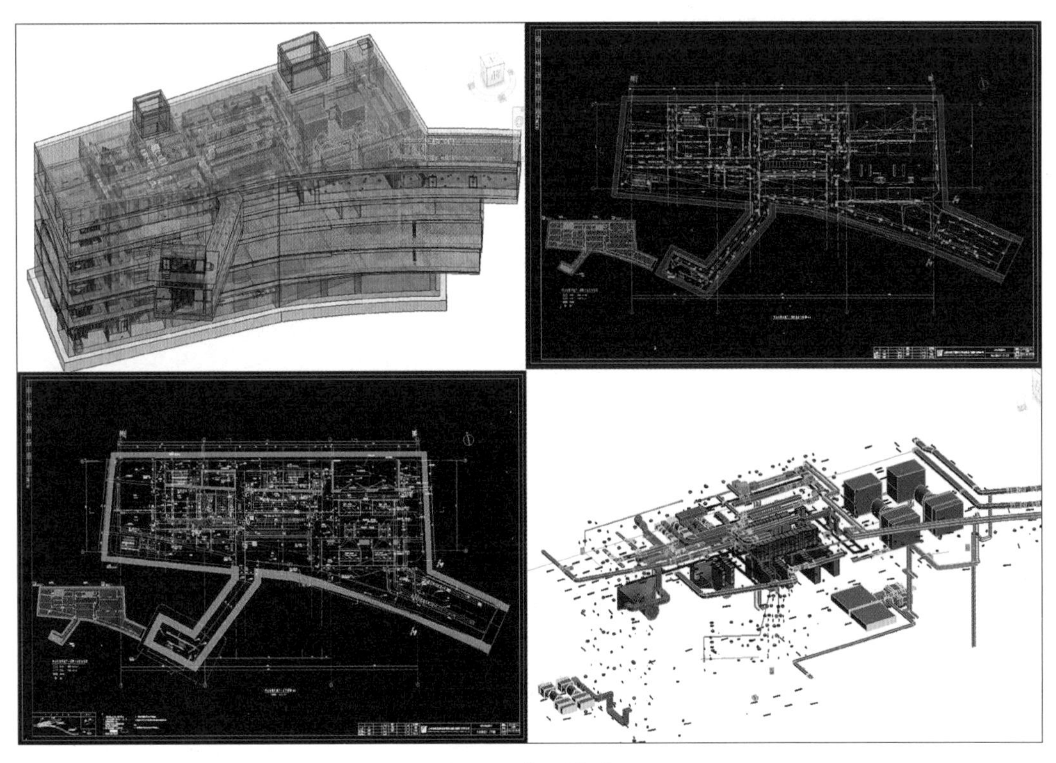

图 3　正向设计成果

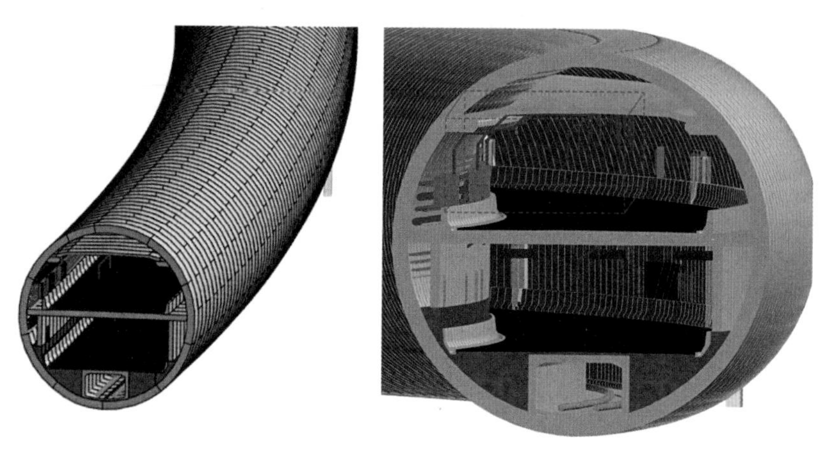

图 4　圆隧道快速建模

图 5　北虹路立交交通疏解方案展示

模型基础上，如图 5 所示，通过静态模拟的方式对北虹路立交交通疏解方案进行分阶段、分区域的展示，将复杂的位置关系在静态模拟中反映出来，以便施工人员在模型中直观地了解各个施工阶段中管线搬迁施工与当期交通情况、周边绿化的位置关系，明白施工中容易发生碰撞的位置，提前预防，扫除盲点。

2）施工设施模型深化

① 自移动式龙门钢模架

圆隧道上层车道板施工采用现浇，为满足盾构推进所需材料的通行门洞尺寸，留有的上层车道板模架搭设范围非常有限。因此选用定向加工的“自移动式龙门钢模架”取代传统模板支架，见图 6、图 7，确保车道板施工模架刚度的同时，提高车道板现浇质量及美观程度。钢模架总体架构由面层、框架、立柱、油压千斤顶、机械式千斤顶以及行走动力系统组成。施工单位根据图纸对钢模架进行精细化建模，直观展示钢模架外形，检验隧道内钢模架使用的可行性，优化设计方案，为后续施工方案模拟做准备。

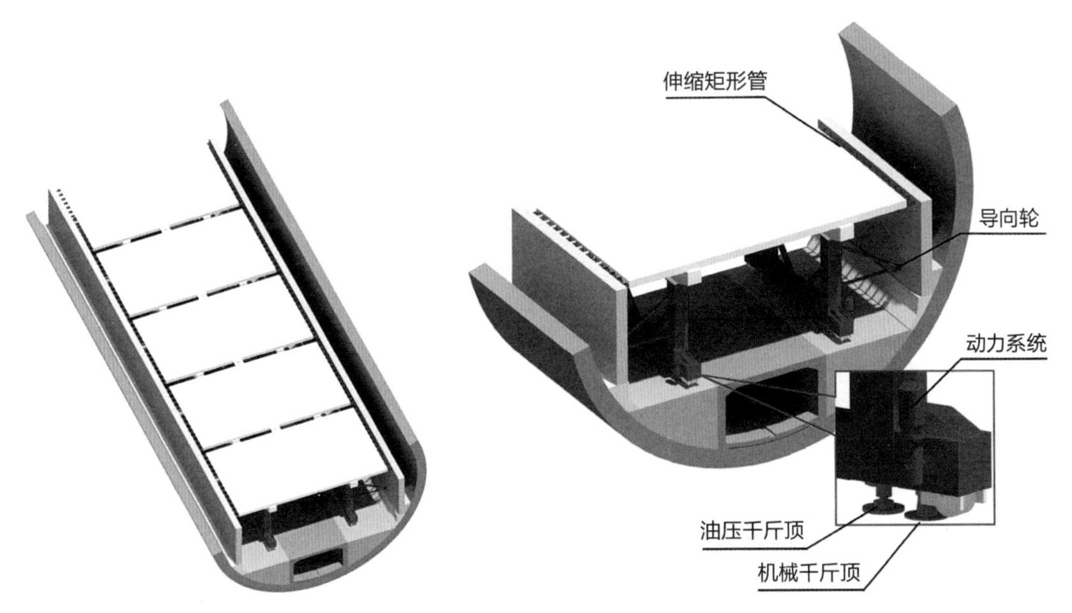

图 6　整体自移动式龙门钢模架

图 7　单节自移动式龙门钢模架

② 侧墙模板桁架

圆隧道侧墙为清水混凝土，模板及支架系统是清水混凝土质量和效果保证的重要方面，综合考虑本工程的特点及施工作业环境条件，以及整体大钢模和移动式台车作业清水混凝土的模板支架系统，量身定制了侧墙模板桁架系统，见图 8、图 9。模板系统包括：内侧（靠近隧道侧）钢模、外侧（远离隧道侧）钢模、门式移动台车等。施工单位根据图纸对桁架系统进行精细化建模，直观展示模架外形，检验隧道内桁架使用的可行性，同样起到了优化设计方案，为后续施工方案模拟做准备的作用。

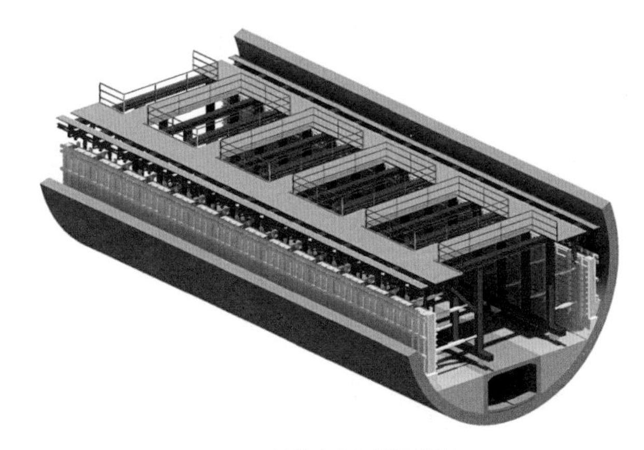

图 8　整体侧墙模板桁架

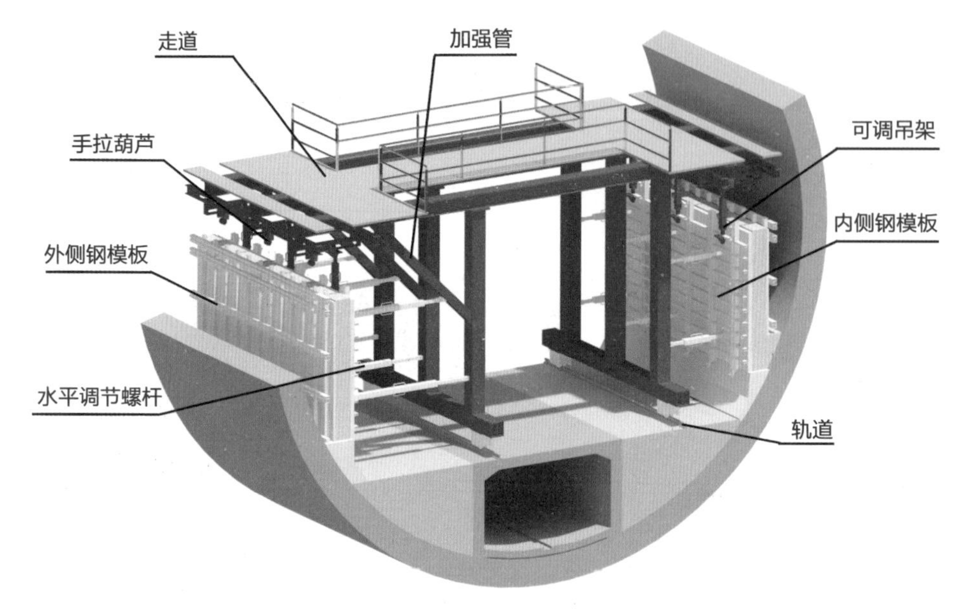

图 9　单节侧墙模板桁架

3）施工方案模拟

① 跨苏州河吊装方案模拟

北虹路立交跨苏州河段与苏州河夹角小、跨度大，水上作业施工难度大，与周边环境关系复杂，为此需要将吊装方案中的水上吊装的部分进行详细展示，见图 10，将施工过程中可能遇到危险的部分表现出来。针对施工方案中的重点施工工艺、施工场地的场景布置与周边交通及环境的关系，以及

图 10　跨苏州河吊装方案

施工过程所涉及的钢箱梁及施工设备进行精细化建模，并根据方案提到的时间节点以及施工工艺制作 BIM 应用，前后优化两版应用视频，最终对北虹路立交跨苏州河段合拢部分吊装方案 A 的可行性进行验证，指导施工。

② 天目路立交 70m 跨吊装模拟

天目路立交段路口场地狭小且交通流量大，因此必须在夜间完成施工。路口 70m 跨度非常大，需要在短时间内完成施工，则要求履带吊采用超起实现大吨位吊装能力，实现整跨吊装。同时构件的进场、临时堆放、平移运输对现场环境的要求也较为苛刻。通过 BIM 模拟了解 70m 跨构件散件预拼方式，加强与项目部探讨关于交通组织的安排方式，确定履带吊占车位置和覆盖面积，确定构件堆放与移动路径，模拟吊装施工工序，见图 11，指导了现场仅使用两晚的施工总体筹划，并优化了路口交通组织。

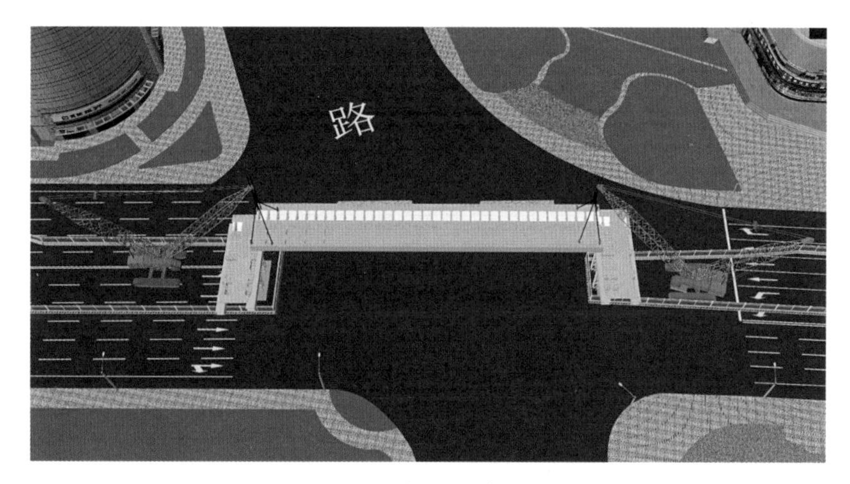

图 11　天目路 70m 跨吊装模拟

③ 构件预制加工

北横通道隧道段“口”型构件预制一改以往其他大直径隧道的“侧卧式”施工工艺，而采用“站立式”浇筑混凝土。此施工工艺不仅更加精确地把控构件楔形量，也杜绝了构件因在吊运过程中多次“翻身”、碰撞而造成的表面混凝土剥落。

对此项创新施工工艺，运用 BIM 技术进行施工方案模拟，检验施工工序的合理性，结合实际施工环境，将原方案如图 12 所示“1→3→2→5→4”的施工顺序优化为“1→2→3→4→5”，见图 13。缩短施工工期，细化进度计划，直观表达此项新工艺的生产流程，辅助工人对生产工艺的理解。

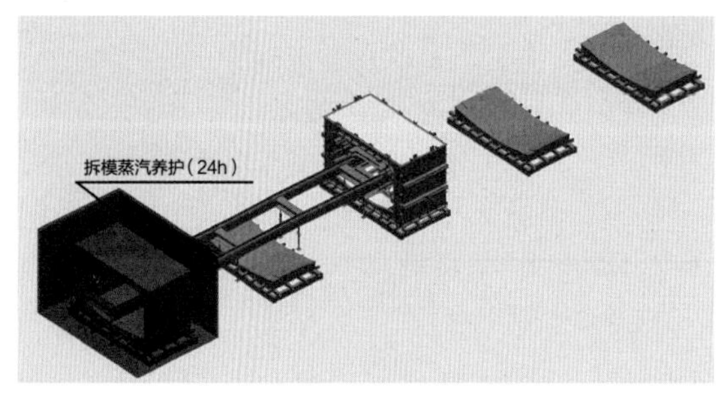

图 12 原方案施工工序

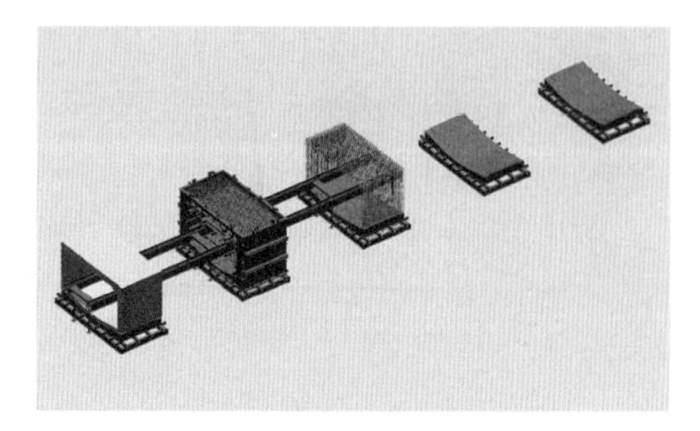

图 13 优化后施工工序

(5)施工实施阶段

1)北横 BIM 协同管理平台

北横通道项目具有工程类型多、体量大、建设周期长、参与方众多、周边环境复杂等特点。在北横通道项目管理过程中，为提高管理效率、应对超大信息交互量以及多方的统筹协调工作，项目自主研发了基于 BIM 与 GIS 技术的特大型城市道路工程全生命周期协同管理平台(以下简称“平台”)，实现了多源、异构、海量信息的集成、整合、存储和高效调用，实现了各参与方的协同交流与信息共享，实现了对项目建设的质量、安全、进度和成本的动态控制，实现了管理可视化、智能化和移动化，提升了精细化管理水平，提高了工程管理、工程质量、决策效率、投资效益，减少返工浪费，保证工期。

以 GIS 和 BIM 三维空间模型为载体，将工程全生命周期的过程信息整合在一起，通过信息传递和交换平台，打破工程中不同阶段、不同专业、不同角色之间的信息沟通壁垒，实现信息的准确传递。并以此为基础，建立工程协同管理平台，围绕规划期、设计期、施工期、运维期的核心管理目标，使管理人员能够通过快速、形象、便捷的信息入口，进行工程全生命周期协同和智慧管理，改变市政行业传统管理和运营模式，提升市政工程的质量和效益。项目整体框架如图 14 所示。

2)进度管理

进度分析利用 WBS 编辑器，完成施工段划分、WBS 和进度计划创建，建立 WBS 与 Microsoft Project 的双向链接；通过 BIM 模型，对施工进度进行查询、调整和控制，使计划进度和实际进度既可以用甘特图表示，也可以以动态的 3D 图形展现出来，实现施工进度的 4D 动态管理；可提供任意 WBS 节点或 3D 施工段及构件工程信息的实时查询、计划与实际进度的追踪和分析等功能，见图 15。

3)质量管理

质量分析主要以验收数据为依据，围绕部件、区域和时间展开分析，并给出结论和建议。系统将质量或检验报告与 BIM 信息模型相关联，可以实时查询任意 WBS 节点或施工段及构件的施工安全质量情况，并可自动生成工程质量安全统计分析报表，见图 16。

4)风险管理

平台通过设置风险判定规则或相关人员手动录入相关数据，针对不同风险源位置以及风险等级，

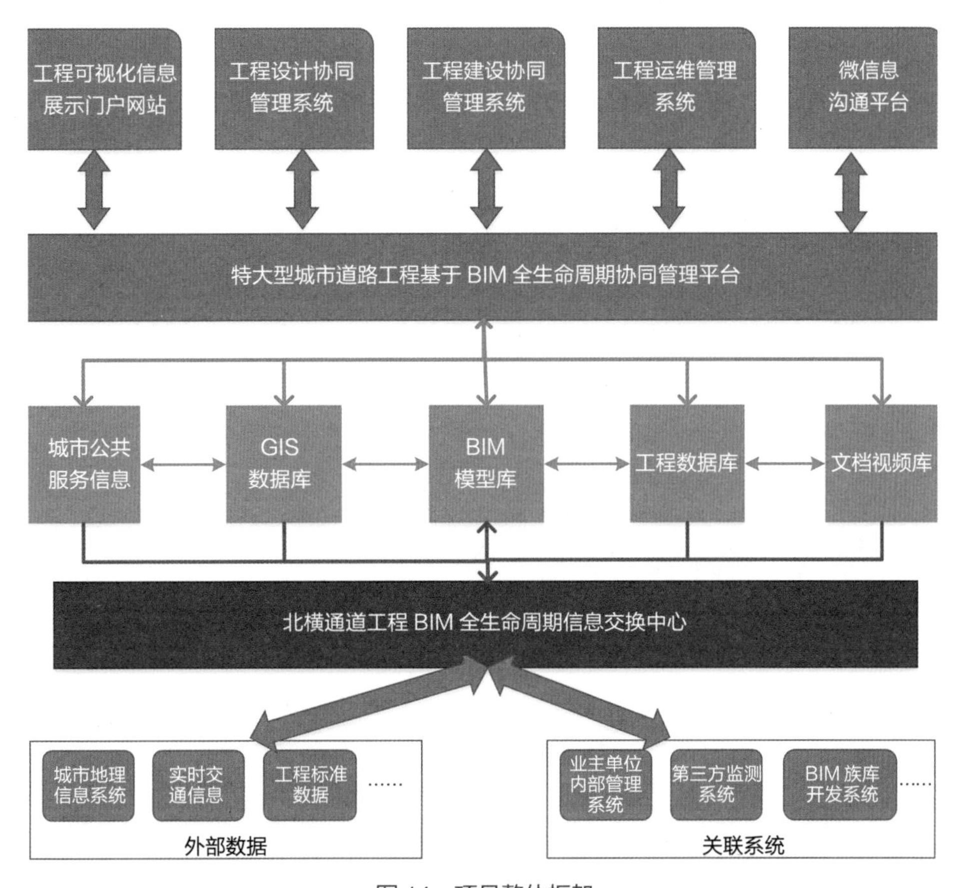

图 14　项目整体框架

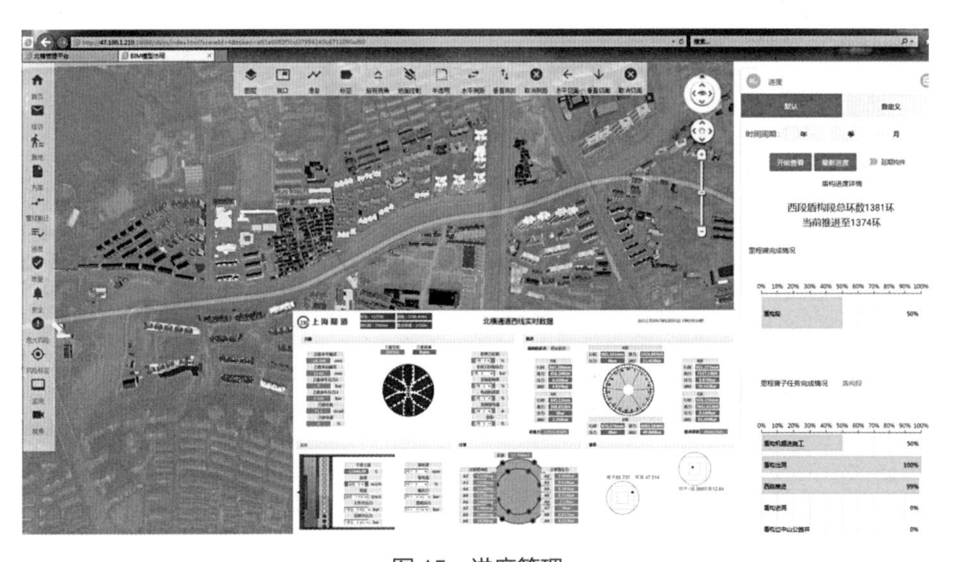

图 15　进度管理

标注相应的风险或安全标识；亦可实时展现工程风险状态分布，见图 17；相关人员也可以通过移动端拍照和定位功能，实现风险监察。

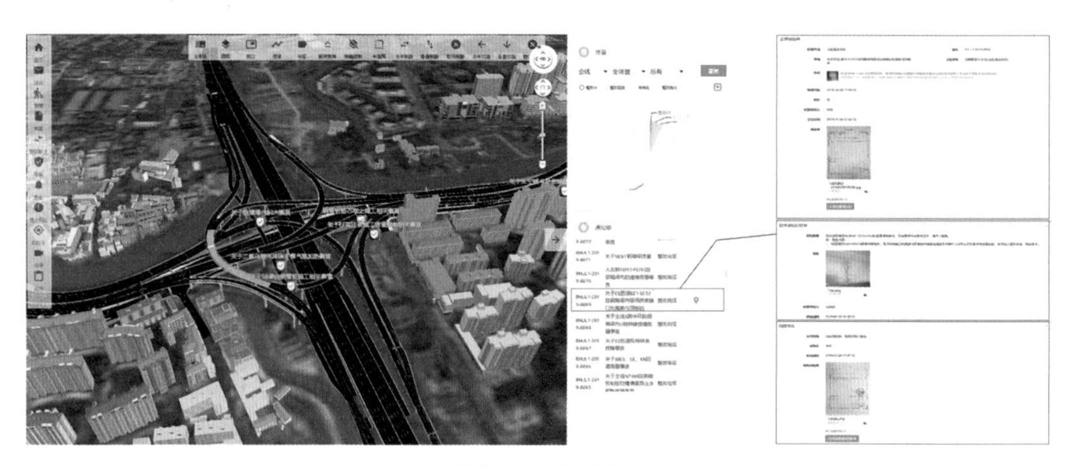

图 16　质量管理

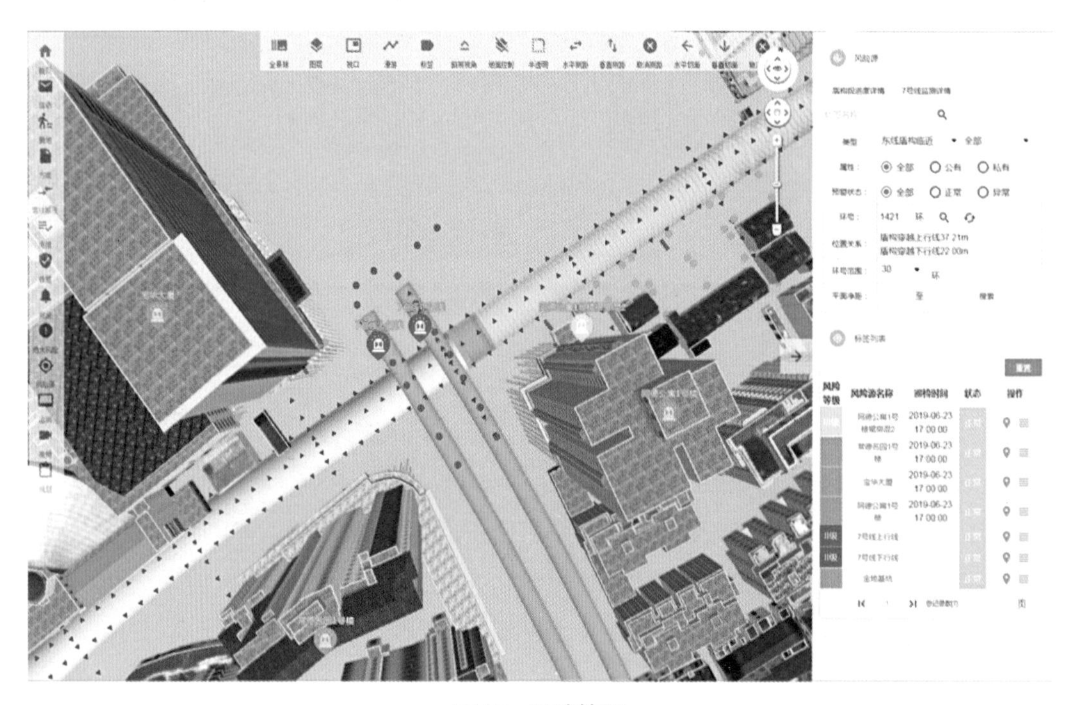

图 17　风险管理

四、BIM应用成效

4.1 BIM技术实施效益

（1）经济效益

1）设计阶段：通过建模软件的二次开发对高架桥梁参数化建模的价值是显而易见的，首先解决了常规手段较难处理的空间线形问题；其次采用程序自动生成的方式极大提高了高架模型建立的效率，依据粗略对比，在构件建立完成后，通过数据驱动、程序生成的方式较传统手动方式创建高架模型效率提升至少 10 倍以上，而且项目越长，优势越明显。另外，用数据驱动的方式也便于检查与修改，使人为误差降至最低。北横高架主线长约 2.5 公里，包含各类匝道约 4 公里。常规方式一板一眼建立高架、立交模型需约 1～2 个月 / 公里，参数化手段最多可提升至 3～5 天 / 公里。北横通道高架段一次性建模人工时（不含设计调整与变更）至少节约 60%，最大程度保证了 BIM 实施的进度，及时为项目提供了支撑。

2）施工阶段：北虹路立交段通过事先规范好的模型交付标准与行为标准，设计模型能够顺利移交施工方并进行拆分应用，既节省了施工方重新建模时间，也保证了模型和信息的延续性。以高架立交为例，施工方按传统方式拆分、深化钢箱梁模型约 2 个月 / 公里，北虹路立交模型数据向施工方移交成功率 100%，施工方后期深化工作节省时间约 10%，一次性节约人工时（不含设计调整与变更）约 5%。大部分吊装工作做了 BIM 施工模拟，施工模拟按照方案以及进度计划进行模拟，在实际吊装过程中解决了一部分碰撞及方案调整的问题，节省了人力物力成本，预计节省经济成本占比 5%。通过 BIM 模型深化钢箱梁分段模型，节省了临时支架的使用，约 200t 钢材。北虹路立交悬臂拼装施工共约 11 处，节省了大量钢管型钢支架的搭设，约节省 200t 钢管型钢，占比 20%。另外在中山公园工作井土方开挖阶段运用 BIM 模拟开挖流程，优化了开挖分段分层。使原 102 天工期提前了 3 天，节约工期 3%。在支撑切割拆除时，为降低风险和提升功效，通过模拟切割，合理分配切割分段及重量，使原 25 天工期提前 1 天完成，节约工期 4%；在主体结构施工时，对脚手架进行预拼装模拟，降低了脚手架周转损耗 5%。同样对结构模板进行预拼装模拟，把主体结构外墙侧模支架优化成上下两节组合形式，根据不同标高所需，采取分合并用，提高模板重复利用率近 50%。

3）协同平台：协同管理平台在北横通道工程全线得到了全面应用，目前质量 / 安全通知单、信访工单及危大工程方案都实现了在线流转与审批，当前平台正式注册用户 100 余人，流转工单共计 240 余条，做到真正意义上的协同管理，大幅提高各方沟通效率，并且通过微信推送方式分级提醒工单处理，1 张工单约缩短流转时间 2～5 天，通过协同平台各方沟通效率提高 10%。

（2）社会效益

1）交通方案模拟提高沟通效率。对于市政工程，BIM 技术在交通方案模拟方面应用所带来的效益是极大的。以北虹路立交 WS 匝道为例，在与拆除前相比，除了线形发生变化之外，沿线导向标志、标线均有所变化。为了更清晰地表达交通方案，以及提前发现问题，采用交通安全设施模型创建，通过模型漫游浏览提前发现设计中的问题，同时在向交警沟通、方案报批中起到一定的促进作用，通车方案报审一次性通过。

2）三维可视化提高施工质量及交底效率。三维建模有别于以往的 2D 平面图纸，特别在结构复杂环境中更能体现其优势。利用三维模型可视化，可以进行施工前的节点碰撞检测、施工工况模拟、可视化施工技术交底，减少实际施工中可能产生的错误损失和返工带来的经济及工期损失。本工程在支撑拆除阶段进行模拟，发现吊车把杆碰到结构楼板后，项目迅速优化方案，避免了工期延误，同时确保了施工质量安全。

3）提高施工工作效率。BIM 在施工过程中不仅可以协助优化方案，加强工作效率，协助方案编制人员发现方案存在的问题，提高施工现场的安全度，还可在方案交底、方案汇报的时候，以三维模型或者视频截图的形式替代传统的方案汇报，便于非专业人员理解，提高了工作效率。

4）协同管理平台应用提高管理水平。基于北横通道的项目特点，充分发挥 BIM 技术的优势，结合 GIS、物联网、云平台和大数据挖掘等技术，实现对项目建设的进度、成本、质量安全的动态控制，实现可视化、智能化和移动化管理，提升北横通道项目的精细化管理水平，提高工程管理和决策效率，减少返工浪费，保证工期，提高工程质量和投资效益。

（3）其他成果

北横通道新建工程荣获第八届"创新杯"建筑信息模型（BIM）应用大赛最佳综合市政 BIM 应用奖，2018 年度上海市公路学会科学技术奖二等奖，2019 年上海市首届 BIM 技术应用创新大赛最佳项目奖，并获得计算机软件著作权 1 项，软件名称：特大型城市道路工程基于 BIM 全生命周期协同管理平台 V1.0，登记号：2017SR176681。发表论文 2 篇，《北横通道工程 BIM 技术研究应用概述》《基于 BIM 的特大型城市道路工程协同管理平台研究》。

4.2 BIM技术应用推广与思考

（1）BIM 技术应用存在问题与改进措施

1）设计与 BIM 脱节。目前尚存在设计与 BIM 脱节的现象，尤其是在方案设计过程中，由于时间节点紧迫，往往会导致 BIM 来不及进行方案配合工作。在重大方案展示沟通中，将采取设计与 BIM 共同参与来进行协调工作。

2）加强专业 BIM 与专业分析软件的结合。目前专业分析软件功能很完善，而 BIM 建模功能强大，二者可以互补。接下来重点进行专业软件与 BIM 的结合探索工作，确保 BIM 模型进行传递，增加模型的利用率，同时解决专业分析软件建模功能薄弱的缺点，使得分析结果更加精确。

3）BIM 模型的生产效率。就隧桥项目及目前软件的成熟程度而言，抛开设计思路不谈，一个熟练的绘图员画一套 CAD 电子图和一个熟练的 BIM 工程师把这套图用三维模型表达出来，相较之下前者更快。因为，一方面，三维设计对软件的要求和依赖程度更高，软件功能的强弱直接影响效率；另一方面，三维设计需要考虑的内容要比二维设计多，可能还会遇到二维设计不会遇到的问题。

模型生产效率的提升还是要从模型使用的角度出发，服务于模型应用，化繁为简，适当简化模型。一味地要求所有模型要达到施工图深度或者 LOD300 或 400，必要性不强且效率难以保证。举例来说，在天目路立交小箱梁的模型设计中，综合考虑模型的用途为碰撞检查、施工进度管理、施工模拟，由于小箱梁为预制结构，不考虑工程量统计、小箱梁对后期运维无影响。为了提高建模效率，最终将小箱梁端头铅锤、端横梁、中横梁、空心这些要素均忽略，简化了小箱梁模型，这样的简化不会影响模型的使用。

（2）可复制可推广的经验总结

1）研究形成了一套基于 BIM 的特大型市政工程项目管理体系，为其他相关市政行业项目提供了参考依据。

2）首次提出并建立了针对特大型城市道路工程的基于 BIM 全生命周期协同管理平台，平台集成工程建设信息及面向运维管理的基础信息，在工程建设阶段，可提高工程效率、减少失误、节省资源，使 BIM 环节的各利益参与方都能获益，并形成一套可交付的建设全过程数字资产，各参建方可基于统一平台实现信息的追溯、共享和交互，并为全生命周期的运维提供数据基础。

3）形成一套北横通道项目 BIM 实施系列标准，提供一个具有可操作性、兼容性强的基准及规范和统一各参与方的 BIM 应用实施细节，以指导本项目在设计及施工过程中，各阶段数据的建立、传递和交付，各专业之间的协同，建设参与各方的协作等过程，规避各阶段成本浪费、信息冲突等风险，实现设计、施工、竣工验收、试运营各阶段及各参与方之间的数据无缝整合、资源及成果共享、BIM 模型数据可持续利用。

4）可推动 BIM 技术在市政工程建设中的应用与发展，对未来城市市政基础设施建设水平的提高产生积极的影响；同时，基于 BIM 技术的工程建设全生命周期管理，将为政府主管部门提供管理上的便利，为智慧城市提供基础数据。

4.3 BIM技术应用展望

北横通道项目还在建设过程中，随着项目的不断推进以及建筑业信息化的发展，北横项目将更加关注 BIM 技术与新兴信息技术的融合应用，以及 BIM 技术与专业软件的结合应用，更好地用于解决工程实际问题；另一方面将持续推进平台在北横通道项目全线全面的应用，做到项目信息的可追溯、可持续应用与挖掘，通过在北横通道项目上的不断实践，平台不断完善、升级，最终服务于城市智慧建设。

上海轨道交通17号线工程

关键词　全生命周期应用、业主牵头、轨道交通、PC 外立面三维扫描

一、项目概况

1.1 工程概况

项目名称	上海市轨道交通17号线工程
项目地点	西起东方绿舟，东至虹桥火车站，串联青浦区的徐泾镇、青浦新城和朱家角镇。
建设规模	本线路全长约为35.341km
总投资额	约173.6亿元
BIM费用	1872万元
投资性质	政府投资
建设单位	上海轨道交通十七号线发展有限公司
设计单位	上海市隧道工程轨道交通设计研究院、上海市城市建设设计研究总院、华东建筑设计研究总院、上海市政工程设计研究总院、中铁上海设计院集团有限公司、中铁电气化勘测设计研究院等
施工单位	上海建工四建有限公司、上海公路桥梁（集团）有限公司、中铁二十四局集团有限公司、上海建工七建集团有限公司、上海隧道股份有限公司、宏润建设集团股份有限公司、上海市机械施工集团有限公司、上海基础建工有限公司、中国铁建大桥工程局集团有限公司等
咨询单位	上海市隧道工程轨道交通设计研究院、上海市城市建设设计研究总院（集团）有限公司、上海市地下空间设计研究总院有限公司、上海绿之都建筑科技有限公司、上海同舵信息技术有限公司等
运营单位	上海地铁第二运营有限公司

1.2 项目特点难点

（1）项目参与单位众多，管理协调难度大。轨道交通17号线组织实施多采用分阶段、分专业、平行交叉承包方式，客观上造成工程的设计、施工、供货、安装等过程不能相互搭接，系统接口困难，从而导致工程实施协调难度大。

（2）建设周期长，工程变更频繁。轨道交通17号线建设期为四年，整个项目的不确定性因素多，工程设计、施工、设备及材料采购变更频繁，都对工程进度和整个系统性能有所影响。

（3）工程质量要求高，设计、施工和供货质量控制困难。轨道交通工程作为百年大计的重点工程，其质量水平受到社会各界的广泛关注，但由于自身的特殊性，技术难度大、建设环境复杂、建设过程动态变化等特点，导致工程质量控制困难。

（4）客运压力大，运维管理难度大。轨道交通运维管理普遍具有劳动强度大、效率低、系统集成度低等问题。随着轨道交通建设力度的加大，轨道交通车站运维管理在操作过程中存在各种各样的问题，如各专业现场作业多、劳动强度大，作业执行手段传统、执行效果差，系统集成度不高等，这种运维管理模式势必产生不断攀升的人工成本和能耗成本。

二、BIM实施规划与管理

2.1 BIM实施目标

上海市轨道交通 17 号线 BIM 技术深度应用于项目设计、施工、运维全过程，实现基于 BIM 技术的城市轨道交通全生命周期信息管理，优化设计方案和设计成果，控制施工进度，减少工期，降低成本投入，提高设计质量和施工管理水平的目标，保障工程项目的顺利完成，同时通过在运维阶段的 BIM 应用提高运维管理水平。

2.2 BIM的实施模式、组织架构与管控措施

本项目 BIM 技术应用采用业主牵头协调，委托 BIM 总体单位主导，BIM 分项单位具体实施，各参与方配合的组织模式，如图 1 所示。各司其职，共同推进本项目 BIM 技术的深入应用。

业主方：总体管理本项目的 BIM 应用实施。对项目的 BIM 应用研究提出进度、质量等需求及要求；监督和管理设计方 BIM 方的工作进程及质量；接收审核 BIM 应用成果，并应用成果辅助项目决策，保障本项目 BIM 应用实施的预期效益。

BIM 总体：设计方的 BIM 团队，总体负责实施本方案中所列 BIM 应用，梳理及制定 BIM 应用过程中的各类流程。

BIM 分项：设计方的 BIM 团队，负责实施各工点各阶段 BIM 应用。

设计方：提出设计阶段 BIM 应用需求，配合 BIM 咨询方开展设计阶段 BIM 应用；接收及审核设

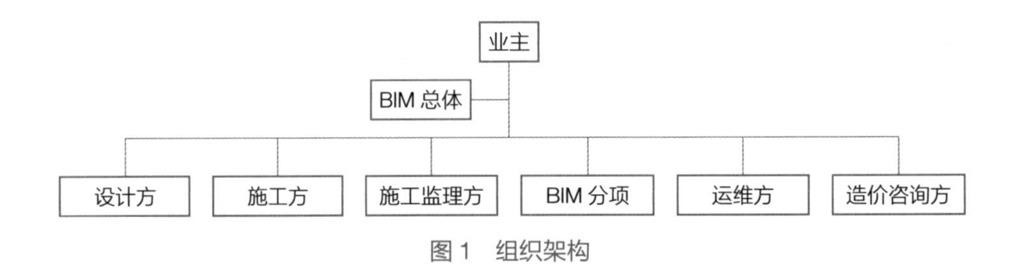

图 1　组织架构

计阶段 BIM 应用成果，并应用成果优化设计方案，提高图纸质量。

造价咨询方：配合 BIM 咨询单位开展设计阶段及施工阶段相关应用。

施工方：提出施工阶段 BIM 应用需求，辅助 BIM 咨询方开展施工阶段的 BIM 应用；对施工阶段施工信息的准确性和及时性负责。

施工监理方：提出施工阶段 BIM 应用需求，辅助 BIM 咨询方开展施工阶段的 BIM 应用；接收相关 BIM 应用成果辅助自身工作开展，保障工程质量。

运维方：提出运维阶段的 BIM 应用详细需求，接收相关 BIM 应用成果实施和探索基于 BIM 的运维管理。

三、BIM技术应用与特色

3.1 BIM应用项

本项目 BIM 技术应用项如表 1 所示。

项目BIM技术应用项 表1

序号	应用阶段		应用项
1	设计阶段	初步设计	场地现状仿真
2			管线搬迁
3		施工图设计	钢筋建模探索
4			三维管线综合设计
5			三维出图
6			大型设备运输路径检查
7			多专业整合与优化
8			装修效果仿真
9			专项设计方案配合
10			设备厂商族库
11		施工实施	施工筹划模拟
12			施工深化设计
13			高架车站外立面 PC 构件安装施工模拟
14			施工 BIM 培训、现场交底
15			虚拟进度与实际进度对比
16			PC 外立面三维扫描
17			乘客疏散路径、司机行走路径
18			竣工模型建立

续表

序号	应用阶段		应用项
19	运维阶段	运维	模型三维漫游
20			结构安全管理
21			设备运行管理
22			车站运营管理
23			维保管理
24			预案管理
25			能耗管理

3.2 BIM应用特色

（1）初步设计阶段

1）场地现场仿真

通过场地周边环境数据、地形图、航拍图像等资料，对车站、停车场、区间穿越重要节点的周边场地及环境进行仿真建模，创建包括但不限于周边环境模型、车站主体轮廓和附属设施模型，见图2、图3。可视化表现车站主体、出入口、地面建筑部分与红线、绿线、河道蓝线、高压黄线及周边建筑物等各类场地要素之间的距离关系，辅助车站主体设计方案的决策。此外，17号线东方绿舟站尝试利用三维激光扫描还原车站周边环境，将BIM模型与点云数据进行整合，确定出入口与主要道路、绿化的距离，以三维可视化的形式展现各个方案的优缺点，协助设计及项目公司进行方案比选、整体优化及最终方案确定，见图4、图5。

2）管线搬迁

根据管线物探资料，对车站实施范围内的现状市政管线进行仿真建模，尽量精准地表达管线截面尺寸、埋深，窨井的位置及尺寸；根据地下管线搬迁方案，建立各阶段管线搬迁方案模型，见图6，辅助设计方案的稳定及管线搬迁的优化。车站主体结构建成后复位的管线将作为重要的地下管线基础资料。

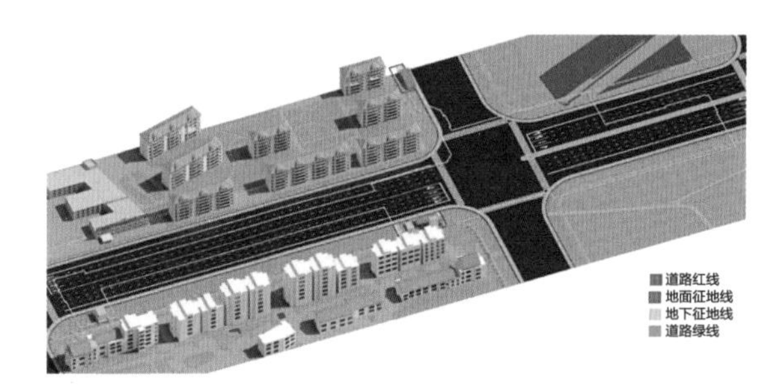

图2　汇金路站场地模型

图3　朱家角站场地模型

图 4　东方绿舟站过街天桥出入口方案

图 5　东方绿舟站最终方案

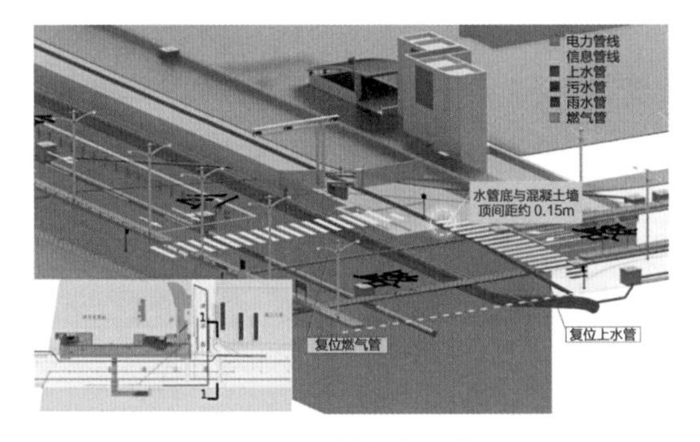

图 6　地下管线搬迁模型

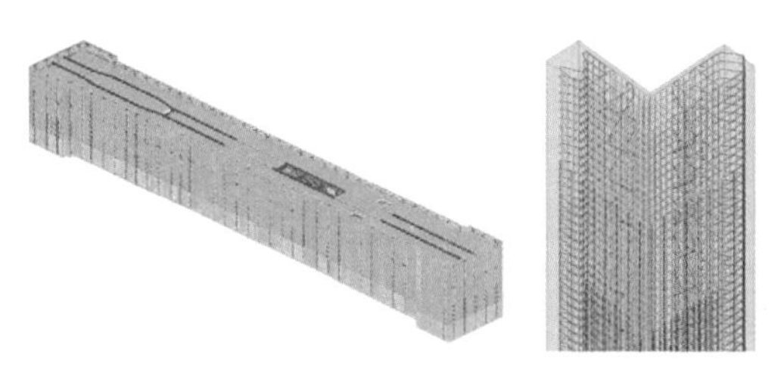

图 7　17 号线蟠龙路站钢筋模型

（2）施工图设计阶段

1）钢筋建模探索

17 号线蟠龙路站作为试点，进行了钢筋建模的探索，见图 7。分别使用两款软件（Tekla 与 Revit）进行建模，对比不同软件建模效率及工程量的准确性，为其他车站的钢筋建模提供软件选项参考。

2）三维管线综合设计

17 号线采用了将 BIM 融入设计流程的方式。不同于传统的碰撞检查及出碰撞报告，17 号线 BIM 工程师直接负责管线综合及碰撞调整，见图 8，各专业设计负责成果审核，最终 BIM 工程师参与图纸会签，确保利用三维管线综合优化的成果通过施工图纸传递到施工阶段。这也是 BIM 工程师直接进行三维管线综合设计的初次探索，发现并解决管线与结构之间、各专业管线之间的设计碰撞问题，最大限度优化管线的设计方案，减少施工阶段因设计“错漏碰缺”而造成的损失和返工工作。

3）三维出图

完成管综设计后，为了提高优化成果在 BIM 与机电各专业之间的传递效率，本项目研究并打通了三维模型到二维出图技术路线，即二次开发了 Revit 导 CAD 插件，导出的 CAD 图纸可以满足各专业设计对图纸图层的要求，机电各专业可在 BIM 模型导出的图纸基础上，深化出图，见图 9。另外，

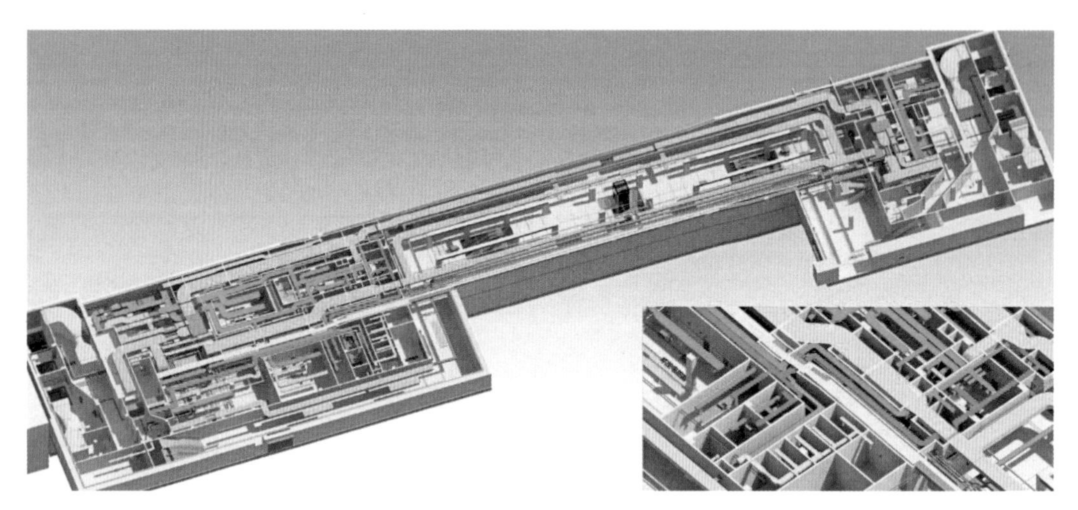

图 8　三维管线综合模型

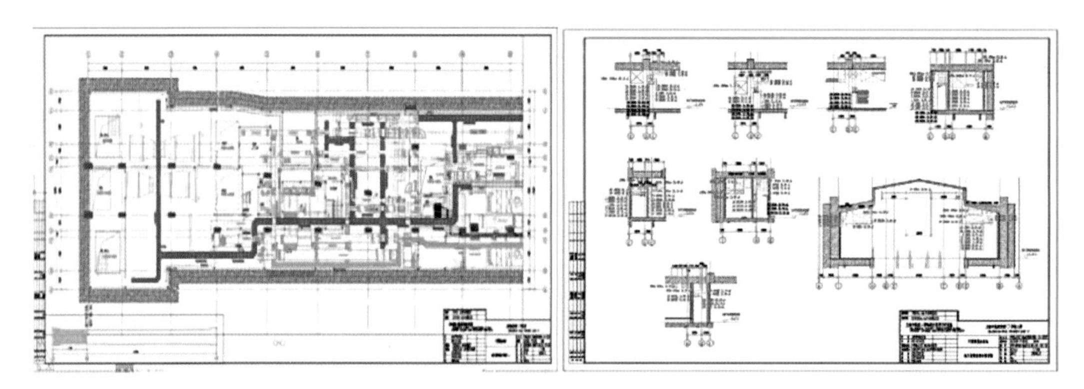

图 9　BIM 管线综合平面图及剖面图

为确保施工现场预留孔洞的准确性，从 BIM 模型导出每面墙体的管线孔洞剖面图，为其提供二次结构图纸深度。

4）大型设备运输路径检查

基于 BIM 模型，结合设计方案的二维运输路径平面图，动态可视化模拟大型设备的安装、检修路径，发现运输路径中存在的碰撞冲突问题，提前优化运输路径设计方案，从而为后续设备的运输、安装工作提供保障，见图 10。

5）多专业整合与优化

基于车站 BIM 模型，将 FAS、ACS、EMCS、气灭（或高压细水雾）、信号、屏蔽门、通信、动照、给水排水 9 个专业的各墙面箱柜（设备）进行整合。结合 BIM 技术对各专业墙面箱柜（设备）布置进行优化，明确安装方式及安装位置，见图 11，使其满足车站功能要求、装修原则，达到墙面箱柜（设备）布置美观、整齐，见图 12。

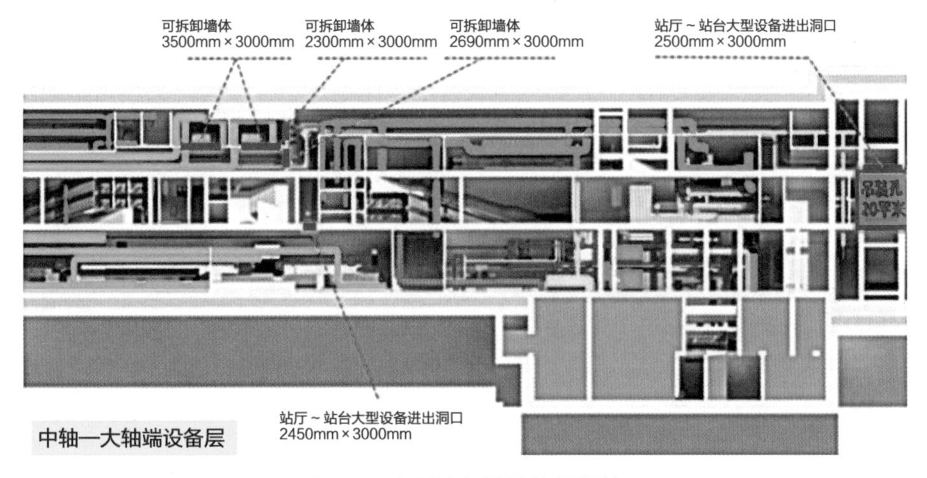

图 10 大型设备运输路径复核

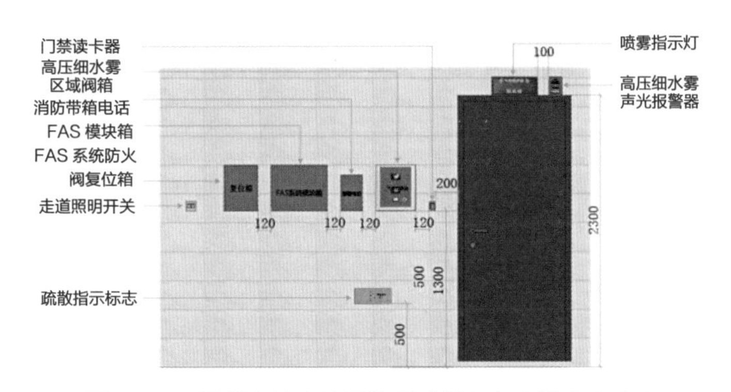

图 11 17 号线车站内墙面箱柜（设备）安装方案文本

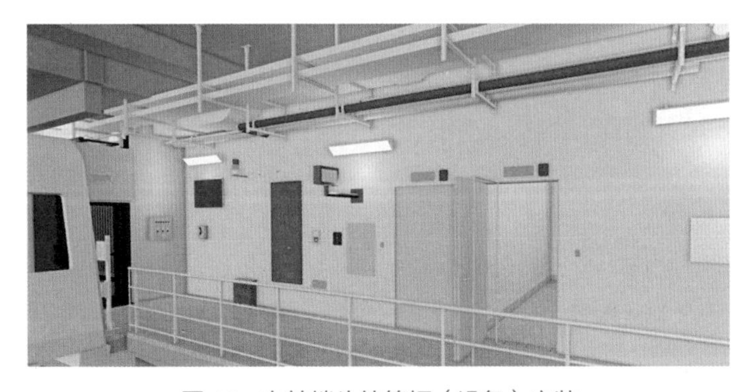

图 12 车站端头处箱柜（设备）安装

6）装修效果仿真

利用 BIM 技术实现装修设计的模拟仿真，见图 13。根据二维装修设计施工图创建 BIM 模型并做场景模拟，对 BIM 模型对象赋予材质信息、颜色信息以及光源信息，模拟场景效果，生成效果图，辅助方案沟通并优化装饰方案，提高装修设计效率。

图 13　17 号线车站装修效果仿真

7）专项设计方案配合

根据 17 号线工程建设的实际需求，借助 BIM 模型及相应软件，对工程建设涉及的重要设计专项方案进行仿真模拟、可视化可行性分析，辅助设计专项方案的推进、落实及优化。车控室的方案布置优化，通过 BIM 技术将车控室内的各设备及运营物品进行布置规范，设计单位和运营单位可以通过模型优化设备、物品的放置位置，以满足设备功能要求及之后的运营需求，见图 14。

车站公共艺术方案配合：17 号线将青浦区特色文化融入车站的装修风格中，通过三维可视化效果，对比各设计方案，确定最终公共艺术方案，见图 15。

车站内导向安装方案优化：为确保 17 号线车站美观性及安全性，由于高架车站层高过高，从顶棚打吊杆会使悬挂牌不稳定，易摇晃，因此采用综合支架固定安装。为考虑美观性，尽量以借用原有

图 14　车控室方案布置

图 15　车站公共艺术方案配合

管线综合支架为原则。通过原有全专业 BIM 模型中的综合支吊架，添加连杆或是新增综合支吊架方式，辅助导向安装，见图 16。

车站站名方案优化：17 号线全线 6 座高架车站，以三维可视化效果，较为直观地展现站名的位置、颜色、字体、大小，从而优化设计方案，见图 17。

站内管线及设备基础颜色方案优化：为后期运营效率、安全考虑，对站内不同管线、设备基础进行颜色的粉刷。通过 BIM 技术真实还原建成后的效果，辅助业主进行方案确定，见图 18。

图 16　高架车站导向安装截图

图 17　高架车站站名方案配合

图 18　站内管线及设备颜色方案

8）设备厂商族库

待各机电设备完成招标后，17 号线率先开始了设备厂商族模型的深化工作。与设备供应商相互配合，实现设备厂商族模型按照运营养护的最小单元拆分，并添加运维所需的主要技术参数及产品实际材质参数。另外，除厂商族模型外，还整理了一套完整的设备数据信息，如技术规格书、设备说明书、验收文件等资料，如图 19 所示。这些数据将存放于运维管理平台，实现模型与数据的关联，为运维阶段的基于 BIM 的运维管理平台奠定数据基础。

（3）施工准备阶段

1）施工筹划模拟

在施工准备阶段，根据动态工程筹划的需求对施工深化 BIM 模型进行关联完善，内容主要包括：

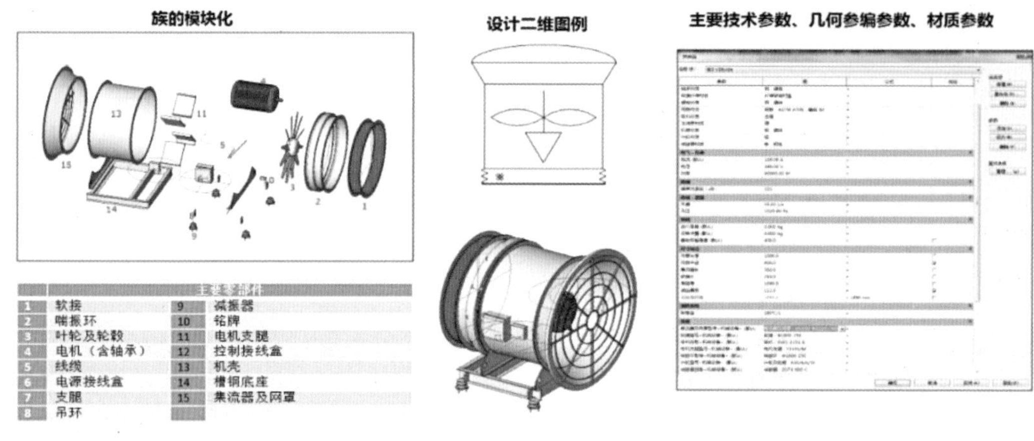

图 19　厂商族模型拆分、主要技术参数等

将施工 BIM 模型与工程任务结构多级分解（WBS）信息、计划进度安排信息建立关联。本项目在此基础上，开展施工三维动态工程筹划，如图 20 所示，对施工进度进行可视化模拟与对比分析，对具有一定难度或风险的施工工艺进行模拟。

2）施工深化设计

在地铁车站管线综合 BIM 模型基础上，根据管道位置、尺寸和类型对综合支吊架的放置进行深化设计与优化，可有效排除综合支吊架与各专业的碰撞问题，优化支吊架设计方案，如图 21 所示，减少施工阶段因设计“错漏碰缺”问题而造成的损失和返工。

此外，在施工深化设计过程中，针对一些具有重要功能的机房，如车控室、环控机房、消防泵房等，依据二维施工图纸，创建机房的各专业 BIM 模型，并基于该机房 BIM 模型，对机房的管线、设备布置进行深化设计，进行设备定位、复核预埋件位置等方案，最终实现机房布置合理美观，确保设备安装的操作空间及后期设备的检修、更换操作空间，同时机房深化模型可以用于指导后期施工工作和机房布置方案汇报，如图 22、图 23 所示。

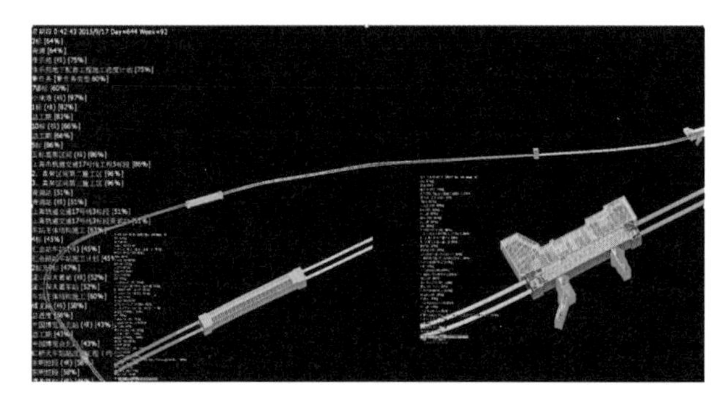

图 20　基于 BIM 的施工三维动态工程筹划模拟

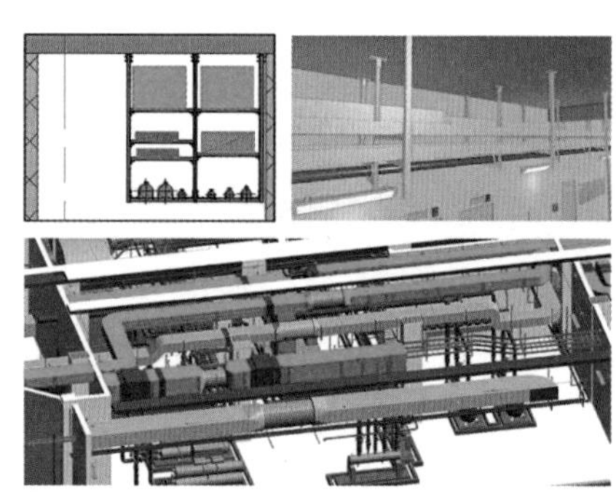

图 21　综合支吊架安装施工深化设计

图 22　车控室工艺布置模型

图 23　消防泵房施工深化模型

3）高架车站外立面 PC 构件安装施工模拟

根据上海轨道交通 17 号线高架车站装修设计图纸的要求，对外立面设计 PC 构件，使其从外面表现效果上相对较为美观。为了辅助设计提供外立面精装效果展示，本项目创建了外立面 PC 构件精细化模型，建立多视点三维效果图，可为最终外立面的方案比选、优化等决策提供帮助。同时，为了能够实现 PC 构件精准、精确安装施工的要求，项目通过精细化的模型指导 PC 构件的生产及安装，见图 24，同时为安装工序及施工影响范围提供了有利的参考依据。

图 24　高架车站 PC 构件吊装模拟

（4）施工实施阶段

1）施工 BIM 培训、现场交底

根据上海轨道交通 17 号线工程 BIM 应用实施进展情况，对本项目实施过程中施工单位的 BIM 实施工作提供技术支持，为参与项目建设的施工方技术人员开展施工阶段 BIM 应用价值点、BIM 应用系列标准、施工阶段 BIM 模型创建、BIM 模型应用等方面的培训，并通过 BIM 模型进行施工现场技术交底，旨在让施工单位深刻认识到 BIM 技术在施工阶段的应用价值，辅助施工技术人员能将 BIM 技术更好地应用于项目的施工进度、安全与质量管理上，从而提升施工管理水平，起到合理控制施工工期、安全与质量的效果。

2）虚拟进度与实际进度对比

在施工阶段，本项目将施工进度计划整合进施工图 BIM 模型，形成了 4D 施工模型，用于模拟项目整体施工进度安排，并对工程实际施工进度情况与虚拟进度情况进行对比分析。如图 25 所示，通过对比图，能够检查与分析施工工序衔接及进度计划合理性，并借助施工管理平台进行项目施工进度管理，切实提供施工管理质量与水平。

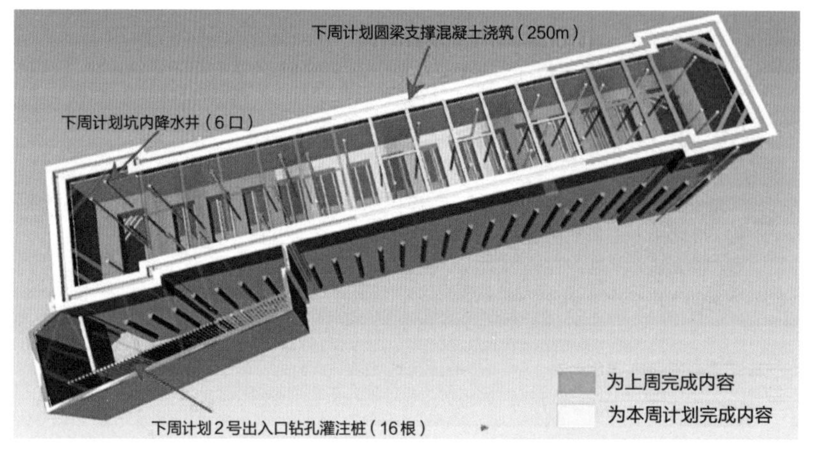

图25　虚拟进度与实际进度对比分析

3）PC外立面三维扫描

上海轨道交通17号线东方绿舟站、朱家角站、徐泾北城站外立面采用外挂PC板进行装饰，而安装PC挂板的结构预埋件施工误差较大，PC板形状复杂，构件重量重，施工安装难度大，施工安装完成后，外挂PC板施工质量的复核存在困难，亟须引进新技术来解决当前存在的问题。为此，通过3D扫描技术获取东方绿舟站、朱家角站、徐泾北城站外挂PC板的点云数据，如图26所示；生成相应的点云模型，如图27所示；与设计阶段BIM模型进行比对分析，如图28所示。指导辅助施工单位进行车站外挂PC板施工安装。在施工完成后，复核车站外挂PC板的施工安装质量，固化安装验收完成时的原始状态，为后期车站外挂PC板可能存在的扭曲变形、沉降监测等方面测试提供初始值，便于日后车站外挂PC板的维修保养。

4）乘客疏散路径、司机行走路径模拟

由于17号线采用接触轨方式供电，导致无法在轨行区进行任意走动。确保乘客安全疏散，以及在日交接班时司机安全行走，成为竣工交付前需要解决的重要环节。由于BIM模型整合了全专业信息，因此业主、设计人员、运营单位人员通过BIM模型，制定出每段区间以及车站与区间相连接区

图26　高架车站外立面点云数据获取

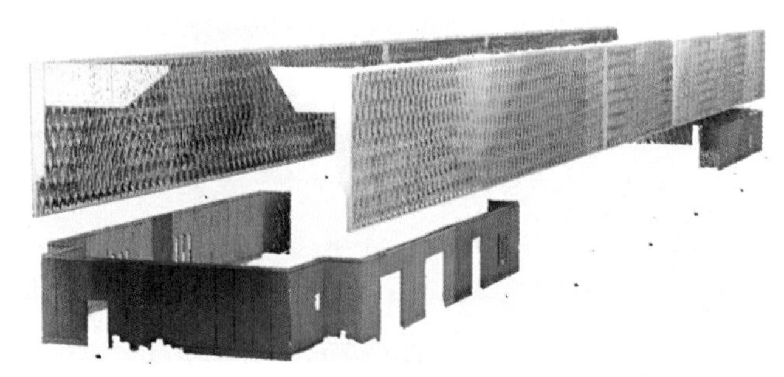

图27　高架车站外立面点云模型生成

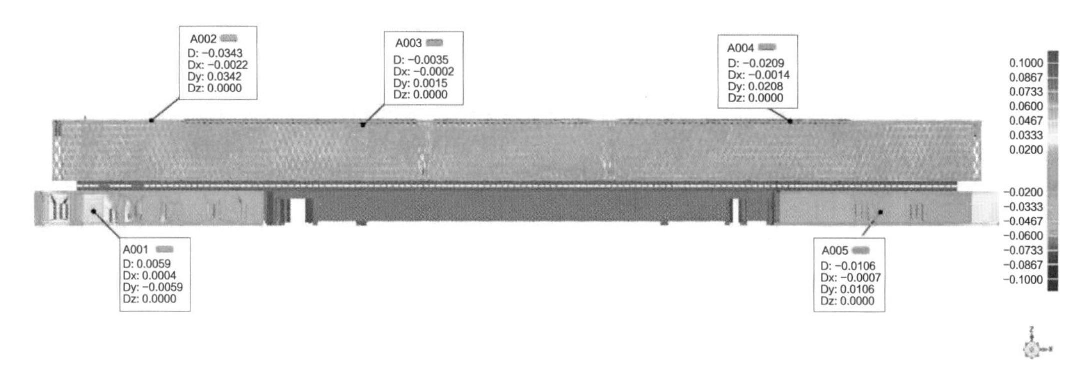

图 28　高架车站外立面点云模型与设计 BIM 模型点位误差比对分析

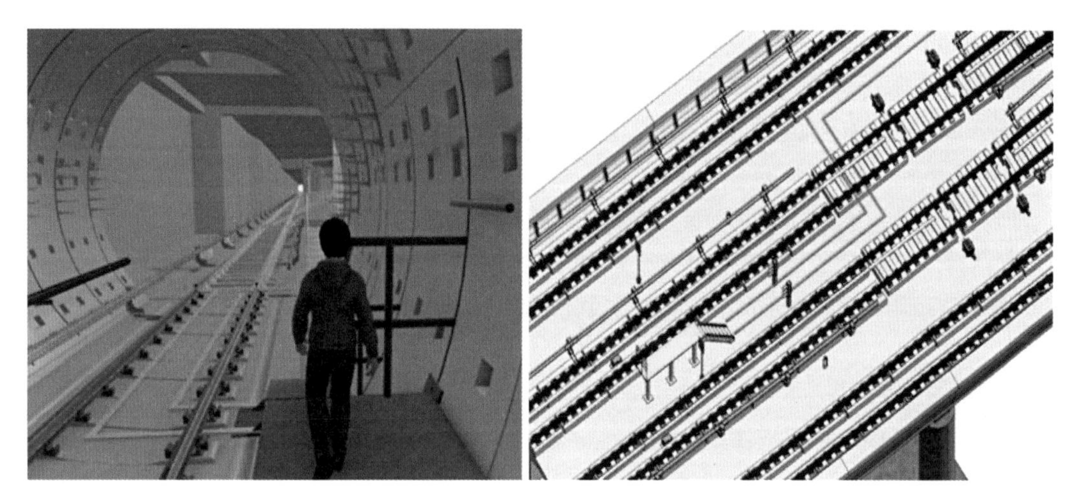

图 29　隧道内部乘客疏散路径、司机行走路径模拟三维演示

域的疏散路径，直接使用 BIM 模型进行现场施工指导，见图 29。

5）竣工模型建立

在项目竣工交付阶段，在施工模型的基础上，对工程竣工模型的竣工信息进行补充完善，生成各专业竣工模型，如图 30 所示。同时搜集整理各类非结构化的施工过程文件，形成以竣工 BIM 模型为中心的工程竣工数据库，并与竣工 BIM 模型实现关联，归档完成后交付至业主单位。

（5）运维阶段

1）模型三维漫游

轨道交通行业基于 BIM 模型三维漫游，主要以车站和区间的模型漫游为主，可使运营管理人员快速熟悉运营管理对象，准确掌握车站和区间的重要设施设备分布情况以及关键出入口位置，方便管理人员对现场情况的掌握管理。

图 30　车站装修竣工 BIM 模型、车站变电所竣工模型

2）结构安全管理

轨道交通行业基于 BIM 模型的结构安全管理，主要是以区间的盾构管片结构安全管理为主。基于 BIM 模型和盾构管片上的传感器能够获取监测数据，见图 31，可以实现对管片沉降、收敛变形、结构裂缝、结构差异变形、渗漏监测和阈值预警等，另外这些信息与相应的管片将进行绑定，从而实现基于 BIM 的盾构管片结构安全管理，方便现场人员对具体管片病害的了解。

3）设备运行管理

轨道交通行业涉及的设施设备专业种类繁多，数据量大，包括：供电、照明、给水排水、通风、通信、消防、视频监控、乘客广播系统、屏蔽门等，将这些设备的动态运行信息与 BIM 模型构件进行关联，能够实现对轨道交通行业设备的运行管理和数据统计分析，方便现场人员对设备运行状态的管理，见图 32。

4）车站运营管理

轨道交通车站的运营管理主要以地铁车站的客服、乘务和治安等的工作调度管理为主，基于 BIM 技术，结合室内定位、移动互联技术，可以实现基于 BIM 的车站运营管理，方便车站运营管理人员准确掌握现场情况，实现车站运营管理业务服务的高效管理。

5）资产管理

基于二维码标签和 BIM 技术，将 BIM 模型和现实实物用二维码标签连接起来，可以实现基于

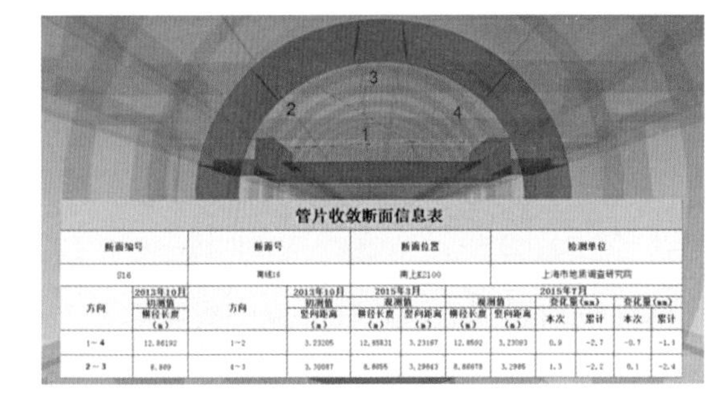

图 31　管片收敛变形监测界面图

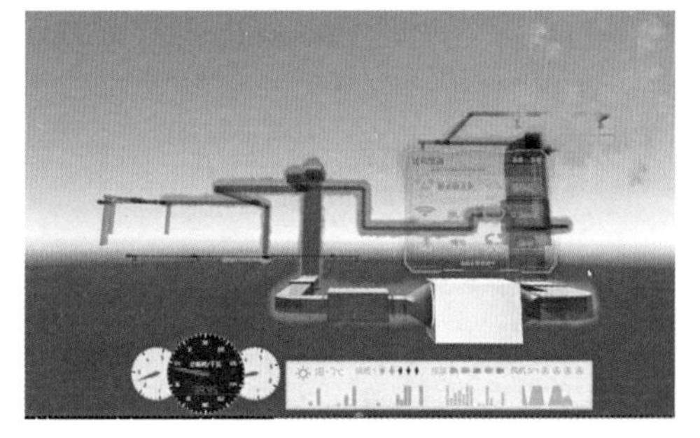

图 32　车站新风系统运行状态图

BIM 的轨道交通资产管理，方便轨道交通的运营管理人员迅速掌握资产的具体空间位置，而不仅仅只是传统资产表中的某一项枯燥数据。

6）维保管理

轨道交通行业在运营过程中，除站内具体对乘客的运营事务管理外，还存在对设备的巡检、养护、维修等工作，十分需要设备巡检人员能够主动、及时发现问题，排除潜在的隐患，以提高整个项目的运营管理水平。基于 BIM、移动互联技术和二维码标签实现轨道交通行业的维保管理，使现场工作人员在设备故障时能够迅速基于移动端查询设备的相关文档信息进行现场故障排除，提高设备在故障时的应急响应能力，见图 33。

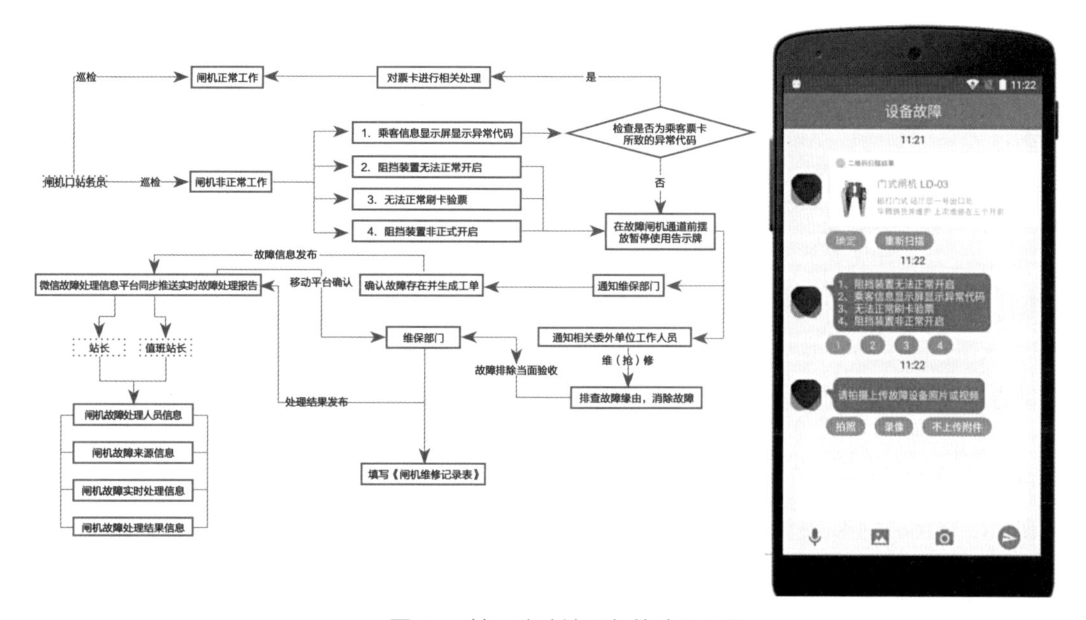

图 33　基于移动端设备故障记录图

7）预案管理

轨道交通行业的预案管理主要以预案编制、预案演练和应急处置管理功能为主。基于 BIM 技术的预案管理，能够基于 BIM 模型和现场的实时情况，及时定位事故发生地点，提供可视化的事故信息与应急资源信息，能够规划车站人员应急疏散路线，监控相关机电系统的处置动作，掌握轨道交通项目应急时的全局状态，为现场和远程应急指挥提供决策依据，并及时更新善后处理信息。

8）能耗管理

将轨道交通行业各专业的传感器、探测器以及仪表获取的能耗数据，依据 BIM 模型按照区域和专业进行统计分析，使得管理人员能够更直观地发现能耗数据异常的区域，并针对性地对异常区域进行检查，发现可能的事故隐患或者调节设备的运行参数，以达到排除故障、降低能耗、维持轨道交通项目业务正常运行的目的。

四、BIM应用成效

4.1 BIM技术实施效益

（1）经济效益

在设计阶段，将 BIM 技术应用在设计方案优化、错漏碰撞检查、工程量复核等方面，提高了设计质量，有效控制了成本；在施工阶段，通过 BIM 在施工方案优化、机电设计深化、进度控制、施工管理等方面的应用，减少了施工浪费，缩减了工期，实现了施工现场的精细化管理，并在建设期产生了巨大的经济效益。在上海轨道交通 17 号线建设中，解决碰撞问题约 16893 个，节约成本约 1047.9 万元，从模型出图 1040 多张，大幅度提升设计质量。在施工阶段 BIM 应用过程中，解决问题 2735 个，节约成本约 341.8 万元，整理完成设备厂商族 2559 个，全面提升设备交付信息完整度，并交付全线所有车站、区间、车辆段、停车场及主变竣工模型。

在项目竣工交付阶段，通过 BIM 竣工模型创建，确保了建设期信息有效传递至运维阶段，为后续地铁运营养护管理部门提供数据基础。同时，通过运维管理平台的开发和运行，降低中长期的地铁运营和养护中将产生的经济成本。

（2）社会效益

BIM 技术在本项目设计、施工、运维全生命周期中，可以创建三维可视化的 BIM 模型，并通过协同管理平台有效实现跨组织的文件和流程管理，促进项目设计管理水平；在施工阶段，充分发挥 BIM 模型的三维可视化、可模拟特点，切实提高项目施工管理水平。基于 BIM 竣工模型，开发运维管理 BIM 平台，实现了基于 BIM 的数字化和智能化地铁运维管理，有效提高运维管理水平。

通过上海轨道交通 17 号线的 BIM 应用，提高了专业人员 BIM 应用水平，共培养人才 20 人。更重要的是通过 17 号线建设期 BIM 应用实践，使参与该项目的 BIM 人员专业技术水平得到了快速的提高，为轨道交通行业培养了一批具有专业技术能力的 BIM 人员，推动轨道交通工程 BIM 应用的进一步发展。

（3）其他成果

本项目获得软件著作权 5 项，发表论文 5 篇。具体软件著作权、论文名称如表 2、表 3。

软件著作权列表　　表2

序号	软件著作权名称	登记号	开发完成日期
1	上海申通地铁预制构件生产信息管理系统	2019SR0313736	2015 年 12 月 31 日
2	上海申通地铁预制构件施工信息管理系统	2017SR259908	2016 年 1 月 13 日
3	上海申通地铁管片生产数据采集系统	2019SR0313723	2016 年 1 月 13 日
4	上海申通地铁地下管线信息模型快速建模软件	2019SR0313794	2015 年 12 月 25 日
5	上海申通地铁地质信息模型快速建模软件	2017SR259718	2015 年 12 月 25 日

论文成果列表 表3

序号	论文名称
1	《轨道交通工程 Revit 快速建模工具集开发》
2	《轨道交通工程 Revit 族库系统设计与开发》
3	《一种提高轨道交通机电资产建模和管理效率的方法研究》
4	《上海轨道交通 17 号线全生命期 BIM 技术应用研究》
5	《基于 BIM 技术的轨道交通预制构件信息管理系统研究》

4.2 BIM技术应用推广与思考

（1）BIM 技术应用存在问题与改进措施

1）问题 1：正向设计还处于研究和推广阶段，目前的设计工作主要还是基于传统的二维设计流程，BIM 技术还未完全融入设计流程，没有充分发挥设计阶段 BIM 的应用价值。

改进措施：在设计阶段，逐步推广三维正向设计，制定三维正向设计标准化模板和工作流程，将 BIM 技术真正地融入设计流程，充分发挥 BIM 技术的应用价值。

2）问题 2：建设期形成的各种数据资产库的验收，目前多数数据还处于人工校审，速度较慢，浪费人力，亟须研究自动化校审，达到快速、准确校审的目的。

改进措施：在施工阶段，着重开发和推广建设可视化协同管理平台，用数据驱动建设，实现精细化管理；研究开发形成自动化校审工具，规范化竣工验收交付流程，形成数据资产并用于运维。

3）问题 3：运维期如何运用数据资产库还处于试点研究阶段，智慧运维平台如何提高运维的效率和品质仍处于探索阶段，需要各方大力支持，实现智慧运维。

改进措施：在运营阶段，着重开发和推广智慧运维管理平台，实现轨道交通线网一体化管理，提升管理效率和品质，实现智慧运维。

（2）可复制可推广的经验总结

1）设计阶段

设计阶段的 BIM 技术应用分为可行性研究阶段、初步设计阶段和施工图设计阶段。利用 BIM 技术在设计阶段各专业能够通过进行有效的信息互通这一特点，实现不同专业可实时信息获取。借助 BIM 技术实现轨道交通精细化设计，并合理组织协同工作流程，促进各专业协作交流，提高设计效率与质量。其中，在施工图设计阶段，利用 BIM 对各专业模型优化，主要开展三维管线综合、装修效果仿真和工程量统计等应用点，辅助设计方优化设计图纸，具有提高图纸质量，辅助提升设计管理效率和质量，实现精细化设计的意义。

2）施工阶段

施工阶段 BIM 技术应用分为施工准备阶段、施工实施阶段和竣工验收交付阶段。在上海城市轨道交通领域，施工阶段 BIM 技术的应用点较多，根据各个工程项目 BIM 技术应用的需求选择相适用的应用点，并全面开展，实现了基于 BIM 技术实现施工阶段精细化管理，使行业整体建设管理水平走向新高度。其中，在本项目施工实施阶段，主要采用辅助项目管理和分析的应用，建设可视化协同管理平台，将 BIM 模型充分应用于工程项目的进度、质量、安全管理过程中，开展标准化管理、进度管理和质量管理等方面的应用，对实现工程项目的精细化管理有重要意义。

3）运维阶段

运维阶段 BIM 的应用主要是通过轨道交通智慧运维管理平台进行开展，该平台集成了运行期间各类数据（包括设施设备检测信息、当前养护状态、重点构件实时监控信息）与竣工模型。其中，车站平台具有三维可视化管理、设备资产管理、综合监控管理、运营维保管理、空间管理、统计数据、文档资料管理、多终端支持等功能，对通过三维可视化管理方式开展的各项运维阶段 BIM 应用具有重要意义。

4.3 BIM技术应用展望

在设计阶段，继续推广三维正向设计，从政策、规范、管理、平台、工具五个基本面为正向设计营造好的生态环境，将 BIM 技术真正地融入设计，充分发挥 BIM 技术的设计价值。

在施工阶段，着重开发和推广建设可视化协同管理平台，结合项目建设的各参与方标准化管理流程，以施工阶段采集的工程进度、质量、成本、安全等动态数据为驱动，实现集成静态动态数据的精细化、标准化和智能化建设管理，提升建设管理水平。

在运维阶段，着重推进 BIM 智慧运维管理平台升级，深入服务运营和维保两大业务，对运营业务实现空间搜索快速定位，辅助车站对事件进行快速处置。另外，要实现运营台账 100% 电子化，为一线运营人员减负。对维保业务，通过 BIM 数字化模型，将设备故障迅速定位到设备模型内部，进行可视化分析，对未来管理效率和品质提升、智慧运维的实现具有重大意义。

淀东水利枢纽泵闸改扩建工程

关键词 全生命周期应用、设计牵头、水利工程、BIM 三维配筋出图、BIM 与三维倾斜摄影的集成应用、BIM 与造价软件集成应用、BIM+3D 打印、BIM 装配式技术、BIM 参数化建模等

一、项目概况

1.1 工程概况

项目名称	淀东水利枢纽泵闸改扩建工程
项目地点	上海市闵行区淀浦河
建设规模	新建一座排涝泵闸（泵站排涝设计流量 $90m^3/s$，水闸总孔径 24m）、一座引水泵闸（泵站引水设计流量 $20m^3/s$、水闸总孔径 5m）、一座水文测站（建筑面积 $33.6m^2$）以及泵闸管理区等，是上海市最大的排涝泵站之一。
总投资额	49606 万元
BIM 费用	198 万元
投资性质	政府投资
建设单位	上海市堤防（泵闸）设施管理处
设计单位	华建集团上海市水利工程设计研究院有限公司
施工单位	上海水利工程集团有限公司

1.2 项目特点难点

（1）工程建设环境苛刻，开挖施工难度大。排涝泵闸选址上游有中春路桥，下游有老节制闸，左岸有徐泾原水管线，右岸需不影响建于 20 世纪 70 年代的船闸运行，因此建设开挖难度高。项目利用实景建模技术对泵闸总体布置方案进行多方案比选，实现了 $12000m^2$ 的平面紧凑布置。

（2）创新逆作法基坑围护方案，打破施工常规思维。利用 BIM 技术对基坑面积 $15000m^2$、基坑开挖深度超过 12m 的基坑进行基坑设计，通过多方案比选和施工顺序模拟，创新提出逆作法即带支撑围护与永临结合自立式围护相结合的基坑围护方案，工程安全性和经济性得到显著提高。设计提出在基坑较深部位采用带三道支撑系统的灌注桩加水泥搅拌桩方案，同时打破先低后高施工常规，先浇筑基础相对较高的水闸底板，并利用其作为第三道支撑的一部分，为浇筑更低基础的泵站底板提供条件。

（3）建筑造型简洁大气，与泵闸结构深度融合。在建筑设计上，排涝泵闸区域副厂房和站身泵房有机结合，采用“T”形布置手法，突出板片与盒子穿插的语言逻辑关系，建筑造型简洁轻盈，保留了淀浦河的通透性。

二、BIM实施规划与管理

2.1 BIM实施目标

根据水利工程特点，在项目全过程实施中梳理关键环节，提炼 BIM 关键技术进行研究与应用，包括倾斜摄影技术、参数化建模技术、三维配筋技术、三维造价技术、BIM+3D 打印技术、BIM 装配式技术、三维数模技术等。按项目设计、施工和运维划分，研究各阶段不同 BIM 应用点，总结不同应用点 BIM 数据内容、工作流程及交付成果，为实际项目实施提供指导。

2.2 BIM的实施模式、组织架构与管控措施

本项目由设计方主导，在协同、模型、应用、管理过程中得到业主方的大力支持，业主方在数据交付需求、项目管理规定、项目报审流程上提供了大量资料，协助设计方制定本项目实施规划，其中 BIM 标准体系中建设方 BIM 标准由业主方主导，由本项目设计方协助完成。形成项目总体组织模式与流程详见图 1，项目协同组织架构见图 2，项目设计方组织模式与软件平台应用详见图 3，项目 BIM 设计流程见图 4，项目 BIM 实施技术路线图见图 5。BIM 技术应用实施进度计划表、BIM 技术应用实际实施进度表见表 1、表 2。

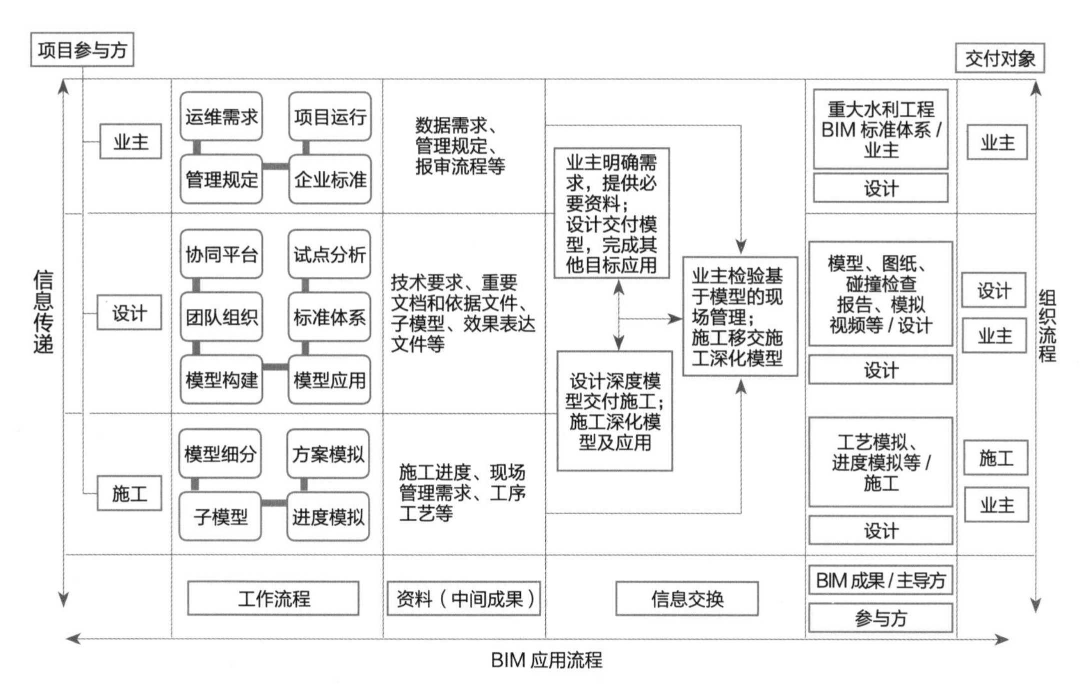

图 1　项目总体组织模式与流程图

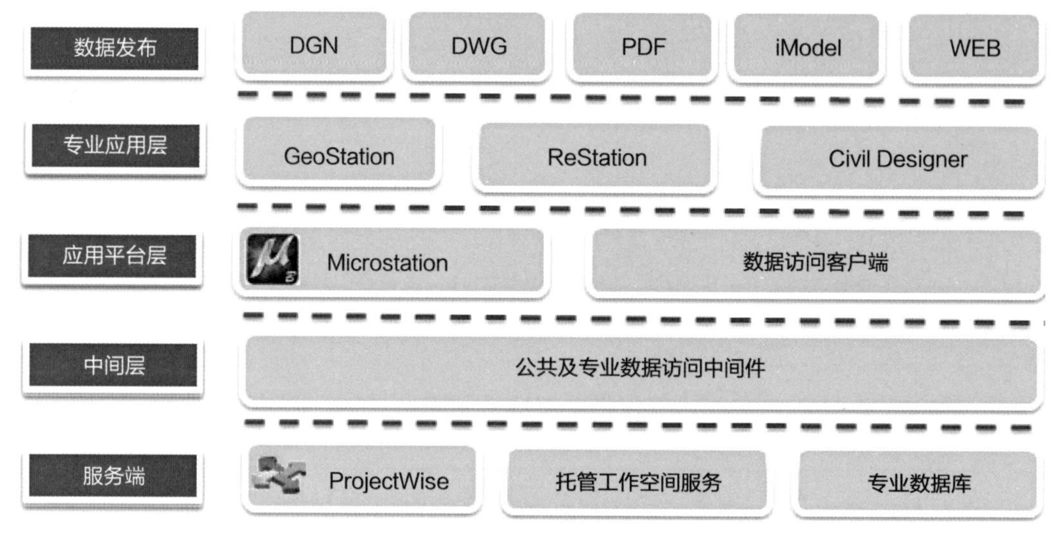

图 2　项目“统一化”的协同组织架构

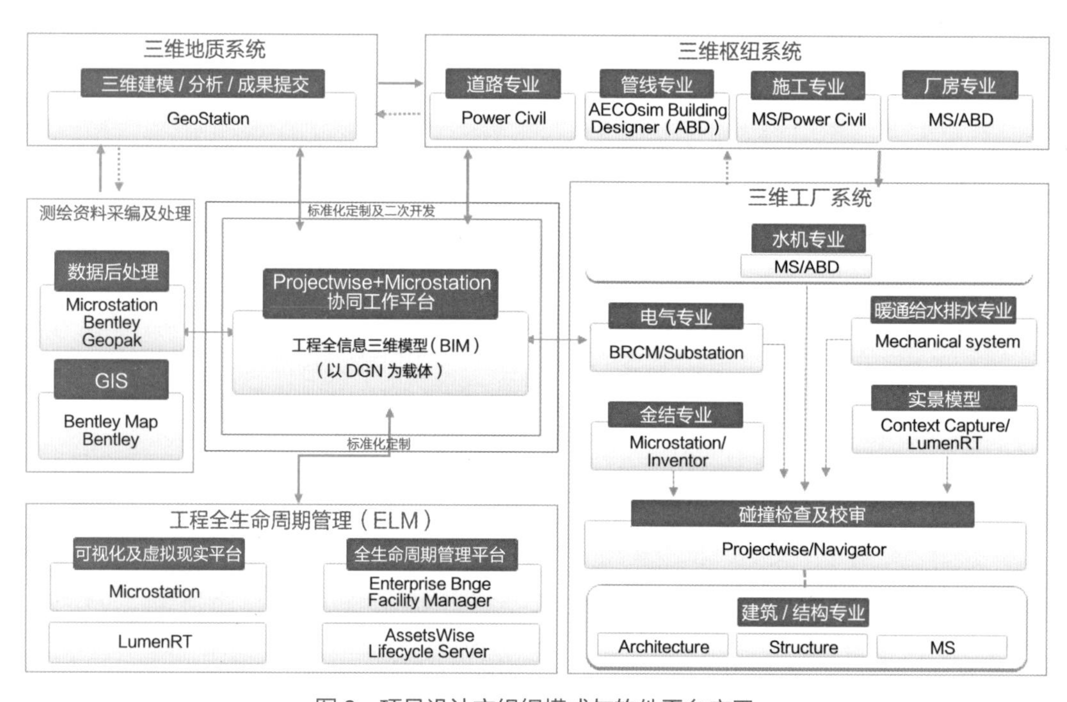

图 3　项目设计方组织模式与软件平台应用

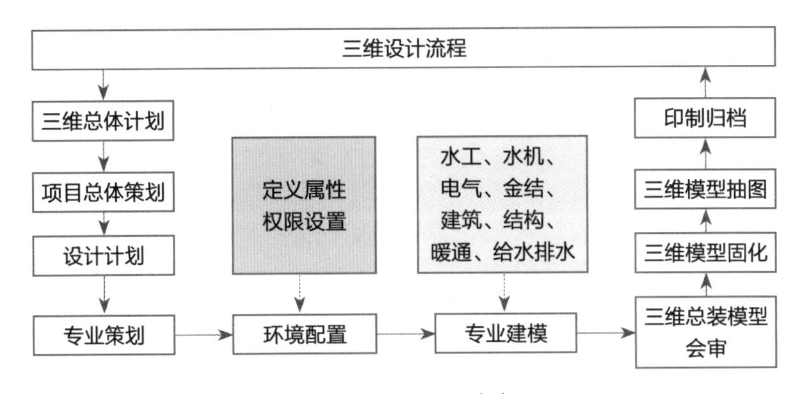

图 4　项目 BIM 设计流程

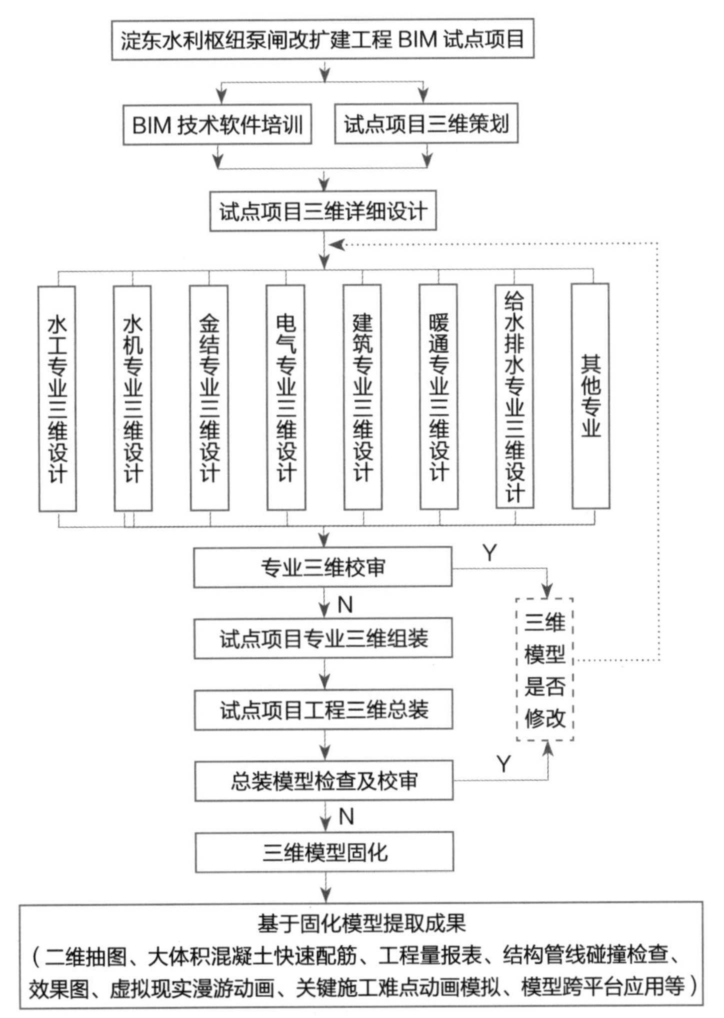

图 5　项目 BIM 实施技术路线图

BIM技术应用实施进度计划表　　表1

时间进度计划	工作内容
2015.11.01—2015.12.30	组建团队、软件培训、试点项目三维设计整体策划
2016.01.01—2016.03.31	各专业三维建模（原有建筑物仅进行几何建模）
2016.04.01—2016.04.15	专业三维模型校审及修改、专业模型组装
2016.04.16—2016.05.31	项目模型总装、总装模型校审及修改、模型固化
2016.06.01—2016.07.31	基于模型的结构抽图、大体积混凝土配筋及抽图
2016.08.01—2016.09.30	效果图渲染、虚拟漫游动画、关键施工过程模拟
2016.10.01—2016.10.30	资料整理、汇总
2016.11.01—2016.12.30	完成试点项目验收和归档

BIM技术应用实际实施进度表　　表2

实际时间进度	工作内容
2015.11.01—2015.12.30	组建团队、软件培训、试点项目三维设计整体策划
2016.01.01—2016.03.31	各专业三维建模（原有建筑物仅进行几何建模）
2016.04.01—2016.04.15	专业三维模型校审及修改、专业模型组装
2016.04.16—2016.05.31	项目模型总装、总装模型校审及修改、模型固化
2016.06.01—2016.07.31	基于模型的结构抽图、大体积混凝土配筋及抽图
2016.08.01—2016.09.30	效果图渲染、虚拟漫游动画、关键施工过程模拟
2016.10.01—2016.10.30	资料整理、汇总
2016.11.30—2017.01.31	仿真分析
2017.02.01—2017.02.28	实景建模
2017.03.01—2017.04.15	后期运行维护
2017.04.16—2017.06.10	项目验收报告及经验总结
2017.06.11—2017.06.30	完成试点项目验收和归档

根据试点工程项目特点及水利院 BIM 技术工作推进整体安排，随着试点项目的逐步深入，除了完成原计划的所有 BIM 应用点外，在立足设计、延伸施工和运维应用的基础上新增了仿真分析、实景建模、后期运行维护及新增部分经验总结等 BIM 拓展部分。

三、BIM技术应用与特色

3.1 BIM应用项

本项目 BIM 技术应用项如表 3 所示。

项目BIM技术应用项　　表3

序号	应用阶段		应用项
1	设计阶段	方案设计	参数化建模
2			倾斜摄影建模
3			场地现状仿真
4			工程选址及选线
5		初步设计	二维出图
6			管线综合
7			工程量统计
8			BIM+ 水流、岩土数值模拟
9		施工图设计	三维配筋出图
10			三维施工图会审
11	施工阶段	施工准备	施工场地布置
12			三维施工图技术交底
13			施工模型深化
14			BIM+3D 打印
15		施工实施	施工安全质量控制
16			施工进度模拟
17	运维阶段	运维	运维管理方案策划
18			运维管理系统搭建

3.2 BIM应用特色

（1）首次实现泵闸全面正向设计

1）本项目在泵闸项目设计过程中，方案设计阶段基于BIM技术实现泵闸平面布置选型，见图6、图7；基于参数化建模研究成果，能快速对结构进行布置和设计，提高设计效率。

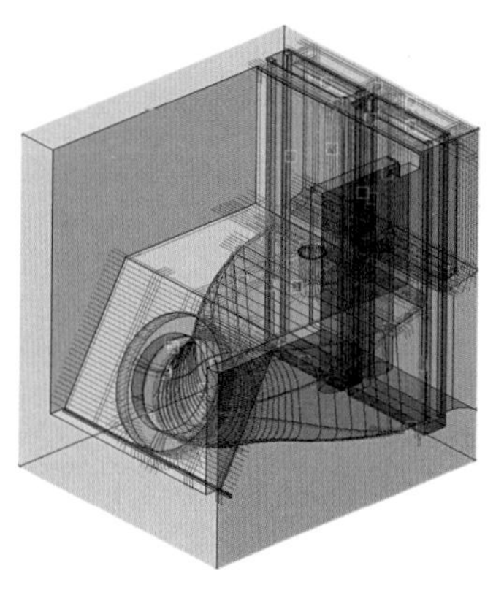

图 6　流道三维配筋模型

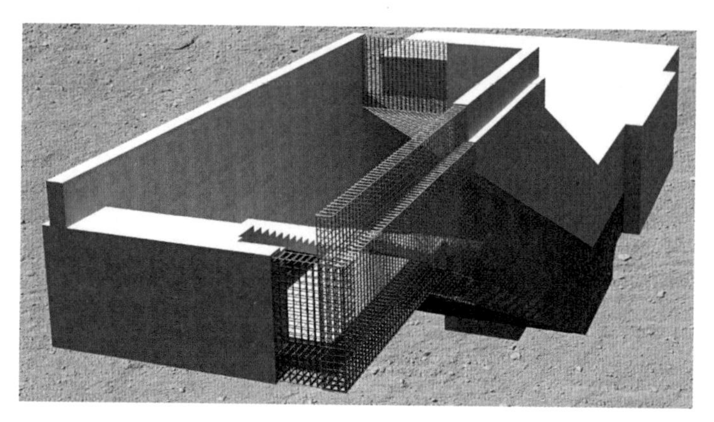

图 7　闸墩三维配筋模型

2）初步设计阶段将 BIM 模型与 Flow-3D、Ansys 等数模软件进行对接，并进行结构计算，见图 8～图 11；将建立的 BIM 模型快速导入工程造价软件进行概预算工作，提高了概预算工作的效率和精确性。

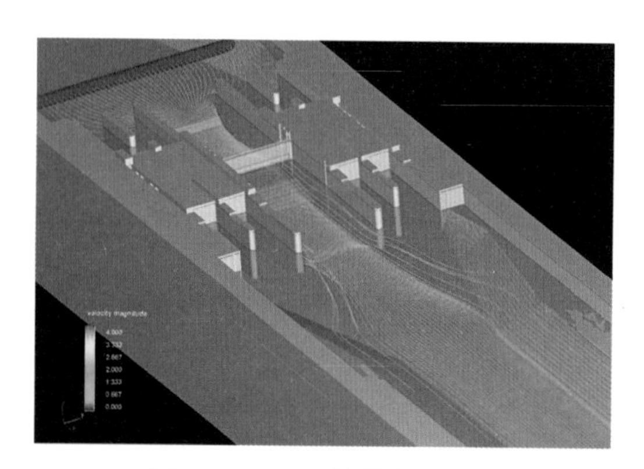

图 8　Flow-3D 流线数值模拟

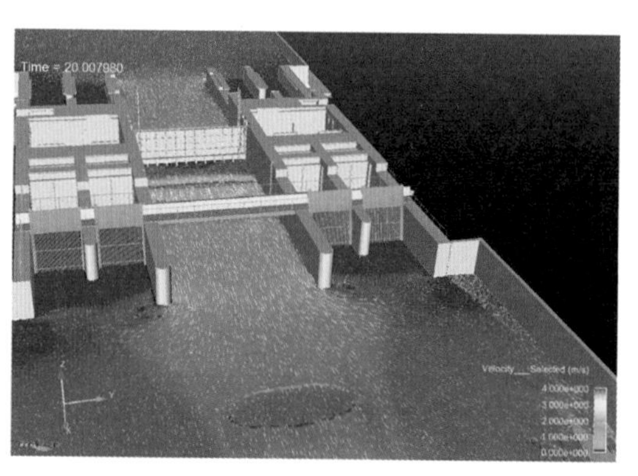

图 9　Flow-3D 流场数值模拟

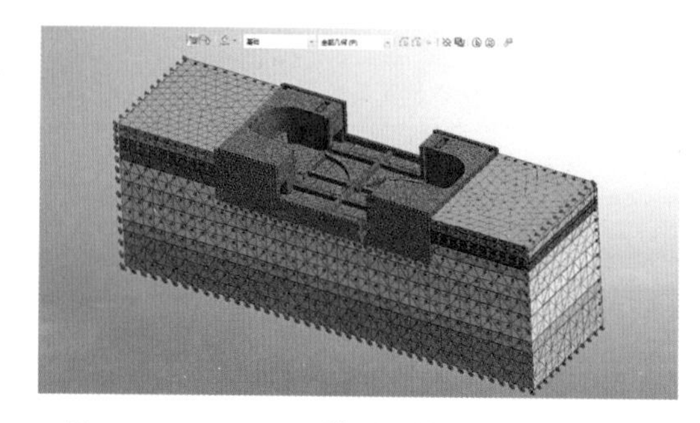

图 10　Midas-GTS 模型网格划分及添加约束

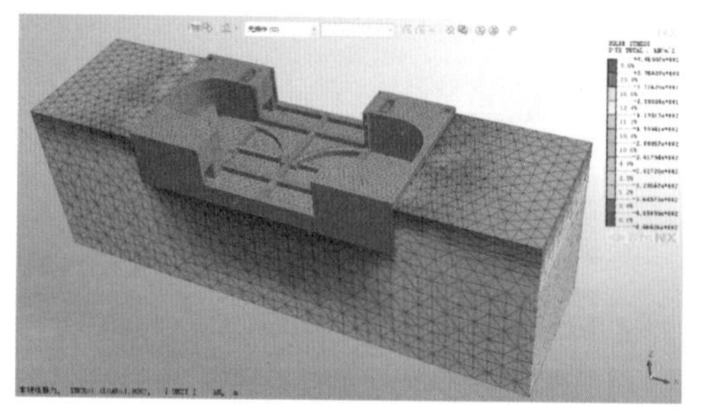

图 11　Midas-GTS 应力应变计算成果

3）在施工图阶段，基于 BIM 模型进行泵闸结构正向配筋出图，解决了传统二维绘图中存在的钢筋错漏不清、工程量不准确等问题，为项目钢筋施工提供可视化模型、可量化数据；采用施工图三维会审，对最终施工图进行多方会审，发现图纸中错漏碰撞问题，提升设计质量和品质，避免了返工。已授权软件著作权 3 项。

（2）创新性地将 BIM 技术与 3D 打印技术、装配式技术研究相结合

1）创新性地运用 3D 打印技术制作流道模板

针对泵闸流道空间曲面模板制作难度大、时间长和成本高的难题，本项目深入研究了采用工程 3D 打印技术打印模板，提高模板加工精度及降低制作成本，并在项目中推广，研究详细的打印、运输和装配细节，并申请工法，见图 12、图 13。

图 12　张泾河泵闸 3D 打印模型

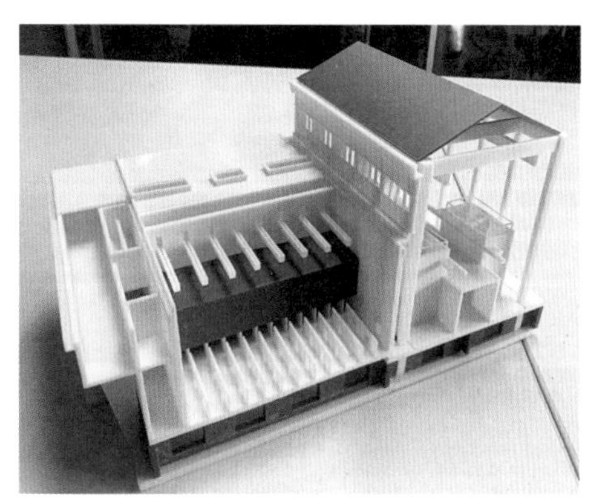

图 13　南汇南水厂项目活性炭滤池 3D 打印模型

2）创新性地采用 BIM 技术辅助水利装配式技术研究与应用

充分发挥 BIM 技术的作用，进行预制构件运输、吊装和装配等工序模拟、施工过程动态碰撞检测、装配过程复杂节点施工模拟、三维桁架钢筋布设、装配式构件连接安装、装配式构件造价分析等，结合 3D 打印模型模拟现场拼装工艺，以确保各种装配方案的可实施性，见图 14～图 17。已授权实用新型专利 6 项。

3）首次在水利工程中进行全生命周期 BIM 技术应用

本研究首次将设计、施工、安全质量监督及建设管理 BIM 技术高效集成，进行全生命周期一体化应用。在行业内形成很好的应用效益和推广价值。同时项目首次开展 BIM 技术在安全质量监督过程中的应用。通过 BIM 技术进行重点工作监督分析、重大危险源排摸等。深基坑安全监督过程中，创新研发了批量建模程序，自动建立监测点变形三维模型，方便、直观、同步地查看不同时间监测变形及报警情况，见图 18～图 21。质量监督阶段，通过实景模型与 BIM 模型进行对比分析，辅助监督员进行隐蔽工程验收，为项目全过程科技监管提供了智能手段。

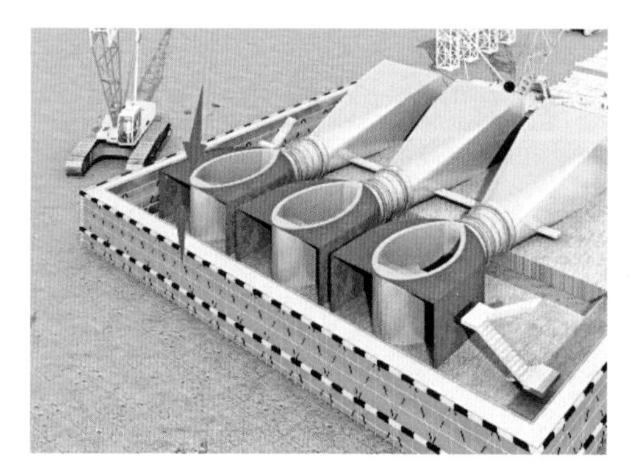

图 14　泵闸流道施工模拟

图 15　泵闸流道钢模板制作

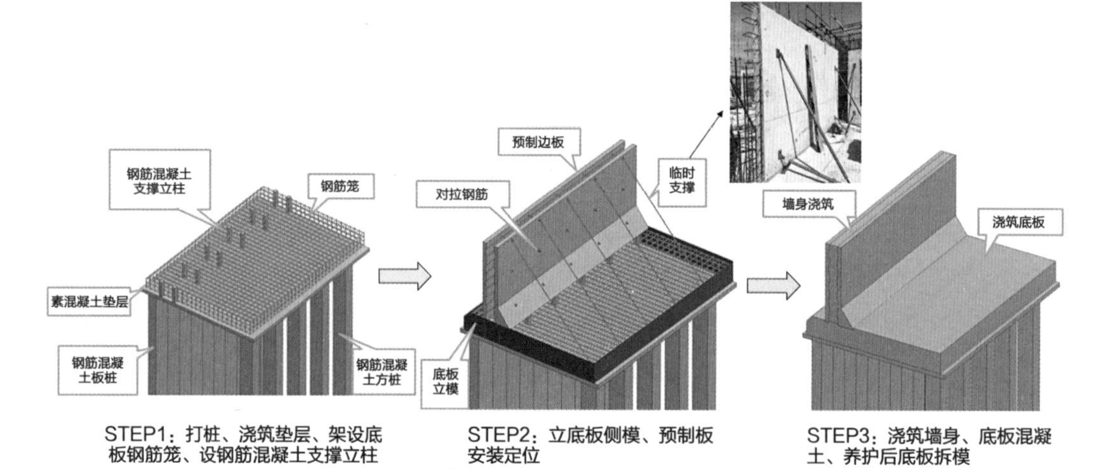

图 16　水利装配式挡土墙施工步骤模拟

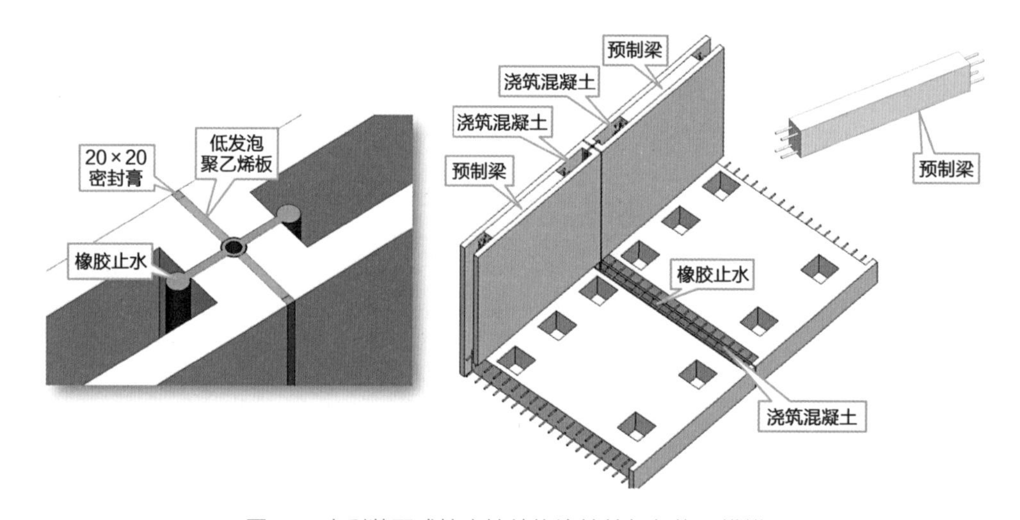

图 17　水利装配式挡土墙结构连接处细部施工模拟

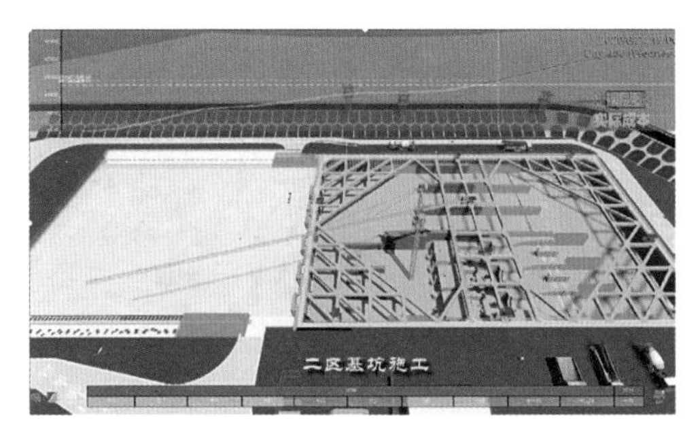

图 18　施工基坑 BIM 施工模拟

图 19　基于倾斜摄影模型的施工质量复核

图 20　重要安全隐患展示

4）编著上海水利行业第一本 BIM 应用标准

① 首创提出基于 Omniclass 的唯一码和分类码组合的编码体系

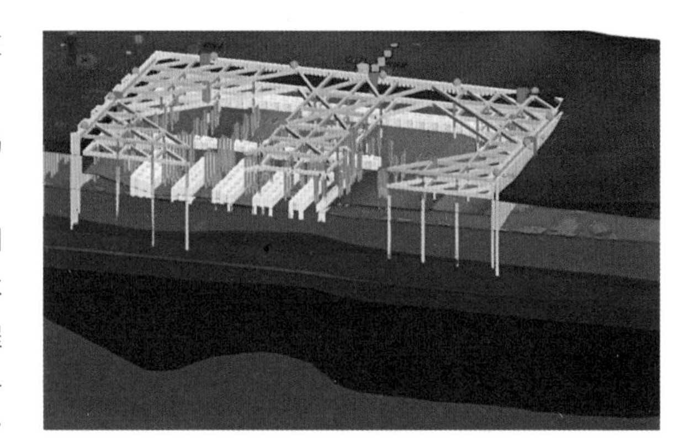

图 21　基于地质模型的桩结构设计复核

基于市水利行业的 BIM 实践，对接国家分类编码标准体系并兼顾扩展需求，本项目首创提出基于 Omniclass 的水利工程唯一码和分类码组合的编码体系，针对各类水利工程的特点，再按专业分别提出了详细的元素分类表，并进行编码，便于在全生命周期进行数据分类、标识和传递。有效解决了目前编码混乱、数据传递障碍和信息割裂等问题，保证了数据传递的完整性、一致性、有效性和可扩充性。已授权发明专利“基于 Omniclass 分类技术的新型水利工程 BIM 唯一编码方法”1 项，发表核心期刊论文 5 篇，见图 22。

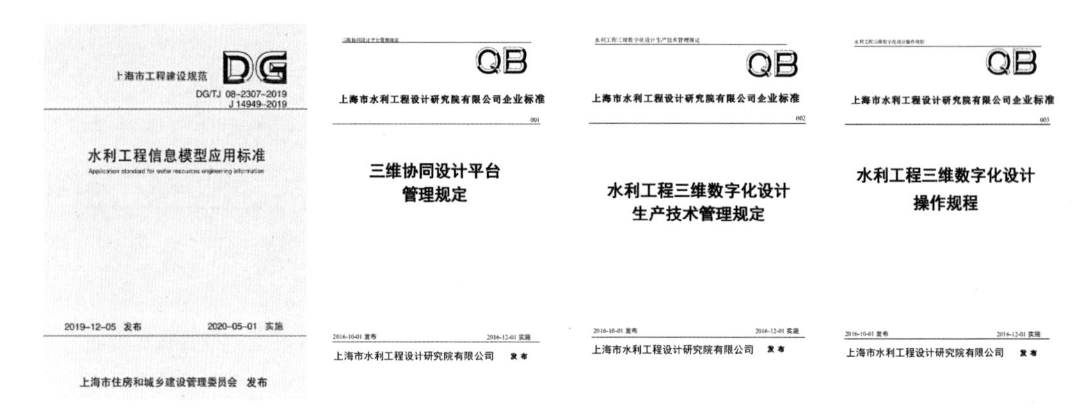

上海市工程建设规范 DG
DG/TJ 08-2307-2019
J 14949-2019
水利工程信息模型应用标准
Application standard for water resources engineering information
2019-12-05 发布　2020-05-01 实施
上海市住房和城乡建设管理委员会 发布

QB
上海市水利工程设计研究院有限公司企业标准
001
三维协同设计平台
管理规定
2016-10-01 发布　2016-12-01 实施
上海市水利工程设计研究院有限公司 发布

QB
上海市水利工程设计研究院有限公司企业标准
002
水利工程三维数字化设计
生产技术管理规定
2016-10-01 发布　2016-12-01 实施
上海市水利工程设计研究院有限公司 发布

QB
上海市水利工程设计研究院有限公司企业标准
003
水利工程三维数字化设计
操作规程
2016-10-01 发布　2016-12-01 实施
上海市水利工程设计研究院有限公司 发布

图 22　上海市《水利工程信息模型应用标准》、上海市水利院 BIM 企业标准

② 创新性地将建模精度和信息粒度统一标识

本项目将建模精度和信息粒度统一标识，定义了不同层级下各专业、各阶段详细的建模精度、信息粒度要求，以规范化建模行为。提出了从建模精度和信息粒度两个维度来衡量模型的完整性与准确性。根据水工结构、水力机械、金属结构、电气等专业在全生命周期不同阶段的要求，如图 23，分别详细定义了从 LOD100～500 各层级的内涵与要求。

③ 全方位提出协同内容

本项目全方位提出协同内容，保障参建各方、各专业、各阶段之间数据的无缝衔接。从角色、数据、流程、行为等方面提出管理与数据协同内容，以及其各自的要素和实现方式，按全生命周期逐一

等级	通用释义	建模精度	信息粒度	
			几何信息粒度	非几何信息粒度
LOD100	水工结构概念化数据，一般用于项目建议书阶段。	工程对象概念形状建模，包含基本占位轮廓、粗略尺寸、方位、总体高度、规划线。建模精度可为3m。如无可视化需求，可二维表达。	具有概念级普遍性特征的数据，主要包括与模型相匹配的范围、高度、型式、相对位置、朝向、上下游、基本地理信息、控制性点坐标等几何属性。	项目基本信息，主要包括工程名称、建设地点、主体功能及规模、洪水标准等；构件基本信息，主要包括设计安全等级、设计使用年限、混凝土强度等级、环境类别等。
LOD200	水工结构初步表达数据，一般用于工程可行性研究阶段。	工程对象单元近似形状建模，具有关键轮廓控制尺寸，宜体现工程主要结构型式。建模精度可为100mm。	具有初步形状特征的数据，主要包括与模型相匹配的大致的范围、尺寸、形状、位置和方向，基本地理信息、构件分类与数量、空间布置等几何属性。	工程选址选线信息、结构构件的主要特征指标、材料信息、主要物理力学特性指标等。
LOD300	水工结构精确表达数据，一般用于初步设计和施工图设计阶段。	工程对象单元基本组成部件形状建模，具有确定的尺寸，能反映关键性的设计需求或施工要求。主要构件建模精度可为5mm。	具有精确几何特征的数据，主要包括与模型相匹配的构件规格、绝对定位、相对位置、控制性尺寸及高程、概算工程量等几何属性。	结构构件详细设计属性，主要包括材料组成、材料参数、技术参数、施工进度等。
LOD400	水工结构加工级表达数据，一般用于施工阶段。	工程对象单元安装组成部件特征建模，具有准确的尺寸，可识别具体选用产品的形状特征。主要构件建模精度可为3mm。	具有高精度几何特征的数据，主要包括与模型相匹配的构件（土建）的详细几何尺寸、用料体量、及其完整链接关系等几何属性。	主要包含结构构件安装信息、采购信息、供应信息、建造过程监测信息、施工信息、加工制造信息等。
LOD500	水工结构完整交付表达数据，一般用于运维交付阶段。	工程对象单元表达内容与工程实际竣工状态一致，建模精度参考LOD400。	具有建造完成与使用维护几何特征的数据。主要包括与设备模型相匹配的系统定位、设备组成、零部件几何尺寸和装配信息等几何属性。	主要包含结构构件管理维护信息、使用期监测和检测信息、养护信息、资产管理与权属信息等。

模型精细度：水工结构、水力机械、金属结构、电气工程

图 23　各专业建模精度和信息粒度等级定义表

分析，保证数据在参建各方、各专业、各阶段之间以及在同一平台内部、不同平台之间的无缝衔接，已指导多个复杂项目的顺利实施。

④ 提出全生命周期的 28 个 BIM 应用点

如图 24 所示，本项目提出包含输入信息内容、工作流程及交付成果等方面要求的全生命周期的 28 个应用点，为行业 BIM 技术应用提出可操作和实施的技术路径。针对上海水利工程的特点，针对全生命周期的 28 个应用点，详细研究不同阶段不同应用的侧重点，提出各应用点的输入信息内容、工作流程及交付成果，为行业 BIM 技术应用推广明确了可操作和实施的具体技术内容，以上应用点均已在工程实践中成功应用。

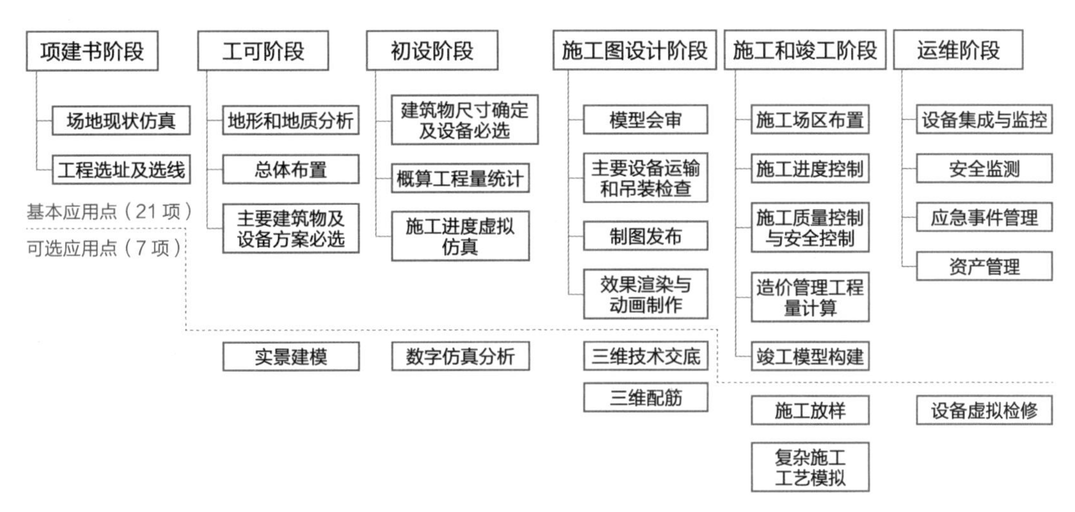

图 24　各阶段 BIM 应用点

四、BIM应用效益

4.1　BIM技术实施效益

（1）经济效益

基于 BIM 模型与水流数模软件及结构分析软件跨平台对接、参数化建模等技术减少二次建模时间，节约 20% 的设计时间；流道三维配筋出图，提高出图质量，节省约 15% 的出图时间；通过 BIM 模型自动导出工程量，一键进行计价，提高精确度及效率，节省约 10% 的时间；BIM 协同设计，对复杂结构多专业进行碰撞检查，消除 32 个软硬碰撞，提高工程质量的同时避免了返工，主材材料损耗率降低约 5%，节约成本约 100 万；复杂流道模板直接采用 3D 打印，替代钢模板，节约成本约

70 万；项目基于 Bentley ContextCapture 创建的实景模型，结合 GeoStation 创建的三维地质环境以及 Bentley 系列产品所创建的泵闸、道路、桥梁模型，为项目提供了真实而直观的设计依据，使设计方案更准确、合理和经济，节省了工程总投资约 5%；相对支撑梁加腋等配筋率较高部位，进行支撑梁钢筋穿越钢立柱排布模拟，减少人工时间约 20%；施工工序模拟，提前发现支撑与流道工序碰撞问题 10 个，节省时间约 1 个月，机械利用率提高 15%，节约成本约 80 万；通过 PW 协同管理、VR 虚拟现实等技术提高了参建各方的沟通协调效率，加速了对项目全貌和设计意图的理解，加快了设计成果的审批和交付流程约 20%；通过研发的堤防处建设管理平台，实现了所有的模型和信息完整地移交到管理平台进行统一的管理，实现进度、成本、质量等信息在系统中自动流转，提高项目决策和管理水平约 10%，降低运营成本约 15%。

（2）社会效益

本项目以“数据是核心，协同是关键，模型是载体，应用是目标”为总体理念，紧密结合水利行业特点，定位水利工程全生命周期 BIM 技术应用，目前已在多个市重大水利工程项目中成功实践。形成的地方标准用于填补市水利行业 BIM 技术标准空白，形成的关键技术在设计、施工、运维等项目全阶段发挥了巨大作用和价值，为“水利工程补短板、水利行业强监管”提供新手段，为水利工程建设从二维平面到多维度信息的“科技革命”提供新技术路线，为市水利行业转型发展、精细化管理提供新动能，为市“智慧水务”建设提供新数据支撑，也为智慧城市建设提供新数字沙盘。本工程实施后，将承担青松大控制片三分之一的排涝任务，有利于缓解本地区紧张的防洪排涝压力，完善区域防汛安全保障体系。其主要社会效益包括本工程建成后根据青松地区现阶段的土地供求分析，结合上海市其他地区已建工程实际效果计算，可使项目范围内直接受益土地每亩价值提升 2.5 万元；通过调度可将清洁水源引入淀北片，改善水动力条件，进一步拓展水质改善范围，提高水资源调度的整体效果；同时，淀东泵闸与其他外围泵站一起可将青松大控制片除涝标准提高到 20 年一遇，保障人民生命财产安全。

（3）其他成果

技术报告：《上海市建筑信息模型技术应用试点项目验收报告》《BIM 与水动力数值模拟相结合的跨平台应用》《BIM 技术在岩土数值模拟软件中的应用》等；上海市 BIM 标准：《水利工程信息模型应用标准》DG/TJ 08-2307-2019；发明专利：基于 Omniclass 分类技术的新型水利工程 BIM 唯一编码方法 CN109359322A；软件著作权：水工钢闸门优化设计计算软件 2019SR098646、闸室稳定计算程序软件 2015SR202129、水闸消能防冲计算软件 2019SR0096363；论文：《基于 Bentley 平台的泵闸建筑和结构 BIM 三维协同技术》（《水电能源科学》）、《基于 Inventor 软件的平面钢闸门锁定机构运动仿真》（《水电能源科学》）、《主流 BIM 平台在水利工程设计施工中的应用研究》（《人民长江》）、《基于 Omniclass 的唯一编码及水利工程 BIM 集成交付》（《人民长江》）等 10 篇。

4.2 BIM技术应用推广与思考

（1）BIM 技术应用存在问题与改进措施

存在问题：

1）基于本项目，对设计单位而言，现阶段的 BIM 多是在二维设计图纸基础上重新翻模，增加工作量，增加人力成本。

2）对施工单位而言，应用 BIM 只为满足甲方要求，额外投入大，没有经费支撑的情况下应用浮于表面，应付交差，项目局部应用，并没做到全过程应用。

3）受制于软件发展水平，目前 BIM 软件都是国外软件，存在“卡脖子”问题。同时由于国内外工程设计标准不一致，国外 BIM 软件无法完全适应国内的工程情况，存在软件“最后一公里”问题。

4）BIM 法律法规不完善。国家层面关于 BIM 技术的标准尚未完善，已出台的国标可操作性和指导性有待进一步验证。因无标准就无法厘清工程建设中规划、设计、施工、运维、监管等各个主体单位各自的专业边界和相应法律责任。设计单位给的模型施工单位也不敢用。

5）BIM 收费标准不明确。BIM 的协同设计也很难推行，设计单位建的 BIM 模型因为没有收费和合同的支持，不愿意免费给施工单位用，施工单位也不愿意花钱来买，造成各做各的，数据没有共享。

6）BIM 应用价值无法完全发挥，水利工程相对来说管理还是比较粗犷，管理跟不上。

改进措施：

1）从制度上改变现有二维图纸交付模式，尝试采用三维交付。

2）大力发展软件国产化，开发拥有自主知识产权的大型 BIM 软件，不断对软件进行更新升级以满足国内工程应用需求。

3）完善法律法规，像规范条文一样具有强约束性，对 BIM 交付物提出明确要求，明确各方责任和权利范围。

4）政府应明确 BIM 收费标准，并严格执行。

5）开展智慧化、信息化平台建设，发挥 BIM 承载数据的能力。BIM 与智慧城市、智慧水利、3D 打印等深度融合发展，为智慧城市等新兴产业发展提供数据和管理支持。

（2）可复制可推广的经验总结

本项目紧密结合上海水利行业特点，围绕“数据是核心，协同是关键，模型是载体，应用是目标”的总体思路，从正向设计、协同施工、科技监管及精细化管理等方面开展 BIM 关键技术研究与应用。研究通过从数据定义及分类与编码、数据存储与交换、模型拆分与建模规则、模型深度与属性信息、数据交付、协同、全生命周期模型应用等方面研究水利 BIM 应用技术和方法，形成了系列成果，并提炼成地方标准，以促进上海水利工程行业 BIM 技术发展，也可为全国其他省市水利工程 BIM 应用提供借鉴。

1）基于 Omniclass 的唯一码和分类码组合的编码技术

在我院编著的上海市地方 BIM 标准《水利工程信息模型应用标准》中首创提出基于 Omniclass 的水利工程唯一码和分类码组合的编码体系，既有利于分类，又便于在全生命周期进行数据标识和传递。针对各类水利工程的特点，再按专业分别提出了详细的元素分类表，并进行编码。多项工程实践表明，其有效解决了目前编码混乱、数据传递障碍和信息割裂等问题，保证了数据传递的完整性、一致性、有效性和可扩充性。已授权发明专利 1 项，形成企业标准 4 本。

2）倾斜摄影技术

基于倾斜摄影技术，通过实景建模软件分阶段构建项目周边实景模型，在设计过程中进行方案规划和设计，在施工过程中优化场地布置，在监督过程中辅助不同阶段验收监管，在建管过程中助力现场进度管控，实现一模四用，数字孪生。通过实景模型与设计 BIM 模型的叠加，有效查验工程与周边地块、建筑物、施工场地之间的关系，对土石方体积等进行算量，有助于项目竣工质量进行复核和检验。

3）三维数模技术

项目将 BIM 模型与水利行业水流有限元分析软件 Flow-3D、岩土有限元分析软件 Midas GTS、结构有限元分析软件 Ansys 等进行对接，跨平台进行过闸水流数值模拟和岩土、结构分析计算等工作，通过BIM模型与AEC计算软件的互联互通，实现泵闸建模计算一体化。已授权软件著作权2项。

4）三维配筋技术

施工图设计阶段，项目运用 ABD 软件对流道异型曲面建立三维模型，并运用 Restation 开展正向三维配筋设计，自动剖切出图、统计钢筋样式及工程量，解决了传统二维绘图中存在的钢筋错漏不清、工程量不准确等问题，为项目钢筋施工提供可视化模型、可量化数据。

5）参数化建模技术

研究参数化建模技术，实现了泵闸结构底板、闸墩、消力池等水工结构和金属结构钢闸门的参数化建模，提高了设计人员的设计效率。同时，通过遗传算法能根据上下游水位快速对钢闸门结构进行计算并对结构进行设计和布置，减少钢闸门造价，提高结构强度。已授权软件著作权 1 项。

6）三维造价技术

结合上海市水利工程工程量清单、定额计价应用规则，项目研发出可导出包含清单、定额信息的 BIM 工程量报表，一键导入广联达造价软件，可自动进行计价，减少了计算及校审的工作量和可能出现的差错，可大幅提升造价专业的工作效率，方便快捷，省时省力。

7）BIM+3D 打印技术

研究将泵闸 BIM 模型无缝导入 3D 打印机，打印三维实体模型，直观表达设计意图。针对泵闸流道空间曲面模板制作难度大、时间长和成本高的难题，深入研究了采用工程 3D 打印技术打印模板，提高模板加工精度及降低制作成本，并在项目中研究详细的打印、运输和装配细节，用于申请工法。

8）BIM 装配式技术

充分发挥 BIM 技术的作用，进行预制构件运输、吊装和装配等工序模拟、施工过程动态碰撞检测、装配过程复杂节点的施工模拟、三维桁架钢筋布设、装配式构件连接安装、装配式构件造价分析等，结合 3D 打印模拟现场拼装工艺，以确保各种装配方案的可实施性。已授权实用新型专利 6 项。

9）BIM+ 安全质量监督技术

项目在安全质量监督过程中，通过 BIM 技术进行重点工作监督分析、重大危险源排摸等。深基坑安全监督过程中，创新研发了批量建模程序，通过导入监测数据文件，自动建立监测点变形三维模型，方便、直观、同步地查看不同时间监测变形及报警情况。质量监督阶段，通过实景模型与 BIM 模型进行对比分析，辅助监督员进行隐蔽工程验收，为项目全过程科技监管提供了智能手段。

4.3 BIM技术应用展望

2020 年 7 月住建部、发改委等 13 部门联合发布关于推动智能建造与建筑工业化协同发展的指导意见。《指导意见》中 38 次提到“智能建造”，国家对未来建筑业建造的智能化、智慧化、信息化程度提出了非常高的要求。未来国家要加快推动 BIM、互联网、物联网、大数据、人工智能等新一代信息技术在建造全过程中的应用，促进新一代信息技术与建筑工业化技术协同发展。

当前很多城市都在推动数字化城市建设，随着数字中国和数字经济的发展，未来将带动以 5G、人工智能、工业互联网、物联网等“新型基础设施”建设的同时，整个社会将进入智慧互联阶段。越来越多源、多形式，且相对孤立的数据需要数字平台来打通、整合，基于智慧运维对数据的依赖，运维端的重要性正在快速提升，位于终端的智慧平台将成为大企业抢占的重点，设计企业处于规划设计前端，要重点思考该如何融入变化并寻找机遇。

BIM 技术未来的发展是与最新的互联网技术、最新的平台建设、最新的基建要求等深入融合发展的过程，基于 BIM+ 的智慧水务（海洋）平台、BIM+GIS 设计施工一体化平台、BIM+GIS 运维管理平台建设、CIM 智慧城市建设等新兴业务和新的应用领域将是未来积极探索的方向。

石洞口污水处理厂提标改造工程

关键词　多阶段应用、业主牵头、污水处理厂、BIM 协同管理平台、EPC 总承包

一、项目概况

1.1 工程概况

项目名称	石洞口污水处理厂提标改造工程
项目地点	宝山区月浦镇（原盛桥镇）内，北至长江、西至罗泾港、东至石洞口煤气厂。
建设规模	污水设计处理规模为 40 万 m^3/d
总投资额	61830 万元
BIM 费用	700 万元
投资性质	政府投资
建设单位	上海城投水务工程项目管理有限公司
设计单位	上海市政工程设计研究总院有限公司
施工单位	上海市政工程设计研究总院有限公司
运营单位	上海城投污水处理有限公司石洞口污水处理厂

1.2 项目特点难点

（1）工程前期“四多”。绿化搬迁多，新建构筑物均是在原厂区内建设，涉及较多的绿化搬迁及管线搬迁，搬迁配套工程量大；不确定因素多，在建成运行的十多年中进行了大量的维修改造，基础条件与原有的设计图纸不能完全吻合；协调工作量多，由于施工场地限制，施工过程中部分工序需要污水厂配合，保证施工推进的同时，不能影响到水厂正常的运行和管理；建设过程中专业队伍数量多，交叉作业界面多，协调工作难度大。

（2）周围环境复杂，安全风险高。工程涉及综合池和溢流水调蓄池两个深基坑工程，周边有复杂的地下管线和建筑物；基坑施工过程需经历汛期，在水土压力作用下，支护结构可能发生破坏，渗流可能引起流土突涌。

（3）不停水切换难度大。石洞口污水处理厂作为上海市中心区域第一座提标改建的大型污水处理厂，其在提标改造施工过程中面临着出水切换流向的难题。连接施工作业实施的难度大，对作业工期、质量、安全要求严格。

二、BIM实施规划与管理

2.1 BIM实施目标

充分发挥 BIM 技术在信息整合、数据共享方面的价值和优势，实现基于 BIM 技术的大型污水处理厂工程全生命周期信息管理。在设计阶段，通过正向设计提高设计成果质量；在施工阶段，利用建设协同管理信息平台，提高施工管理水平。最终，形成污水处理工程的BIM技术应用管理体系框架，并将本项目打造成为水务领域 BIM 技术水务应用的标杆。

2.2 BIM的实施模式、组织架构与管控措施

如图 1 所示，本工程由建设单位上海城投水务工程项目管理有限公司主导，EPC 总承包单位上海市政工程设计研究总院（集团）有限公司总协调，要求主导方熟悉项目建设过程，把握工程建设重点、难点的解决思路，EPC 总承包单位能够具备资源整合及 BIM 整合应用能力。参建各方都组建了由主要领导为组长的 BIM 技术工作小组，确保 BIM 技术在工程建设中的有效应用。根据本工程 BIM 应用的需要，本工程设置 BIM 总协调、BIM 项目负责人、BIM 设计人员、BIM 建设协同管理信息平台管理员和总承包现场人员。

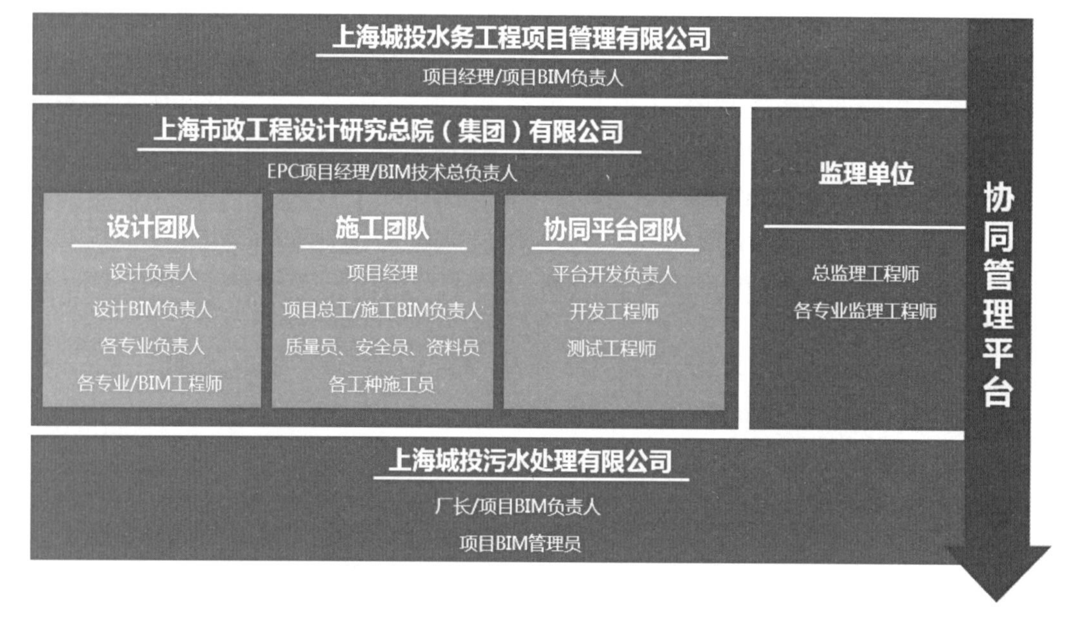

图 1　组织架构图

三、BIM技术应用与特色

3.1 BIM应用项

本项目 BIM 技术应用项如表 1 所示。

项目BIM技术应用项　　表1

序号	应用阶段		应用项
1	设计阶段	方案设计	设计方案比选
2			场地分析
3			虚拟仿真漫游
4		初步设计	建筑、结构专业模型构建
5			建筑结构平面、立面、剖面检查
6			机电专业模型构建
7			面积明细表统计
8		施工图设计	各专业模型构建
9			碰撞检测及三维管线综合
10			净空优化
11			二维制图表达
12	施工阶段	施工准备	施工深化设计
13			施工场地规划
14			施工方案模拟
15		施工实施	虚拟进度和实际进度对比
16			设备与材料管理
17			质量与安全管理
18			竣工模型构建

3.2 BIM应用特色

（1）设计阶段

在设计阶段，利用 BIM 正向设计手段对改造方案进行分析比选，对复杂的集约化单体进行水力模拟计算、结构计算、冲突检测等，实时设计同步的优化审查以及辅助出图，可以大幅提高设计质量和综合效率。

1）管线综合优化

本工程存在局部管线较为密集的部位，如乙酸钠投加间、加氯加药间等，如图 2 所示。这些地方的管线排布尽管会遵循一些避让原则，但由于局部管道系统较多，不同系统的管道交错在一起，仍然难以进行合理排布和施工。

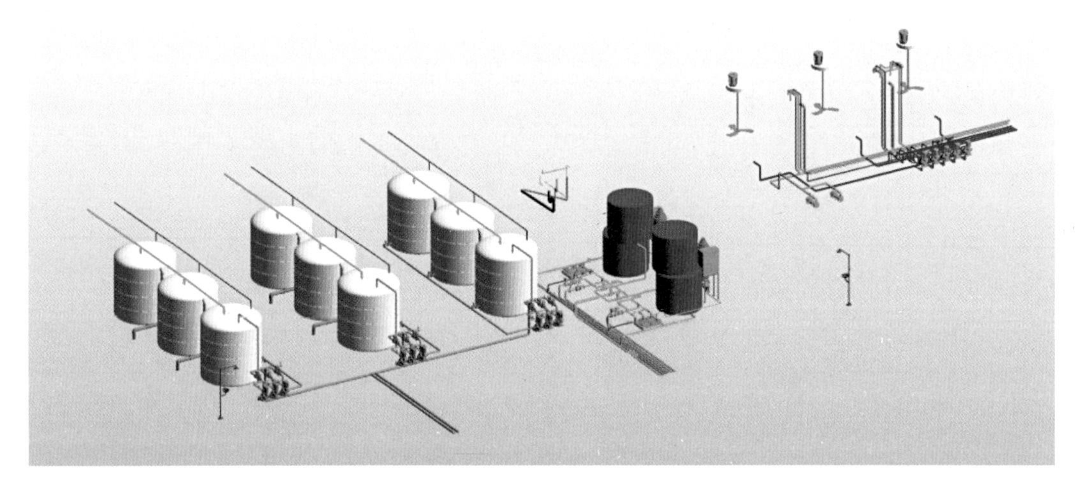

图 2　加氯加药间设备管线

传统方式应用二维 CAD 图纸表达这些管道的走向和定位，一张图纸上只能表示某个截面或局部范围内的信息，设计人员需要将这些离散的平面、立面、剖面图纸，以及系统图在大脑中进行加工后，形成整体的三维概念。当各个系统的管线整合在一起以后，会显得比较杂乱，更加难以准确地把握各种系统管线的排布位置和标高，难以将管线排布得合理整洁又便于施工。因此，传统的管线综合工作方式具有较大的局限性。

将管线模型与土建模型整合，通过三维模型的信息集成，便捷的管线排布不合理的地方，再利用 BIM 技术优化性的特征，可以在 BIM 模型里对管线排布提出优化的方案，进行深化设计，从而更清晰地解决以往施工中出现的问题，并使得管线排布空间位置更加合理，整体外观更加整洁。

2）工程量统计

众所周知，工程量统计是工程建设过程中一项重要工作，具有工作量大、费时、繁琐、要求严谨的特点。不仅在勘察设计阶段要测量工程量，在施工前、施工过程中、竣工等阶段为控制工程进度、预算分项经费、最后结算等都需要多次统计工程量。传统工程量统计，预算人员需从图纸中逐一计数，然后分类列于表格中进行统计，工作负荷非常大。如果遇到设计方案的频繁变更，则更是苦不堪言。

本工程 BIM 算量的优势主要体现在信息的自动提取和信息的联动两个方面。一方面，BIM 模型中带有建筑构件的几何信息和属性信息，借助 BIM 软件，可以很方便地、选择性地将这些信息提取出来，形成统计明细表，在明细表中做分类计算，最终获得所需的工程量；另一方面，借助 BIM 软件自动统计功能生成的统计表，其中的信息始终与模型保持关联，随着项目的不断深入，BIM 模型不断跟进，其附加的设计信息也不断更新，统计表中的相关工程量也随之变化。这使得基于 BIM 的工程量统计可以流畅地贯穿项目的建设全过程，避免由于设计变更等原因，增加造价人员的重复工作量，也便于在不同的变更方案之间，结合经济性和合理性，更加准确、快速地进行方案间的经济性比选。

3）仿真漫游

为更大程度上发挥 BIM 模型服务于工程项目的价值，将建好的模型全部整合后，导入虚拟现实软件，创建 1：1 的虚拟现实环境，项目各参建方可以对拟建项目进行虚拟仿真漫游，直观地对项目的建成情况进行查看和讨论。

本工程通过市场调查，采购了适用于本项目的 VR 虚拟现实眼镜设备，如图 3 所示，进行了设备的调试工作，并将 VR 设备在项目设计阶段及建设现场中投入使用。首先将石洞口厂区模型文件发布为 VR 虚拟现实场景文件，设计人员、施工管理人员通过佩戴 VR 眼镜，对厂区进行身临其境的虚拟现实漫游浏览，见图 4、图 5，该方法既提高了现场管理效率，又提高了会议沟通效率。场地模型可作为厂区所有单体模型的整合容器，将创建的模型整合在同一场景文件内，并生成整个厂区范围，包括新建单体模型的 VR 漫游文件。通过 VR 漫游，能够更便捷、直观地展示设计方案，有助于项目各参与方进行沟通、交流。

在设计阶段，通过虚拟仿真漫游，设计人员以第一人称的视角在厂区内行走，身临其境地观察项目设计的合理性，对管线的碰撞问题进行直观检查，对方案进行优化调整。

施工阶段，各参与方可通过虚拟仿真漫游，预先地观察厂区建成后的状态，更为清晰地了解

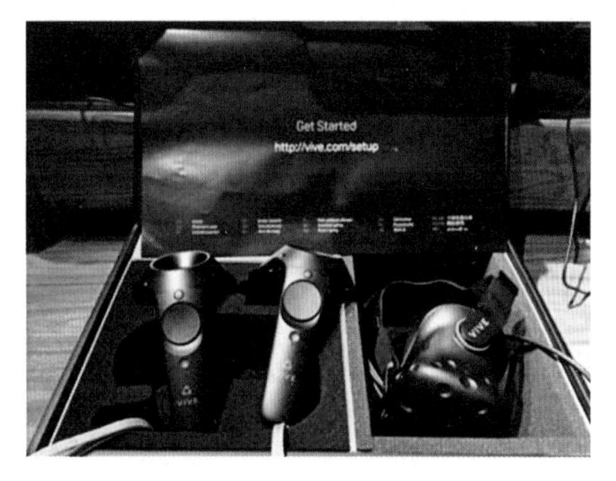

图 3　VR 虚拟现实设备

图 4　虚拟漫游界面 1

图 5　虚拟漫游界面 2

工程的结构设计构造、管道系统构成、设备安装位置，提高了施工现场沟通效率，便于各方协调，从而提高了现场管理效率及会议沟通效率。

（2）施工阶段

本工程开发了 BIM 协同管理信息平台，平台运用 B/S 构架和模型轻量化显示引擎，实现快速简便的部署和模型浏览，平台包括进度计划、投资控制、质量管理、安全管理、设备管理、文档管理等多个模块，服务于建设全过程的各参与方，充分发挥 BIM 数据的价值，大幅提升建设全过程的管理效率和水平。

1）进度计划

建设协同管理信息平台的施工进度管理模块开通使用后，借助协同平台实现现场施工进度与进度计划的协调管理，及时反馈现场施工进度偏差，发现施工进度延误原因并及时采取纠正补救措施。

同时，平台中模型显示窗口可通过将构件赋予不同颜色，来区分各构件的施工状态。如图 6 所示，为某一时刻反硝化深床滤池施工进度，绿色代表该构件已全部完成，蓝色代表计划进行，橙色代表未开始施工的构件。

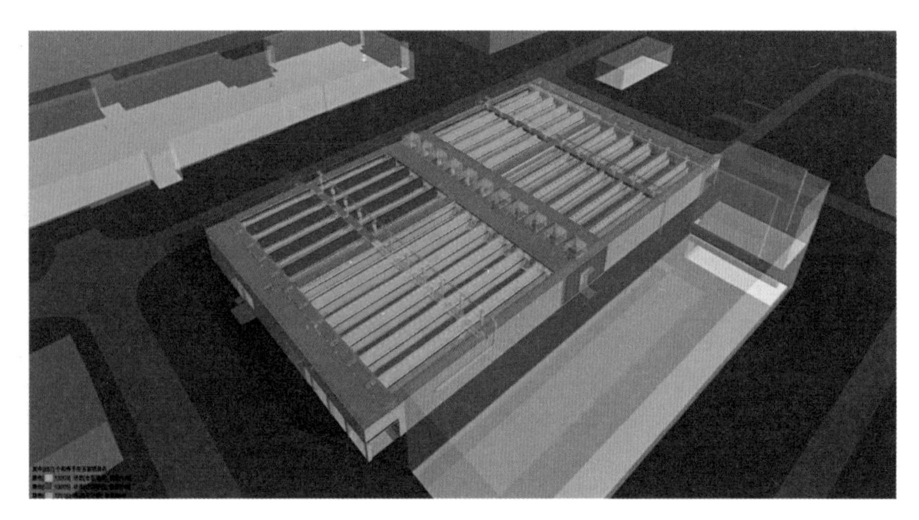

图 6　进度计划管理

2）投资控制

通过模型自动统计的工程量清单，见图 7，结合造价信息，借助建设协同管理信息平台实现工程投资控制。与工程进度计划相结合，以模型统计的较为可靠的工程量为依据，提前帮助业主制定准确、可行的投资计划，有助于管理人员对现场资金把控，减小资金风险，实行资金的最优利用。

3）质量管理

质量管理工作已能够通过扫描贴于施工现场的二维码来完成相应构件的质量验收，对不合格的构

图 7　投资控制

件进行整改，还可上传施工现场拍摄的图片到建设协同管理信息平台。通过协同平台进行现场各构件的质量验收工作，使质量管理更加便捷可靠。提高施工进度的可控性的同时，也确保了每个构件的施工质量。

4）安全管理

完成安全点位模型上传平台的工作后，通过贴二维码标签的方式，借助建设协同管理信息平台，将灭火器、电箱与平台中模型建立关联关系。并可通过手机移动端扫描现场二维码的方式，将安全检查情况上传到建设协同管理信息平台，从而进一步提高了施工安全管理的可靠性和规范性。

5）设备管理

设备管理模块主要用于管理设备采购工作，在完成设备编码录入工作后，应用包含设备编码、规格、数量等信息的设备统计表进行设备采购。实践表明，通过平台完成设备采购工作，可保证这项工作的及时、准确，平台中的进度管理模块能随时提醒当前进展情况，以及即将进入的施工阶段，保证设备采购的及时性。通过BIM模型统计的设备数量与设计方案一致，具有比人工统计更高的准确性，因此，可避免设备采购数量与工程需要量存在偏差，以此保障了设备安装工作更加顺利地开展。

每天定时将施工工程日报上传至平台，所有项目成员都可以查看项目的进展情况，见图8。同

图 8　文档管理

时，也将需要传递、共享的施工进度计划、安全教育、任务核实附件、设计协调附件等相关资料上传到平台，方便相关人员查看或下载。相比纸质文件的传递，通过协同平台管理工程文档的方式，文档归类更加清晰明了，文档传递速度大大提高，文档查阅更加便捷。

四、BIM应用成效

4.1　BIM技术实施效益

（1）经济效益

石洞口污水处理厂提标改造工程完成了 BIM 应用尝试，并创新性地提出“基于 BIM 的全生命周期管理”的技术方案。项目针对水务工程特点，开发了基于 BIM 模型和云端的项目管理平台，实现施工过程的精细化和智能化管理，对项目管理目标实现具有重要意义。基于管理平台实现了项目管理和 BIM 技术深度融合，进行各方协同管理以及项日进度、质量和资源的优化部署，提升了项目的精细化管理水平，树立了上海市水务行业 BIM 技术应用的新标杆。目前，项目成果已经被运用至类似水务工程项目中，通过 BIM 协同管理、平台大数据分析、数字化成果交付等措施解决了工程项目中施工作业难度大、用地限制等问题，发挥了良好的项目管理效果。

在 BIM 技术创新应用的助力下，本工程建设中无质量安全事故，分部分项工程、单位工程一次验收合格率 100%，项目于 2017 年 11 月 18 日达标投产，成为上海中心城区首个出水水质稳定达到国标一级 A 标准和全球最大规模的一级 A 出水标准的“一体化活性污泥法”污水处理厂。

（2）社会效益

上海石洞口污水处理厂提标改造工程是上海市水务建设板块首次全面成功应用 BIM 协同管理平台，也是上海市首个实现 BIM 全生命周期应用的水务建设工程。BIM 实践经验总结成功推广应用于上海市白龙港、泰和等水务工程建设中。同时也收获了全国“创新杯”大赛最佳市政给排水 BIM 应用奖、上海首届 BIM 技术应用创新大赛最佳项目奖、第五届国际 BIM 大奖赛最佳污水处理项目 BIM 应用大奖等荣誉，成为水务建设领域 BIM 应用的标杆示范工程。通过“BIM+”提质增效的建设管理手段，本工程还收获了上海土木工程工程奖一等奖、上海市市政工程金奖、上海市文明工地升级示范工程等 30 余奖项。

设计阶段，通过模型构建以及模型的深化设计过程，达到优化设计方案和提高设计成果质量的目标；在施工阶段，利用建设协同管理信息平台完成施工现场进度管理、材料管理、安全管理，提高施工管理水平，减少返工和变更造成的各种浪费，保障工程项目的顺利完工，最终完成竣工模型的交付。项目建设单位上海城投水务工程项目管理有限公司、EPC 总承包单位上海市政工程设计研究总院（集团）有限公司、运营单位上海城投污水处理有限公司各参建方在项目中培养了相关 BIM 技术技能，确保了 BIM 技术在工程建设中的有效应用。

项目通过“互联网 +BIM”的融合，自主研发基于 BIM 的施工现场三要素实时管控技术，建设协同管理信息平台，对传统项目管理方式进行升级改造，推动本工程的建设过程顺利展开，最终助力本工程提前竣工，圆满完成建设任务。

（3）其他成果

第八届“创新杯”建筑信息模型（BIM）应用大赛最佳市政给排水 BIM 应用奖；上海市首届 BIM 技术创新大赛最佳项目奖；第五届国际 BIM 大奖赛最佳污水处理项目 BIM 应用大奖；上海市第二届 BIM 技术应用创新大赛技术方案佳作奖。

4.2 BIM技术应用推广与思考

（1）BIM 技术应用存在问题与改进措施

1）问题1：质量、投资、进度是工程建设管理的三大要素。在传统的项目建设过程当中，质量、投资、进度的控制分别由多方、多个岗位、多个独立环节完成，需要耗费大量的人力资源及对完工实体反复核对的时间。而当前很多工程项目中都应用了 BIM 技术，BIM 模型是建设数据融合、统一、集成、应用的载体，承载了大量设计信息，但这些信息往往与施工现场实际脱节。

改进措施：本工程自主研发了基于 BIM 的施工现场三要素实时管控技术，通过现场人员在手持移动端的一个动作，便捷地将 BIM 数据与现场实际施工构件管理信息相关联，联结虚拟与现实，实现云端与现场的同步响应，质量、投资、进度三大要素的同时管控，使 BIM 技术实实在在成为提高工程建设管理水平的推动力。通过一个动作，简化了原有繁琐的管理流程，实现了建设三大要素的同步关联管控，对提升项目精益建造管理水平有重大意义。

2）问题 2：设计阶段积累的大量数据信息如何传递到施工阶段，并得到合理高效的利用。

改进措施：本工程自主开发了 BIM 建设协同管理信息平台，平台运用 B/S 构架和模型轻量化显示引擎，实现快速简便的部署和模型浏览，平台包括进度计划、投资控制、质量管理、安全管理、设备管理、文档管理等多个模块，服务于建设全过程的各参与方，充分发挥 BIM 数据的价值，大幅提升建设全过程的管理效率和水平。

（2）可复制可推广的经验总结

1）项目级 BIM 标准的构建，促进数据规范化统一

在项目实施早期就需制定项目级的 BIM 应用标准，这对于项目实施成效的好坏具有很大影响。前期项目标准制定得越周全，则后期项目实施过程中遇到的阻碍越少，BIM 应用工作也就进展得更加顺利。

项目级 BIM 应用标准可包括：BIM 模型精度标准、BIM 模型工作标准、BIM 软件应用标准、BIM 成果交付标准几个方面。通过提前明确 BIM 模型精度标准，结合不同阶段的使用需要，将模型深度确定在特定范围内，避免模型深度不够，同时也避免陷入“过度建模”的误区。BIM 模型工作标准中，需统一规定BIM文件架构、模型文件命名规则、模型编码标准、模型拆分标准、模型坐标体系、模型色彩标准。BIM 软件应用标准中，需统一规定各阶段 BIM 应用软件、模型整合和数据交换标准、

BIM 建设协同管理信息平台规划。BIM 成果交付标准中，应通过事先约定模型交付的内容、时间节点及模型的准确性标准。模型交付前对模型进行检查，确保模型准确反映真实的施工状态，必要时制定详细的模型检查规则。

2）B/S 架构的模型浏览引擎，实现模型信息多方共享

传统建设管理过程中出现的诸多问题，一部分是由于信息来源渠道少、信息传递不及时和准确率低等原因造成的。信息共享是实现建筑供应链高效运转的基础，通过信息共享，可以降低项目成本，提高项目建设的效率。

通过搭建建设协同管理信息平台，借助 B/S 架构的模型浏览引擎，实现模型信息多方共享的同时，也通过模型在线浏览的方式确保了模型数据的安全。

4.3 BIM技术应用展望

竣工模型和协同平台完整地记录了设计、采购和实施各阶段的信息，为运维阶段 BIM 应用提供了完善的数据基础。后续可在上述模型数据的基础上，根据智慧城市总体规划，利用物联网、云计算、人工智能等技术，结合污水厂工业自动化控制系统，集成开发基于 BIM 的智慧水务运维管理系统，实现智慧控制、智慧维护、智慧管理，达到真正意义上的 BIM 全生命周期应用。

上海松江南站大型居住社区综合管廊一期工程项目

关键词 多阶段应用、业主牵头、市政管廊、Civil3D+Dynamo+Revit 建模方式、VR 安全教育、BIM 信息管理平台

一、项目概况

1.1 工程概况

项目名称	上海松江南站大型居住社区综合管廊一期工程项目
项目地点	上海松江旗亭路
建设规模	7.425km
总投资额	约 11 亿元
BIM 费用	约 100 万元
投资性质	政府投资
建设单位	上海松江新城投资建设集团有限公司
设计单位	上海市政工程设计研究总院（集团）有限公司
施工单位	上海市政工程设计研究总院（集团）有限公司
咨询单位	上海鲁班软件股份有限公司

1.2 项目特点难点

（1）项目协同管理难度大。本工程采用 EPC 总承包模式建设，设计施工同时进行；管理总承包下设3个分包，分7个施工工区，30余家材料设备供应单位；项目管理人员相对较少，协同管理难度大。

（2）技术及施工要求复杂。工程有单舱、双舱、三舱、六舱，最多达到七舱的 5 种标准断面，45 种节点类型。采用基坑支护明挖法、装配式施工法、沉井顶管施工法等多种施工工艺，并融入海绵城市设计理念、地下空间设计理念，技术难度大。

（3）外部协调意见难统一。工程占线总长达 7.425km，施工作业面长，涉及给水、通信、电力等十余家管线单位的原有管线的搬迁问题。若原有管线搬迁不及时，将严重影响工程的施工进度，增加工程施工成本。

（4）质量安全管理要求高。松江综合管廊将天然气、给水、通信、110 千伏电力、10 千伏电力、污水、雨水等管线全部纳入综合管廊、极大考验管廊主体结构自身对防水、防火、防电的性能。由于工程的施工周期短，涉及施工专业多，施工队伍多，施工机械多，影响施工质量与风险因素多，因而本项目对工程质量安全管理要求高，做到事前预防、事中控制、事后总结。

（5）过程资料、竣工资料管理难度大。项目体量庞大，过程资料多，竣工资料庞杂，资料管理工作量大，过程中资料容易丢失，不能及时有效共享，给后续的竣工交付带来资料信息不全、资料混乱等问题。

二、BIM实施规划与管理

2.1 BIM实施目标

（1）BIM 技术落地，为项目创造价值

在工程施工阶段应用 BIM 技术，发挥 BIM 三维可视化、虚拟仿真、信息协同等功能，通过施工各阶段的 BIM 管理，辅助项目解决技术及管理难点，实现 BIM 在技术管理、进度管理、质量安全管理、物料管理等多方面结合应用，让 BIM 技术融入日常管理流程中，帮助项目提高信息共享和协同能力，提高信息沟通效率，增强项目过程管控能力，提升项目精细化管理水平，实现实体工程与数字工程的同步验收。

（2）组建团队，创优创新，树立行业标杆

松江管廊作为上海首个管廊 BIM 项目试点，在项目 BIM 技术实施过程中，梯队培养 BIM 技术人才，组建项目级，甚至企业级 BIM 技术团队。在项目实施过程中完成 BIM 相关工作，包括辅助项目可视化技术交底，基于 BIM 技术的协同管理工作、模型整合应用等工作，保证项目 BIM 技术顺利开展，同时为项目创优创新，树立企业标杆夯实人才基础。

2.2 BIM的实施模式、组织架构与管控措施

（1）组织架构

良好的组织保障是确保 BIM 项目执行力的先决条件。组织保障主要分为整个项目层次的组织保障、实施应用阶段的组织保障、实施顾问内部的组织保障三个层面，如图 1 所示。在整个项目层次，应由在公司领导支持下，根据项目情况，建立以 BIM 领导小组和 BIM 实施小组为核心的管理体系，

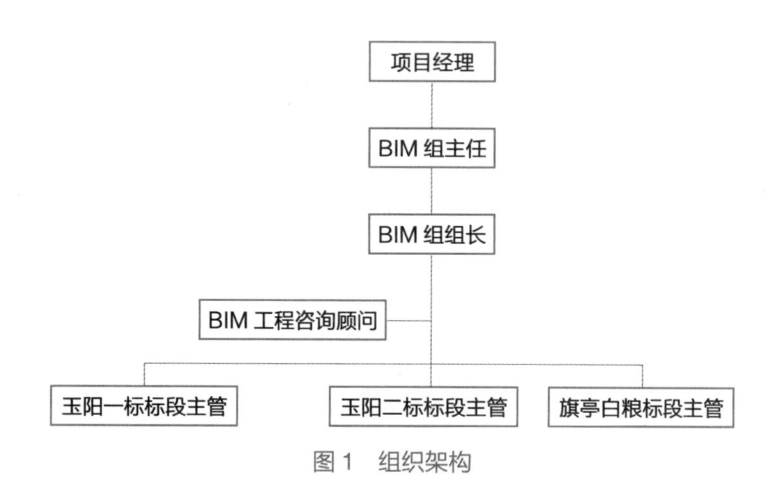

图 1　组织架构

领导小组主要负责 BIM 应用的统筹规划、宏观管理等工作，BIM 实施小组主要负责具体组织协调、应用等工作。

（2）制度建设

无规矩不成方圆，在 BIM 团队成立初期，制定了一系列 BIM 实施应用制度，包括各岗位人员职责、平台应用标准、例会制度、奖惩制度及评分细则等等。以“奖个人，罚公司”的形式调动项目人员的积极性，为 BIM 工作在项目顺利推行提供制度保障，见图 2、图 3。

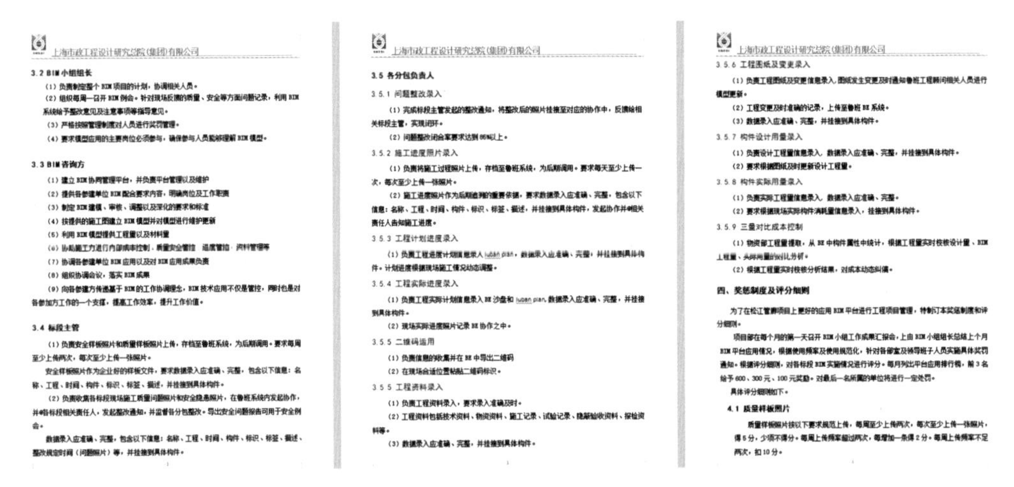
上海市政工程设计研究总院(集团)有限公司

3.2 BIM 小组组长

（1）负责制定整个 BIM 项目的计划，协调相关人员。

（2）组织每周一召开 BIM 例会。针对现场反馈的质量、安全等方面问题记录，利用 BIM 系统给予整改意见及注意事项等指导意见。

（3）严格按照管理制度对人员进行奖罚管理。

（4）要求模型应用的主要岗位必须参与，确保参与人员能够理解 BIM 模型。

3.3 BIM 咨询方

（1）建立 BIM 协同管理平台，并负责平台管理以及维护

（2）提供各参建单位 BIM 配合要求内容，明确岗位及工作职责

（3）制定 BIM 建模、审核、调整以及深化的要求和标准

（4）按提供的施工图建立 BIM 模型并对模型进行维护更新

（5）利用 BIM 模型提供工程量以及材料量

（6）协助施工方进行内部成本控制，质量安全管控，进度管控，资料管理等

（7）协调各参建单位 BIM 应用以及对 BIM 应用成果负责

（8）组织协调会议，落实 BIM 成果

（9）向各参建方传递基于 BIM 的工作协调理念，BIM 技术应用不仅是管控，同时也是对各参加方工作的一个支撑，提高工作效率，提升工作价值。

3.4 标段主管

（1）负责安全样板照片和质量样板照片上传，存档至鲁班系统，为后期调用。要求每周至少上传两次，每次至少上传一张照片。

安全样板照片作为企业好的样板文件，要求数据录入应准确、完整，包含以下信息：名称、工程、时间、构件、标识、标签、描述，并挂接到具体构件。

（2）负责收集各标段现场施工质量问题照片和安全隐患照片，在鲁班系统内发起协作，并@各标段相关责任人，发起整改通知，并监督各分包整改。导出安全问题报告可用于安全例会。

数据录入应准确、完整，包含以下信息：名称、工程、时间、构件、标识、标签、描述、整改规定时间（问题照片）等，并挂接到具体构件。

上海市政工程设计研究总院(集团)有限公司

3.5 各分包负责人

3.5.1 问题整改录入

（1）完成标段主管发起的整改通知，将整改后的照片挂接至对应的协作中，反馈给相关标段主管，实现闭环。

（2）问题整改闭合率要求达到 86%以上。

3.5.2 施工进度照片录入

（1）负责将施工过程照片上传，存档至鲁班系统，为后期调用。要求每天至少上传一次，每次至少上传一张照片。

（2）施工进度照片作为后期追溯的重要依据，要求数据录入应准确、完整，包含以下信息：名称、工程、时间、构件、标识、标签、描述，并挂接到具体构件，发起协作并@相关责任人告知施工进度。

3.5.3 工程计划进度录入

（1）负责工程进度计划信息录入 luban plan，数据录入应准确、完整，并挂接到具体构件。计划进度根据现场施工情况动态调整。

3.5.4 工程实际进度录入

（1）负责工程实际计划信息录入 BE 沙盘和 luban plan，数据录入应准确、完整，并挂接到具体构件。

（2）现场实际进度照片记录 BE 协作之中。

3.5.5 二维码运用

（1）负责信息的收集并在 BE 中导出二维码

（2）在现场合适位置粘贴二维码标识。

3.5.5 工程资料录入

（1）负责工程资料录入，要求录入准确及时。

（2）工程资料包括技术资料、物资资料、施工记录、试验记录、隐蔽验收资料、报检资料等。

（3）数据录入应准确、完整，并挂接到具体构件。

上海市政工程设计研究总院(集团)有限公司

3.5.6 工程图纸及变更录入

（1）负责工程图纸及变更信息录入，图纸发生变更及时通知鲁班工程顾问相关人员进行模型更新。

（2）工程变更及时准确的记录，上传至鲁班 BE 系统。

（3）数据录入应准确、完整，并挂接到具体构件。

3.5.7 构件设计用量录入

（1）负责设计工程量信息录入，数据录入应准确、完整，并挂接到具体构件。

（2）要求根据图纸及时更新设计工程量。

3.5.8 构件实际用量录入

（1）负责实际工程量信息录入，数据录入应准确、完整。

（2）要求根据现场实际构件消耗量信息录入，挂接到具体构件。

3.5.9 三量对比成本控制

（1）物资部工程量提取，从 BE 中构件属性中统计，根据工程量实时校核设计量、BIM 工程量、实际用量的对比分析。

（2）根据工程量实时校核分析结果，对成本动态纠偏。

四、奖惩制度及评分细则

为了在松江管廊项目上更好的应用 BIM 平台进行工程项目管理，特制订本奖惩制度和评分细则。

项目部在每个月的第一天召开 BIM 小组工作成果汇报会，上由 BIM 小组组长总结上个月 BIM 平台应用情况，根据使用频率及使用规范化，针对各部室及领导班子人员实施具体奖罚通知。根据评分细则，对各标段 BIM 实施情况进行评分。每月列出平台应用排行榜，前 3 名给予 600、300 元、100 元奖励。对最后一名所属的单位将进行一定处罚。

具体评分细则如下。

4.1 质量样板照片

质量样板照片按以下要求规范上传，每周至少上传两次，每次至少上传一张照片，得 5 分，少项不得分。每周上传频率超过两次，每增加一条得 2 分。每周上传频率不足两次，扣 10 分。

图 2 BIM 实施管理制度截图

松江南站大型居住社区综合管廊一期工程项目-BIM考评标准

序号	类别	编号	条目	工程部		技术部		质检部		安全部	
				考评要求	得分	考评要求	得分	考评要求	得分	考评要求	得分
1	总则	1.1	BIM模型管理	泄露工程模型:-50分		泄露工程模型:-50分		泄露工程模型:-50分		泄露工程模型:-50分	
		1.2	系统权限管理	账号不允许借用，-5分		账号不允许借用，-5分		账号不允许借用，-5分		账号不允许借用，-5分	
		1.3	系统应用管理	对BIM的掌握度不合格：-10分		对BIM的掌握度不合格：-10分		对BIM的掌握度不合格：-10分		对BIM的掌握度不合格：-10分	
2	信息管理	2.1	属性录入	抽查属性录入情况良好，+3分/		抽查属性录入情况良好，+3分/		抽查属性录入情况良好，+3分/		抽查属性录入情况良好，+3分/	
		2.2	信息检查	抽查属性录入不合格，-1分/次 抽查属性录入不及时，-2分/次		抽查属性录入不合格，-1分/次 抽查属性录入不及时，-2分/次		抽查属性录入不合格，-1分/次 抽查属性录入不及时，-2分/次		抽查属性录入不合格，-1分/次 抽查属性录入不及时，-2分/次	
3	质量管理	3.1	质量问题上传	/		/		发布质量类协作，+1分/次 每月上限，+30分		/	
		3.2	质量问题闭合	/		/		抽查质量类协作未闭合：-2分/		/	
		3.3	质量问题报告	/		/		闭合协作未导出报告，-1分/次		/	
4	安全管理	4.1	安全问题上传	/		/		/		发布安全类协作，+1分/次 每月上限，+30分	
		4.2	安全问题闭合	/		/		/		抽查安全类协作未闭合：-2分/	
		4.3	安全问题报告	/		/		/		闭合协作未导出报告，-1分/次	
5	进度管理	5.1	进度计划上传	进度计划上传错误，-1分/次		/		/		/	
		5.2	实际进度上传	进度状态录入，+1分/天 每月上限，+30分		/		/		/	
		5.3	进度数据检查	抽查进度状态数据错误，-1分/		/		/		/	
6	成本管理	6.1	工程量提取	/		/		/		/	
		6.2	工程量对比	/		/		/		/	
		6.3	工程量校核	/		/		/		/	
7	资料管理	7.1	资料上传	日常资料上传，+1分/天 每月上限，+30分		日常资料上传，+1分/天 每月上限，+30分		日常资料上传，+1分/天 每月上限，+30分		日常资料上传，+1分/天 每月上限，+30分	
		7.2	资料检查	抽查资料上传不合格，-1分/次 抽查资料上传不及时，-2分/次		抽查资料上传不合格，-1分/次 抽查资料上传不及时，-2分/次		抽查资料上传不合格，-1分/次 抽查资料上传不及时，-2分/次		抽查资料上传不合格，-1分/次 抽查资料上传不及时，-2分/次	
8	人员管理	8.1	人员信息采集	/		/		/		/	
		8.2	人员二维码检查	/		/		/		/	
		8.3	人员资料检查	/		/		/		/	
9	机械设备管理	9.1	机械设备信息采集	/		/		/		/	
		9.2	机械设备二维码检查	/		/		/		/	
		9.3	机械设备资料检查	/		/		/		/	
10	预制构件管理	10.1	预制构件状态录入	/		/		/		/	
		10.2	预制构件二维码检查	/		/		/		/	
		10.3	预制构件资料检查	/		/		/		/	
11	BIM例会	11.1	例会参与	无正当原因缺席，-5分/次		无正当原因缺席，-5分/次		无正当原因缺席，-5分/次		无正当原因缺席，-5分/次	
		11.2	例会汇报	无下周（月）工作计划，-5分/		无下周（月）工作计划，-5分/		无下周（月）工作计划，-5分/		无下周（月）工作计划，-5分/	

图 3 BIM 考评标准

三、BIM技术应用与特色

3.1 BIM应用项

本项目 BIM 技术应用项如表 1 所示。

项目BIM技术应用项　　表1

序号	应用阶段		应用项
1	设计阶段	施工图设计	碰撞检测及三维管线综合
2			管线入廊设计支持
3	施工阶段	施工准备	无人机施工场地规划
4		施工实施	管廊快速模型建立
5	运维阶段	运维	运维管理方案策划
6			运维管理系统数据填充

3.2 BIM应用特色

（1）BIM 模型创建

1）综合管廊建模标准

为了更好地加强项目 BIM 技术能力，培养 BIM 人员独立建模能力，根据项目要求，针对建模原则、技术路线、图纸管理、命名规则、模型审核等方面建立综合管廊模型建模标准，提高项目 BIM 技术硬实力，见图 4。

图 4　综合管廊 BIM 建模标准

2）BIM 模型建立

采用 Civil3D+Dynamo+Revit 的创新建模方式，实现土建＋机电＋基坑支护的快速建模，见图 5。

6	501351.8606	3330591.61	37610.3
7	501351.8555	3330592.61	38610.2
8	501351.8503	3330593.61	39610.2
9	501351.8452	3330594.61	40610.2
10	501351.84	3330595.61	41610.2
11	501351.8349	3330596.61	42610.2
12	501351.8298	3330597.61	43610.2
13	501351.8246	3330598.61	44610.2
14	501351.8195	3330599.609	45610.2
15	501351.8143	3330600.609	46610.1
16	501351.8092	3330601.609	47610.1
17	501351.8041	3330602.609	48610.1
18	501351.7989	3330603.609	49610.1
19	501351.7938	3330604.609	50610.1
20	501351.7886	3330605.609	51610.1
21	501351.7835	3330606.609	52610.1

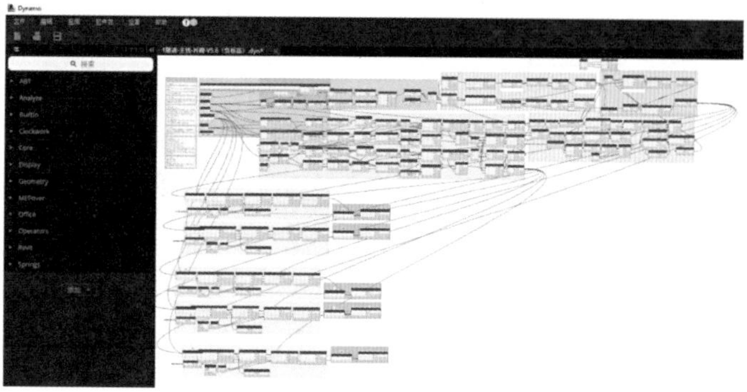

图 5　Civil3D 逐桩坐标表 +Dynamo 程序

① 土建模型。按照本项目施工要求，对综合管廊的现浇段及预制段按施工段划分进行建模，并将主体结构和围护结构分开建模，以满足不同阶段的模型调取，最终进行模型整合，实现不同阶段的应用交底和内容展示。

② 机电模型。根据综合管廊项目自身特点，对全线管线提前建模，尤其是对特殊节点顶管井、沉井等复杂节点进行全专业机电建模，并用不同颜色进行区分，以模型为基础做后续管线优化和管线入廊方案的判断。

③ 钢筋模型。选取个别极复杂节点建立精确的三维钢筋模型，直观反映二维图纸中难以发现的碰撞问题。以不同角度直观展现并强调技术控制要领，大大提高交底的效率和准确性，从而更好地保证施工质量。

3）BIM 模型维护

为确保 BIM 模型的数据信息贯穿项目施工的全周期，根据施工进度对模型的数据进行更新及维护，保证模型与数据关联的及时性与准确性，为后期项目竣工交付及运维阶段提供数据基础。

（2）BIM 模型应用——施工图设计阶段

1）图纸校核

利用 BIM 技术在施工前将施工图纸还原成模型，模型的建立相当于施工全过程的预演，通过 BIM 技术团队在建模过程中的详细识图，可发现绝大部分的图纸问题，见图 6、图 7，减少工程部审图的工作量，将图纸问题在施工前规避掉，可大大提高后续的施工效率。

2）管综优化

传统的二维图纸很难直观地体现各个机电专业之间的排布问题，协调难度大，沟通成本高。基于管廊的入廊管线中，110kV 电力管线的转弯半径须大于 2.2m，10kV 电力管线转弯半径大于 2m 的特

图纸问题		
序号	位置	图纸问题说明
1	CP200C-03	防水卷材铺装完后直接施工底板。无卷材的保护层，底板钢筋板扎过程中很可能会破坏卷村的完整性，建议添加防水保护层混凝土
2	CC205C-03	标准断面底板高度与底板高度不一致，该衔接方式使防水卷材部分裸露在外面，无混凝土保护，存在渗水隐患。变形缝衔接封堵不完全
3	C207C-03	结构详图与总平面图不一致
4	C201C-01	根据平面布置图施工缝 K0+136.5-K0+145.15，端部井节点的长度为 8.65m，结构详图中，端部井的长度为 9.2m，图纸冲突
5	CC207C-03	白粮路避让茶坛路雨污水管倒虹平面布直图的格栅盖板中留有预留孔洞，与机电图纸不符
6	C204C-03	剖面图中转角为 L 形，配筋图中为 T 形
7	CC205C-03	管线分支口 A-A 剖面图中 C20 主体下部无倒角，与 CC205C-08 图纸不对应
8	CC202C-02	白粮路标准断面配筋图中管廊的垫层厚 100mm，白粮路吊装口结构图（二）中，垫层厚度为 200mm，尺寸冲突
9	CC206C-02	A-A 截面中显示排水沟无端部，但是 CC206C-01 中显示排水沟有端部

图 6　土建图纸问题报告截图

图 7　图纸问题截图

点，通过利用 BIM 技术可视化对管线进行校核并重新排布，见图 8，优化预留孔洞的位置，确保施工后，管线能正常入廊。

（3）BIM 模型运用——施工准备阶段

1）管线搬迁管理

松江管廊项目占线总长达 7.425km，施工作业面长，施工区域内涉及给水、通信、电力等十余家管线单位对原有管线的搬迁。仅玉阳大道区域就有 10 种地下管线类型，65 处电线杆。利用 BIM 技术，在施工前期，结合物探报告建立原有管线模型，见图 9，通过不同颜色的设置明确管线的权属单位，将搬迁方案通过模型直观展示，便于方案的技术交底，同时记录迁改后管线情况，规避迁改后

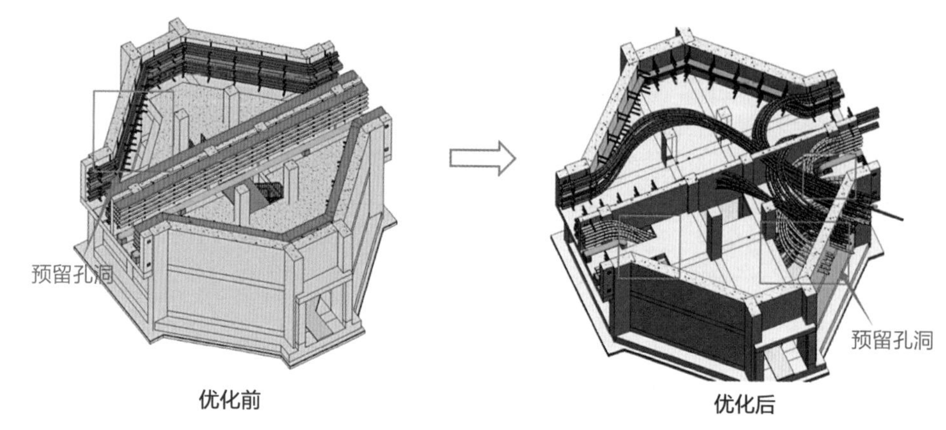

图 8　电力电缆管线排布优化前后截图

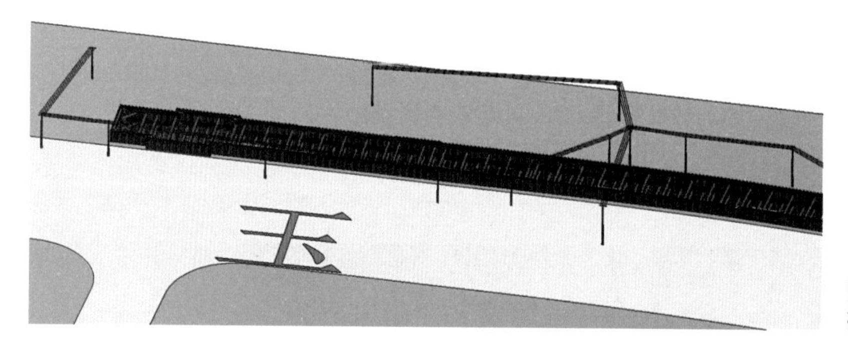
图 9　原有管线还原模型截图

无依可寻的问题。

利用 BIM 平台将管线的搬迁计划进度与基坑开挖的计划进度进行细化，以甘特图的方式直观体现两个施工进度的交叉或重叠，直观预判不合理的地方，为各方协调提供数据基础。同时，将管线搬迁的实际进度与施工进度录入 BIM 系统平台，见图 10，直观展示管线搬迁不及时造成的跨段施工，以一种直观的数据记录方式为事后追溯提供数据模型。

2）场地规划

利用航拍技术采集实景影像，见图 11，直观获取施工区域范围内的综合情况。根据直观的影像图片 + 管廊 BIM 模型，综合考虑施工区域周边情况，包括现有道路及就近进出口等，合理规划临建设施位置。

3）方案比选

对于项目一些重难点区域，涉及交通疏导、周边环境情况往往要多个部门进行协商沟通方案，见图 12，通过采用 Navisworks 简易的三维模拟表达方式，直观对比不同方案的施工方式，有助于各参建方决策，提高会议效率。

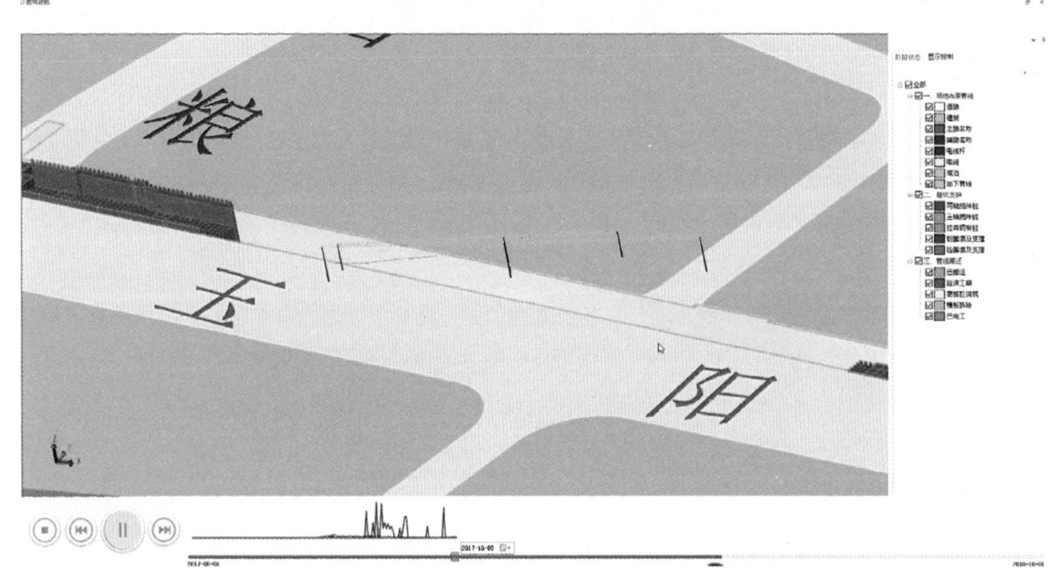

图 10　沙盘记录管线搬迁不及时造成的跨段施工

图 11　场地规划

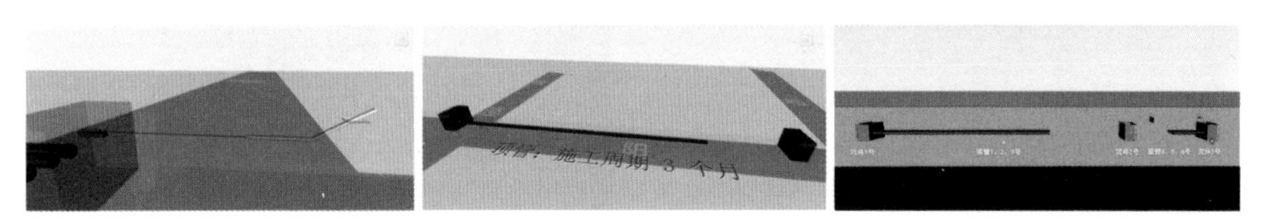

图 12　道路翻浇施工、三井施工、拖拉管施工三方案模拟截图

4）技术交底

通过 BIM 技术，针对复杂节点进行详细模型建模，一方面，通过模型的建立，对复杂节点的设计情况进行反向验证；另一方面，以方案模拟、施工动画的方式直观、高效地向基层技术人员、施工班组表达出方案的意图，以及施工中各工序应重点注意的技术问题，达到快速提高技术人员、施工人员素质的目的。

（4）BIM 模型应用——施工实施阶段

1）质量安全管理

松江管廊全线多采用明挖现浇方法，基坑质量为工程质量安全管理的重中之重。项目采用“基坑监测技术 +BIM 管理平台 +VR 安全教育”的管理模式最大限度地规避工程风险。

① 基坑监测技术。在基坑支护布设基坑监测点，通过数据的采集可及时查看现场的监测情况，见图 13。通过数据的采集和存储，可获取基坑监测以来的所有数据，形成监测曲线，为基坑安全及预警提供数据的积累。

② 基于 BIM 技术的质量安全管理平台。运用 BIM 平台移动端，将现场施工情况录入 BIM 模型，见图 14，通过 @ 相关人，对应负责人可直接通过模型结合相应质量、安全协作流程来了解现场施工情况，及时发现安全及质量问题和隐患，在平台中记录及督促相应人员进行整改，可以有效提高项目管理协同效率，实现工程过程数据资料的可追溯性，规避问题追责不明确等问题。同时，通过后台的统计筛选，能够对质量、安全等协作问题按照一定时间进行分类统计，从而得出该阶段内项目质量及安全情况的数据总结，针对该阶段中安全、质量隐患所呈现的特点，对项目的质量安全进行有针对性的管理和整改，及时进行项目的管理调控。

③ VR 安全教育。VR 安全体验可最大限度模拟真实场景下的安全事故，让施工人员通过视觉、听觉、触觉来体验不安全操作形式带来的严重后果，从而有效提高安全意识，预防安全事故发生。

2）进度管理

项目引进“无人机 + 视频监控 +BIM 管理平台”的创新管理方式，实现由宏观至微观，由整体到构件的管理，整体把控施工进度。

① 航拍技术。利用无人机每月定点拍摄施工区域的实景影像，可从宏观上了解项目现场的整体

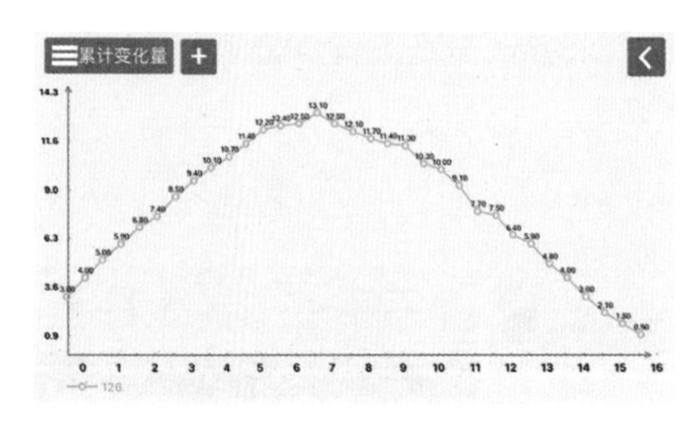

图 13　基坑监测数据

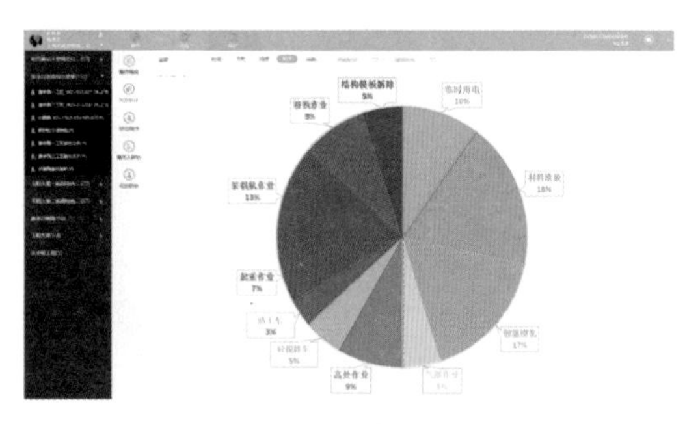

图 14　BIM 系统平台截图

施工进度。通过各阶段的对比，见图 15，直观体现整体的施工进度变化。

② 视频监控技术。通过在现场布设视频监控点，以航拍全景图为底层平面，可更加直观地展示视频监控点的相对位置，见图 16。通过点击对应监控点位，快速了解施工现场情况，获取最直观的影像资料。

图 15　航拍进度对比

图 16　航拍与视频结合

③ 基于 BIM 技术的进度管理平台。通过将实际进度情况的影像资料上传，进行线上协作，并录入 BIM 系统平台，方便各个参建方从平台上获取工程实际施工情况的影像资料，减少由于多层级沟通而产生的信息衰减和变化，同时，将实际进度和计划进度录入 BIM 系统平台，管理层可快速获取实际进度与计划进度的偏差以及每道工序实际的发生时间及完成时间，追溯偏差原因，从宏观上对项目进行把控，及时调整进度计划及资源调配，优化项目管理。

3）资料数据管理

通过利用 BIM 平台的数据管理功能，实现资料实时上传，并且能够在数据库中保证项目资料的永久保存，另外在平台上可以将导入的资料通过分类模板来进行资料规范分类存储，保证了资料的全面性，见图 17。通过对相应人员在资料调取时的权限分级制度，可以保证资料的安全性，保证对应的人员准确掌握相应的工程资料信息。同时，BIM 系统平台实现资料与模型的一一挂接，从工程构件层面对资料进行分类，便于项目人员对资料的快速调取查看。以二维码为搜索端口，通过手机扫描二维码实现现场工作人员对数据的快速调用。

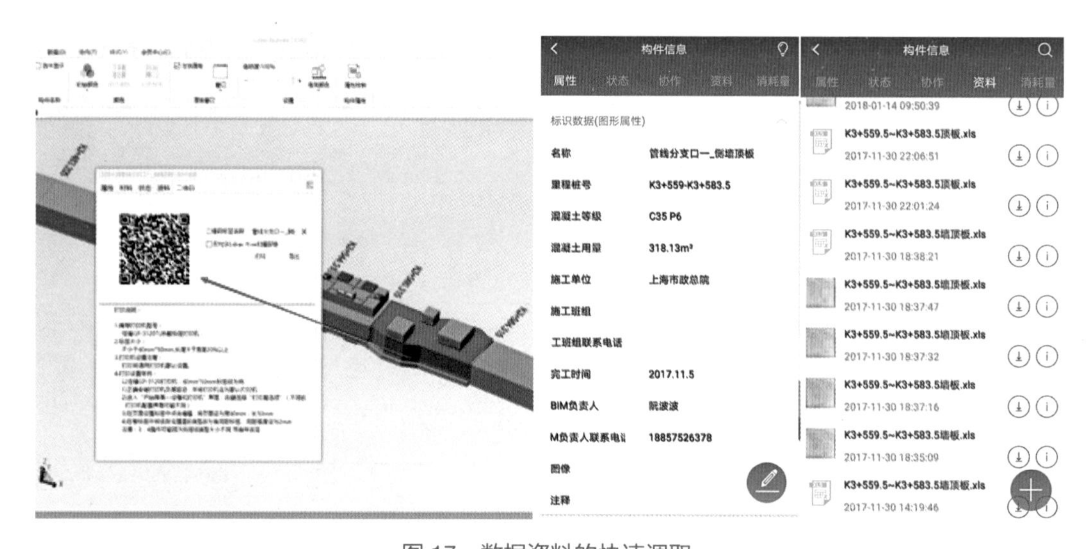

图 17　数据资料的快速调取

4）物料管理

通过三算对比，确定最适合项目的工程量表，将该数据与 BIM 平台的构件一一对应后，相关负责人可快速提取任意施工段的物料数据，见图 18，节省相关人员工程量的计算时间，同时便于项目进行质检计量时，实际用量和设计量等信息的快速调取。并且通过从平台直接获取场地各区域的可容纳量数据，为场地容量分析提供数据支撑。

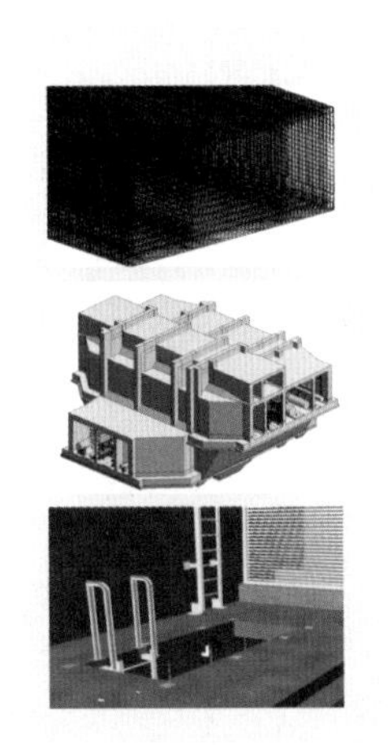

钢筋量

混凝土量

预埋件量

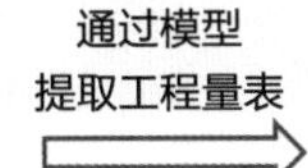

横断面类型	钢筋名称	钢筋直径（mm）	单根长（cm）	根数
玉阳大道综合管廊标准横断面	1	18	3010	5
	1a	18	650	5
	1b	18	590	5
	1d	20	645	5
	1e	20	585	5
	2	20	3275.7	7
	3	16	100	304
	4	14	525	28
	5	14	100	96
	6	10	150	60
	7	25	100	32

K2+336.6-K2+366.6混凝土量		
序号	材质	体积（m3）
1	C15混凝土_垫层	12.634
2	C20细石混凝土_保护层	8.844
3	C35防水混凝土P6_墙体顶板	107.051
4	C35防水混凝土P6_底板	70.388

K2+336.6-K2+366.6预埋件量			
序号	名称	单位	数量
1	吊环	个	5
2	接地极钢板	m	60.4
3	接地连接钢板预埋件	个	8
4	橡胶止水带	m	28
5	止水钢板	m	60
6	电力电缆_预埋槽钢	个	30
8	通讯管_预埋槽钢	个	15
10	TPO防水卷材	m2	156

图 18　物料管理

四、BIM应用成效

4.1　BIM技术实施效益

（1）经济效益

自项目引入 BIM 技术以来，从辅助设计图纸的优化、技术方案论证、三维技术交底等技术层面和质量安全管理、资料云平台存储、进度管控等管理层面论证，很大程度上提高了各岗位人员的工作效率，特别是在交底、沟通协调会议以及资料的调用效率上。据初步统计，BIM 技术在项目上创造的经济效益达到 189.5 万元，见图 19。

PBPS 项目实施经济效益分析表

PBPS 项目实施经济效益分析表

PBPS 项目实施经济效益分析表

图 19　经济效益认证截图

（2）社会效益

项目施工期间，在各大协会、上海建工集团及上海市政总院的支持与领导下多次主办、承办及参与观摩会，如智慧基建暨松江综合管廊项目 BIM 技术应用观摩会、2018 年工程建设行业绿色建造大会、2018 年度上海市绿色施工样板工程交流观摩会、工业化装配式市政工程建造技术大会等，累计观摩人数达 2000 余人。项目 BIM 技术的运用及成果受到各工程领域专家的一致认可。

同时，松江管廊项目也受到了社会的高度重视，各大电视台及媒体争相报道，见图 20，先后受到了 20 多家电视台及媒体的报道，如松江电视台、看看新闻、新民晚报、上海工地等。

图 20　观摩会现场照片及媒体报道截图

4.2　BIM技术应用推广与思考

（1）BIM 技术应用存在问题与改进措施

通过 BIM 技术在松江管廊项目的试点实施，BIM 技术的价值在管廊项目中初显成效，包括采用 Civil3D+Dynamo+Revit 的建模方式、利用三维模型论证预留孔洞及预埋件的排布方案、对原有管线迁改的可视化应用等，特别是在建模方面，较传统的建模方法，效率提升近 3 倍以上。后期将会对施工过程中数据资料的归档进一步研究，施工阶段的数据资料哪些是运维阶段的必要资料，以及 BIM 平台与运维平台如何整合，才能保证数据高效利用。BIM 技术在项目开展初期，一定要确定好实施目标，并做好实施路线及规划。切勿边实施边提需求；BIM 技术不仅是咨询单位的事，也不仅是项目 BIM 中心的事，还需要全项目甚至全公司共同参与进来，从行为习惯上改变，从管理思路上改变，才能让 BIM 模型更具信息化，更具价值。

（2）可复制可推广的经验总结

1）设计阶段

经验总结：管廊项目一般有管线入廊的需求，设计图纸因为客观原因，诸如电缆规格、管线支架间距、入廊供应商未定等问题难以考虑周全，BIM 建模可以利用模型可视化的特性辅助施工图设计。将二维平面上的冲突等问题提前暴露，降低发现设计问题门槛，提高设计沟通效率。

2）施工阶段

培训：建模培训受众为技术人员，在项目周期内变更是在所难免的，模型的准确性关系到整个项目的 BIM 模型、平台，建模工作作为 BIM 技术基础应用的同时，又是十分重要的上层系统的“基石”。系统培训受众为项目管理层人员，各个部门负责人在使用 BIM 技术以及参与其中时，对于建模基本原理应该知道，平台使用应熟练。目前可以解决一线实际问题的 BIM 技术应积极推荐，难以解决的应该寻求新方法。

施工数据收集：项目施工阶段的现场需进行数据收集，诸如管廊阶段拼装、安装时间，隐蔽施工照片、施工数据，设备进场时的厂家设备自身信息等，以便为后期运维系统做数据沉淀。因施工阶段施工数据具有不可再生性，及时产生的工程数据应该分门别类，以便后期运维检修等一系列问题的发现与解决。

复杂工艺模拟：对于诸如管廊等新构筑物必定会有新工艺新工法，在施工专项方案制定时，通过模型分步骤直观展示，让各方明确如何施工如何检查等，便于对方案解读和技术交底。

VR 体验：项目的安全体验是安全教育不可以或缺的一环，VR 安全可以以“施工安全教育”之类的新型体验方式做补充。让施工人员通过视觉、听觉、触觉来体验不安全操作形式带来的严重后果，从而有效提高安全意识，预防安全事故发生。

4.3　BIM技术应用展望

BIM 技术是国家大力推动信息化浪潮下的必然产物，BIM 技术是信息化的抓手，带来的是项目管理标准化。管廊工程是国家近年来大力推行的新型工程，又是城市的“健康生命线”，承载着城市正常运行的各类民生工程。管廊的施工质量及后期运维是保证“百年运维”的基础，利用 BIM 技术，将设计、施工、运维全过程信息化，可视化，优化管理。从而打造精品项目工程，为智慧城市添砖加瓦。